水と土と森の科学

谷 誠

本書は，米国コカ・コーラ財団の
助成を得て刊行されました

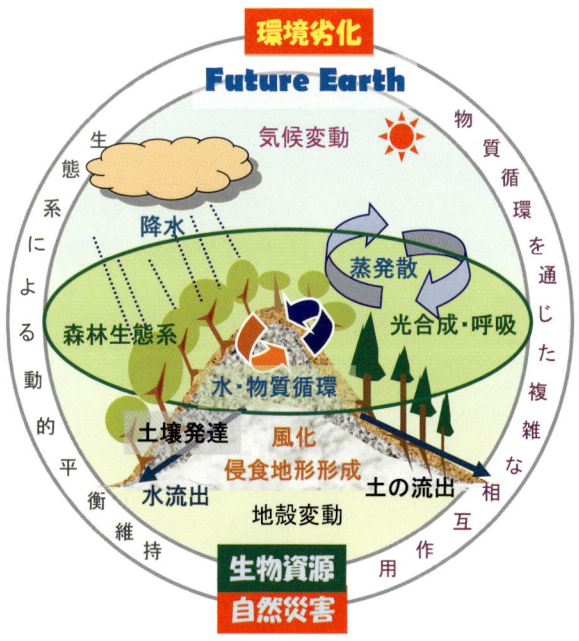

さまざまな時間スケールにおける地球変動と生態系の相互作用
(序論参照)

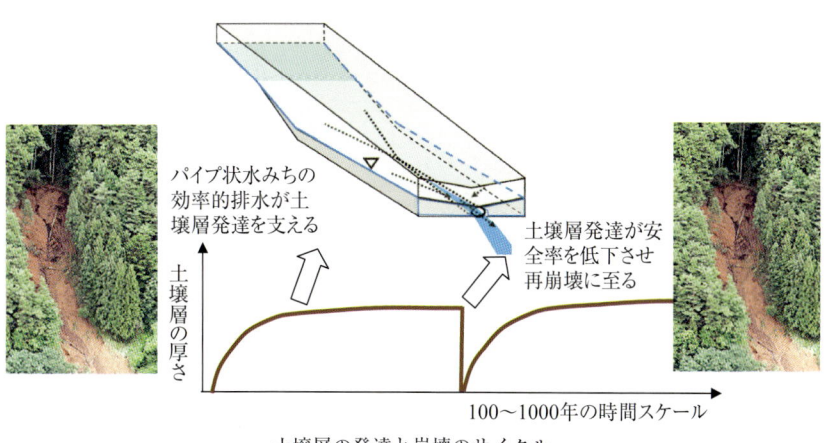

土壌層の発達と崩壊のサイクル

(第3章 3-5参照)

侵食外力に抵抗して土壌層が発達するには，植生の根による補強に加え，地下水の効率的排水が必要であり，この不均質構造が降雨流出応答関係を創り出す

森林・大気間における熱・水蒸気・二酸化炭素の交換量を計測するためにマレーシアの熱帯雨林（Pasoh試験地）に設置されているタワーと計測器（赤外線ガス変動計と超音波風速温度計）

（第1章2-2参照）

大陸の緩やかな斜面と地殻変動帯の急峻な斜面では流出メカニズムが異なる

（第2章2-7参照）

京都大学桐生水文試験地の量水堰

（第2章4-2参照）

滋賀県田上山にみられた花崗岩のはげ山

（第3章3-2参照）

目　次

口　絵　i

序　論　森林と雨水流出に関する問題の所在 …………… 1

1 森林の流出緩和機能　1

2 森林機能に関する常識的な見方　2

3 森林の流出緩和機能に関する問題点　3

4 洪水流出に関する評価手法のあり方　5

第1章　生態系との相互作用に基づく災害論 …………… 9

1 災害を論じる難しさ　11

2 地球と生態系の相互作用と人間活動の影響　13

 2-1　無機的な地球変動における水と土の循環　13

 2-2　安定大陸における湿潤気候と生態系との相互作用　14

 2-3　はげ山の形成からみた湿潤変動帯における生態系の相互作用　20

 2-4　地球変動と生態系の相互作用からみた日本の豊穣な自然環境　24

 2-5　日本の森林飽和と地球環境の遷移　26

 2-6　日本における林業利用と山地災害防止のバランス　27

 2-7　森林資源の輸送にともなう環境劣化の転嫁　29

3 森林生態系との相互作用に配慮した災害対策 31

    3-1 湿潤変動帯における災害と森林　31
    3-2 砂防と治山の目的の違いから見た山地災害対策　34
    3-3 地球変動と森林生態系の相互作用から見た治水対策　37
    3-4 相互作用に配慮した災害対策　42

第2章　山地森林流域における水流出研究の展開　45

1 先駆的な日本の流出モデル研究 47

    1-1 洪水流出と基底流出の区別　47
    1-2 タンクモデルと再現性の追求　49
    1-3 雨水流モデルによる流出メカニズムの反映　53

2 降雨流出応答関係における飽和不飽和浸透流の役割 55

    2-1 土壌層の流れと流出寄与域　55
    2-2 土壌水と地下水の物理的性質の違い　57
    2-3 土壌水と地下水の飽和不飽和浸透流としての統一性　59
    2-4 土壌間隙径の分布と保水に関する性質　60
    2-5 土壌間隙径の分布と透水に関する性質　63
    2-6 洪水流出の飽和地表面流による説明　67
    2-7 飽和不飽和浸透流の流出モデルの基準としての役割　68

3 有効降雨と波形変換それぞれのモデル化 72

    3-1 斜面と河道の流出モデルにおける役割　72
    3-2 分布型流出モデルのジレンマ　73
    3-3 降雨流出応答関係の地質への依存性　75
    3-4 有効降雨とそのしきい値としての飽和雨量　78
    3-5 貯留関数法からみた波形変換特性　81

4 山腹斜面の水移動観測からみた流出メカニズム　82

- 4-1　流出モデルの一般性と観測研究の個別性のギャップ　82
- 4-2　雨水流モデルを背景とした斜面表層での観測　83
- 4-3　降雨時の地下水面上昇の鉛直飽和不飽和浸透による理解　85
- 4-4　ごく小さい自然斜面での洪水流出観測結果とモデルによる再現　87
- 4-5　ゼロ次谷流域での長期流出観測結果とモデルによる再現　89
- 4-6　森林土壌内の水移動における不均質性の効果　92
- 4-7　花崗岩とは異なる堆積岩の流出応答特性　94
- 4-8　パイプ状水みちと古い水　100
- 4-9　ゼロ次谷流域での人工降雨とトレーサー追跡の同時実験　102
- 4-10　人工林荒廃にともなう地表面流発生　106
- 4-11　湿潤変動帯の斜面における流出メカニズムのまとめ　108

第3章　斜面における流出平準化機能　111

1 準定常性変換システムの基礎　113

- 1-1　降雨流出応答関係に見る動的平衡　113
- 1-2　流出減衰過程の準定常性　114
- 1-3　準定常変換システムとその近似としての準定常「性」変換システム　117
- 1-4　蒸発散の減衰過程への影響　121
- 1-5　定常状態における土壌層の圧力水頭分布　123
- 1-6　定常状態の圧力水頭分布の水理学的解析　126
- 1-7　定常状態における圧力水頭分布の領域区分　128
- 1-8　降雨入力による準定常性の破壊と再生　132
- 1-9　パイプ状水みちの介在の降雨流出応答に及ぼす影響　134
- 1-10　準定常変換システムに基づく流出平準化指標　135

2 降雨流出応答特性の準定常性 138

2-1 準定常性変換システムの拡大と固定　138
2-2 土壌層と風化基岩層における準定常性変換システムの多様性　142
2-3 HYCYMODELによる流出特性比較　145
2-4 HYCYMODELと準定常性変換システムとの対応　150

3 不均質な流出場の発達過程 154

3-1 均質な人工土層と不均質な自然土壌層　154
3-2 はげ山の土粒子移動のメカニズム　157
3-3 はげ山と里山に見る相互作用のデリケートな差　160
3-4 土壌層の発達・崩壊と樹木根のはたらき　163
3-5 ゼロ次谷での雨水集中と土壌層の発達・崩壊　168
3-6 水と土の流出における相互関係　173

4 流出平準化機能の評価手法 178

4-1 降雨流出波形変換における流出平準化指標　178
4-2 斜面土壌層の飽和不飽和浸透流にかかわる諸条件　180
4-3 土壌層の飽和不飽和浸透流の無次元化手法　183
4-4 土壌層の貯留量と流出平準化指標の無次元化　188
4-5 飽和不飽和浸透流の相似則　190
4-6 流出平準化指標に及ぼす地下水面上昇の効果　192
4-7 流出平準化指標に及ぼす鉛直不飽和浸透流の効果　194
4-8 貯留関数法の流量貯留関係式の根拠に関する考察　196
4-9 土壌層の不均質性と水理学的連続体からみた流出応答単純性の考察　199
4-10 流出平準化機能評価手法のまとめ　204

Box1 拡張Dupuit-Forchheimer近似での土壌層鉛直断面の圧力水頭・水理水頭分布　206

Box2　定常状態における圧力水頭分布の近似解法　208

結論　水と土と森の相互作用 …………………………………… 211

あとがき　215
引用文献　221
索引　235

序論　森林と雨水流出に関する問題の所在

1　森林の流出緩和機能

　森林の流出緩和機能については，かみあわない議論が長々と続いてきた。国土交通省は森林に限界があるからダムが必要との説を掲げている（吉谷，2004）。一方，林野庁は森林の整備によって洪水が防げるとの立場を取る（林野庁，2014）。自らの組織が行う事業の正当性を主張するのは当然のことだからやむを得ないのではあるが，同じ国の行政組織であるのに見解が微妙にずれる。国民の間の考え方もまたばらばらになってしまう。論争のすれ違いが埋められることなく，科学的な根拠を共有したうえでの議論が欠けてしまっていると著者は考えている（谷，2014）。実際，基礎知見を提供するべき学術教科書自体が工学や森林学それぞれの観点から書かれているので，論争をかみ合わせるのに貢献していない。具体的に言えば，河川工学の教科書（例えば椎葉ら，2013）と森林水文学の教科書（森林水文学編集委員会，2007）において，前者はモデル予測が中心，後者は観測知見が中心であり，「観測に基づくモデル予測」に統合されない。もちろん，研究は終わりなく進行してゆくもので，究極点に行き着けるものでもないだろうが，科学的知見の統合を志向し，残された課題をまとめておくような書物が必要であろう。本書はそうした試みのひとつにしたいと考えている。

　本書の第 1 章は，森林の役割をふまえた災害論を扱う。地球上の水循環において，その地理的条件をふまえて森林はどのようにかかわっているのかをまず解説し，それをふまえて災害対策のあり方を考察する。次に第 2 章では，雨水の流出過程に関する水文学の研究を振り返り，現地観測やモデル予測に関する研究発展について説明してゆく。また，第 3 章では，森林流域において土壌層が流出をならす機能とはどういうものなのかを明らかにし，その定量的な評価手法をやや専門的になるが解説する。これらによって，日本のような湿潤変動帯（塚本，1998）における水や土の移動にともなう災害に関する森林の役割を明らかにしてゆきた

い。

2 森林機能に関する常識的な見方

　豪雨による災害があるごとに，里山も人工林も放置されて山が荒れていて，これが原因のひとつではないかと言われることが多い。とくに密植された細いヒノキやスギが生えている，線香のようなと表現されることもある人工林は，広葉樹林に比べて保水力が低下していると心配されている。実際，筑波大学の恩田裕一(2008)の詳細な観測研究によると，こうした間伐遅れの人工林では，地表面流が発生しやすく，小規模降雨でも洪水のピーク流出強度が大きくなるとの結果が得られている。

　ところが一方で，最近は太平洋戦争直後に比べて森林が成長してきたので保水力が向上し，洪水が小さくなったはずだとの見解もある。森林が戦中に乱伐され保水力が下がっていた頃は，カスリーン台風や伊勢湾台風などの大規模豪雨時に悲惨な水害が起きた。仮に同じ規模の台風豪雨があっても，森林の成長した現在では川の水位の最大値は低くなるのではないかという推測である（関，2015）。このように，森林状態の流出水への影響は，世間でさまざまに取り上げられるが，どのように理解するのが正しいと言えるのだろうか。場所によってさまざまだと言う他はないのだろうか。

　太田猛彦(2012)の著した「森林飽和」という書物では，戦争直後や復興期に森林が乱伐されただけではなく，すでに江戸時代においても，人家や街道筋に近い里山にはまともな森林が少なかったことが強調された。浮世絵に描かれたはげ山を見ても推測できるように，昔は樹木や落ち葉がたきぎや肥料として使われ生活全般が生物資源に依存していたため，山の植生はたいへん貧弱だったのである。しかし，昭和30年代後半になると，燃料革命でプロパンガスが使えるようになって樹木は伐採されることがなく大きく育つようになり，「森林飽和」と呼ばれるほど森林が育ってきたというわけである。また，化学肥料も使えるようになったため，落ち葉が堆肥としてかき集められることもなくなった。地面に落葉層が発達し，雨水はそれにじゃまされてゆっくり流れることができる。洪水は，燃料革命前に森林が絶えず利用されていた時代に比べて，小さくなったと推測されて当

然と言えよう。

　したがって，洪水は，昔に比べ最近では，大きくなったのか小さくなったのかについては，場所による違いもあるが，広く受け入れられやすい考え方は次のようではないだろうか。燃料革命前の植生が貧弱であった頃に比べて樹木が成長し，落葉層が厚くなってきた現在では，おおむね洪水は小さくなったと推測できる。しかしながら，線香状態の過密人工林では地表面が暗がりになってしまうので，草などの下層植生が生えず，落葉も流され，洪水が大きくなってしまう。里山も樹木が伐採されずに大きく成長してきたのは結構なことだが，手入れされないために竹が侵入したり，マツ枯れやナラ枯れなどが起こったりして，かえって見た目が荒れた状況になってきた。こうした場合も，きっと洪水が大きくなるのではないか。現在は森林飽和で過去よりも本来洪水が小さくなるはずなのだが，手入れがきちんとなされていない森林は必ずしも洪水が小さくならないのだと，まとめられる。だから，森林は大切に手入れしないといけないとの結論に到達する。ようやく，森を大切にすべきと考えておられる多くの方々にとって，納得できるような常識的な見解が得られたということになろう。

　森林のはたらきは洪水の緩和だけではなく，炭素固定や水質浄化をはじめ風致・休養や文化など，多様な側面がある。総合的な公益的な観点からもみても，手入れ不足は何より問題ということになる。過密人工林の間伐，里山の植生整理を行ってゆかなければならない。日本の森林に関する世論は，このように，森林が公益的にみてさまざまな機能を持っているので，それを活かすように育てなければならないという点では，ほぼ共通の理解が得られているように思われる。

3　森林の流出緩和機能に関する問題点

　こうした常識的な結論に対しては，問題点として，2つ挙げたいと思う。ひとつは，ここで示された見解が科学的研究によって一般化された，いわば教科書的な知見に高められているのかという点である。もうひとつは，科学的に見解が妥当だとしても，森林をどのように取り扱うべきかという，応用面での社会経済的観点から妥当かどうかという点である。

　まず，科学的な裏づけであるが，もちろん，森林斜面で地表面流が発生するか

についての観測研究は古くから行われてきた（例えば加藤ら，1975）。しかし，過密人工林の洪水流が広葉樹林よりも大きい傾向は，恩田（2008）のプロジェクトでの観測によれば，必ずしも降雨の規模が大きいときには確認されなかった（五味ら，2008）。このように，観測や実験の解釈は簡単ではない。科学的な研究では，この点に関して森林の効果がプラスだとかマイナスだとか森林とあまり関係がないなどの多様な結果が得られる。これは当然であり，そういう結果を多数集めて総合的に妥当な判断が得られてくるわけである。科学的研究を基に一般的な見解を提供することは，科学者に課せられた基本的な仕事と言える。ところが，身体の健康の維持に対する医者の見立て，例えば，「たばこは吸わない方がいい」といった勧告に比べ，こうした森林の公益的機能の評価には，あそこでこうだったがこちらではそうではないといった，個別性の問題がより強く現れる。人間の身体は，老若男女の違いはあっても統合的な生命体システムとして比較的共通した因果関係を持っているとみられるが，森林の機能については，気候や地理条件，あるいは人間による利用の程度によってさまざまになることもやむを得ない。科学的研究は実施されているとしても，試験地などを設定して得られた結論から森林をどう扱えば機能を増進させることができるのか，普遍的な勧告はなかなか得られにくいのである。

　ふたつめの応用に関する問題点は，森林をどう扱うかに関して，洪水緩和など，公益的機能のみを重視して良いかを問わなければならない。日本では，現在，公益的な機能が重視されている。しかしそれは森林の一部分のみを見ているのに過ぎないのではないだろうか。日本の山は太古，おおむね原生林でおおわれていたのであるが，人間が登場し森林を利用して暮らしてきたため，植生は明らかに貧弱になってきた。しかし，燃料革命以後は，里山の森林を使わなくても生活できるようになった。だから，森林を公益的機能が高まるようにだけ扱えば良いという判断になりかねない。けれども，これははたして正しいだろうか。わたしたちは，昔から今に至るまで木材でできた家に住み，家具や紙を使っているので，地球上のどこかの森林で樹木を伐採して搬出された木材を利用して生活している。わたしたちが使う木材を収穫するためにどこか別の地域で伐採が実行され，そこでの森林の公益的機能が低下するはずではないか。したがって，洪水緩和をはじめとする森林の公益的機能を活かす目的は，森林をどこでどのように伐採して利用するかという生物資源利用目的と両立させなければならない（谷，2011b）。自

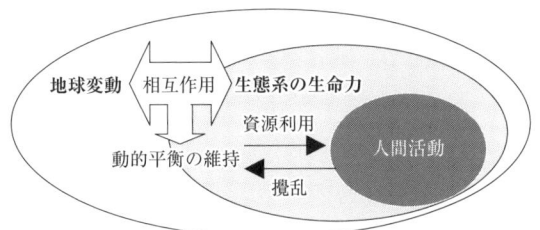

図 0-1 気候や地殻など無機的な地球変動に対して生態系が生命力によって相互作用を及ぼすことで維持されている自然環境の動的平衡があり，人間は生物のひとつとして生物資源利用の形でこの動的平衡に依存しているが，にもかかわらずその活動によって動的平衡に攪乱を与える関係を表す，入れ子構造の概念図

分の周りの木を伐らず公益的機能だけを重視したとしても，地球全体をみたとき，その目的に合致した森林の取り扱いになっているのか，包括的な検討が必要なのである．

図0-1は，地球が持っている気候や地殻の変動に対して生態系が相互作用を及ぼすことで保たれている自然環境を前提条件として，人間がこれを利用しながら暮らしている関係性を概念図として示したものである．第1章では，生態系とくに森林が果たしている相互作用について説明し，水・土砂災害に対する対応手法を考えてゆく．

4 洪水流出に関する評価手法のあり方

次に，ある川の洪水流量を他の川と比較して評価するということについて考えてみたい．ある川の洪水が別の川よりも大きい傾向があるというような判断は治水上重要であるが，科学的にきちんと評価することはそう簡単ではない．人間の場合でも，A君とB君で比較してA君の方が健康だというとき，何をもって判断するのか，必ずしも容易とは言えない．例えば，1年間の病気で学校を休んだ日数を指標として比べるなど，おそらく何らかの指標をもって比較することになるだろう．川の場合も，まずはA川とB川で，例えば，降雨があったときの流

量最大値という比較指標を取り上げることになる。けれども，雨水を集める流域面積において，A 川が 500 km^2 で B 川が 2 km^2 であれば，流量をそのまま比べてもしかたがない。流域面積で流量を割ることによって比流量の値を求め，流域面積の影響を除去してから比較しなければならない。さらに，A 川は紀伊半島の尾鷲付近に，B 川は瀬戸内地方にあったりすると，降雨量の差が大きいため，最大比流量は A 川が B 川よりも大きいことが多いだろう。しかし，知りたいのは当然ながらそういうことではない。降雨など気象条件が同じであったと仮定した場合に，流量の最大値はどちらが大きいか，これが最も知りたいことである。なお，ここで本書において用いる単位についてふれておきたい。流量は河川のある点で毎秒あたりに通過する水の体積で表されるので，河川工学では比流量は流域面積 1 km^2 あたり毎秒あたりの水の通過体積で表現される。ただ，雨量強度が毎時間あたりに降った水の高さで表されるのに合わせる「水高表示」で比流量を表すことも多い。そこで降雨量と流域からの流出量を比較することが多いので，本書では，この水高表示を用いることとする。

　さて次に，A 川の流域で森林伐採が行われたとしたとき，洪水がどのように変わったかを判断することを考えてみよう。この場合でも，比流量の最大値などの指標を決めて，伐採前と後の比較をしなければならない。けれども，伐採前後で同じ気象条件の降雨を見つけることは，よほど幸運な場合でなければ難しいだろう。結局，同じ気象条件で流出量最大値を比較できるような手法をあらかじめ構築しておかないと判断できないことがわかる。洪水の大小を評価するには，流量の最大値そのものを知るのではなく，降雨量を受けて流量最大値を作り出す，問題としている流域の性質，つまり，流出の降雨に対する応答関係の性質を知ることが必要なのである。

　そんなことはあたりまえにみえるが，科学的な判断をすることのうえできわめて大切なこととして強調したい。というのは，水害が起こったとき，あれは山の木を伐ったために違いないと，安易に判断しやすいからである。新聞に，森林に詳しい専門家の談としてそういう感想が書いてある場合もないわけではない。こうした結論は，もしかすると科学的に真である可能性もあるかもしれないが，少なくとも調査もせずに下すべきではない。妥当な判断を得るためには，比較指標の設定や降雨を基に流出を産み出す流域の流出メカニズムに対する科学的に厳密な解析が必要だからである。図 0-2 はこの降雨を初めとする気象条件が同じ場

4 洪水流出に関する評価手法のあり方　　7

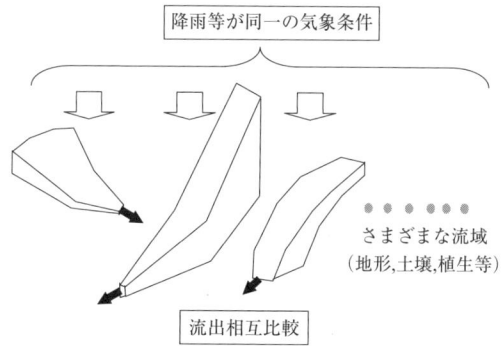

図 0-2　降雨等の気象条件が同じときに，さまざまな流域の降雨流出応答特性を比較評価する目標を表す概念図

合に複数の流域で流出がどのように異なるかを評価するという，ここでの研究目標を概念図として示したものである．

　こうした流出メカニズムの中で洪水が緩和されるとはどういうことであろうか．さきほど，比流量の最大値を指標とし，これを小さくするほうが洪水緩和機能が大きいと考えた．それは確かにそうなのであるが，水が川を流れることをイメージすると思わぬ勘違いをしやすい．山の斜面の地表面や地中をゆっくり流れると洪水緩和機能が大きく，高速で流れると機能が小さい，というわけではないのである．なぜそのように言わなければならないのかを，水道の蛇口につないだホースを使って庭に水をまくことを例にとって説明しよう．

　ホースを新しく買ってきて蛇口につなぎ，水をまこうとして水道栓を開いても，ホースの中が水で満たされるまでは，ホースの先から水が出てこない．しかし，次回からは，ホースの中が水で満たされているので，水道栓を開くとただちに，ホースの先から水が出る．ホースの先から水がすぐに出てくるかどうかは，ホースの太さや中を通る水の流速に関係なく，ホースの中が空になっているか，水で満たされているかによる．言い換えれば，ホースの中の水貯留量が増加することによって流れ出すのが遅れ，貯留量が増加しなければ遅れることがなく，ただちに流れ出すのであって，流れるスピードが遅いから遅れるのではないのである（谷，2014）．

　ホースと同じように，斜面の土壌が乾いていて地中に貯留水が少ない場合と，

十分湿っている場合とでは，降雨量が同じであっても流出の出方は異なる。もし乾いていれば，雨水が土壌を湿らせるまでは流出してこない。しかし，もし土壌が十分に湿っていれば，たとえ流れの速度がゆっくりであったとしても，降雨の時間変化はただちに流出量の時間変化に伝えられる。満杯のホースと同じく，ところてんを押し出すように，降雨に対する流出量の応答が速やかに起こるからである。確かに，洪水緩和は雨水の流出してくる過程での性質ではある。しかし，水の流れが遅いか速いかだけに注目してはならない。斜面の中の水の貯留変化が大きいか小さいかが，洪水緩和機能，すなわち「緑のダム」機能において重要なキーポイントなのである。このテーマは，第3章で「準定常性変換システム」と表現して詳しく解説する。

このように，洪水緩和に関する降雨流出応答システムの性質については，常識にとらわれずに考えてゆかなければならない。とくに，森林にかかわると通俗的な思い込みを持ちやすく，科学的説明を拒否してしまいがちではないかと思う。また，森林の役割について「専門家がわかりやすく説明する」と称する場合でも，具体的な見解が多様で一般の方の理解をかえって迷わせてしまうことも多い。著者の説明もそのうちのひとつであることを恐れるが，読者には，できるだけ思い込みを持たず読んでいただければありがたい。

第1章の災害論と第3章の降雨流出応答に関する理論的な解説の間の第2章では流出研究史をひもとくが，この過程は流出過程の理解に関する水文学研究者の揺れ動きをよく示している。それが水文学の研究発展における大きな問題点として，現場観測研究とモデルによる予測研究の交わりが少ない現状を成立させてしまった（浅野ら，2005）。最初に述べたように，科学的知見の統合を志向し，残された課題をまとめておく必要性が存在するのである。

第 1 章

生態系との相互作用に基づく災害論

1 災害を論じる難しさ

　日本では2011年の東日本大震災のような巨大災害が時々発生してきたし，毎年毎年，自然災害の起こらない年はない。同じ厄災であっても国際紛争であれば，その発生を外交交渉などによって回避することにある程度は信憑性がある。これに対し防災対策に関しては，災害をもたらす素因である地震や豪雨そのものの発生をなくすことは不可能である。この自明の理から重要な論点が引き出せるように著者は思う。すなわち，災害発生につながる地震や豪雨などの地球の起こす極端現象はいつか発生することは誰でも知っている。だから，できるだけ被害を減らすようにしなければならない。そこまではその通りである。しかし，そのためどのような努力をするのが良いのかについての議論展開はしばしば遮断されてしまう。例えば，経費がかかりすぎることを根拠に紛争回避のための戦力増強よりも交渉努力を優先すべしとは主張できても，経費に比して効果のうすい防災対策は止めた方が良い，とはなかなか主張しづらい。災害現場の悲惨さを知らないのかと一喝されてしまうからである。

　しかし巨大な災害につながる極端現象は頻度の低い事象ほど規模が大きくなるので，どこまで想定すれば妥当なのかは，非常に重要な論点になるはずである。それを誰がどういうプロセスを通して決めるのかは大問題である。30年に1回起こる可能性がある規模を想定するのか，100年に1回にするのか，経費は大きく変わってしまう。目先の短期間の安全では安心できないから……と言い出すと，天文学的な経費がかかってしまう。そこにはどのような議論があり得るのか。利害関係の立場が異なると，まったく異なる主張が為されるのは容易に想像できる。だが，人それぞれ利害が違うのでもめるのが当然だという考え方は，共有するべき災害論を求める努力を阻害してしまう。

　どのような予算規模の災害対策を行うかは，専門家あるいは有識者の判断に従うべきだと国や地方自治体の議会で言われる場合がある。しかし，対策方針やその規模は利害関係を受ける当事者間で決めるべきもので，専門家の立場で判断するのは無理がある。公共事業の場合，その当事者は税を負担する国民一般も含む広範囲にならざるを得ないから，選挙で選ばれた議員はその代表として対策の規模や必要経費の妥当性を判断する責務があろう。公共事業でこれを実行するのは

行政当局であるが，専門家の科学的・技術的意見を聞くべきではあっても，それが妥当かどうかの判断は，専門家や行政当局に任せてしまっては民主主義とは言えない。ところが，そうは言っても，判断を行うための基盤となる災害論自体が樹立されていないのではないだろうか。

こうした災害論の欠如のため，高額の防災対策を批判することも，逆に，防災対策が不十分だと批判することも，主張する人々それぞれの思いを表しているだけで，さしたる論拠を持ち得ない。議論は論点が絞れずすれ違ってしまう。また，大災害はいつか起こるのだと認識してはいても，どこかあきらめに似た感覚がつきまとう。「できる対策はしっかりやっているのだからそれでいいじゃないか」というのが大人の態度であって，それ以上に対策の内容・規模のあり方に関する疑問を提起することは，しばしば空気の読めない KY のようにさえみえる。災害対策を決定するプロセスに含まれる問題点を洗い出すことへの強いブレーキが実在するのだ。

自然変動の中における極端事象は，発生頻度が小さいものほど規模が大きい関係がある。これはまさしくその通りであるが，防げる規模と防げない規模が対策にかける経費によって区分されるという発想に逃げ込むことには大きな問題が孕んでいる。どのような高額の経費をかけてみても，相対的に防げる規模と防げない規模のしきい値が上昇するだけでそれ以上の議論はあり得ないとすれば，しきい値を上げるために使用できる予算獲得努力がただひとつの災害対策の道だということになりかねない。こうした災害論不在の風土では，「公共事業の仕分けによって予算を削減したから災害が起きた」といった暴論すらまかり通ってしまう。災害対策はいくらなんでも「金のかけ方」のみに帰着するはずはない。多様な工夫が必要でありそのための災害論が議論されなければならない。

これまでも災害論は多く書かれてきている（例えば石井，2012）。水害においても，計画規模の洪水処理までを治水対策とし，これを超える規模の洪水は自然の猛威として対策を考慮しない傾向を批判し，こうした大規模な洪水の被害軽減を含む対応策を目標にすべきとの議論も展開されている（高橋，2008）。また，この観点の重要性は，河川砂防技術基準においても配慮されている（国土交通省，2004）。つまるところ，災害論は，地球変動に必然的な極端現象とそれに対する生態系の相互作用を理解し，人間の社会活動に対するマイナスの影響をいかに減じるかを考察することでなければならない。そこで，第1章においては，「保全

対象を災害から防ぐ対策のあり方」にだけに終始するのではない，社会的に災害対策を行う判断に寄与するような災害論をめざし，著者の見解を述べてゆくこととしたい．

2 地球と生態系の相互作用と人間活動の影響

2-1 無機的な地球変動における水と土の循環

　天体としての地球は，太陽からの放射エネルギーを受けて周囲の宇宙に等量の放射エネルギーを射出しているに過ぎない．しかし，その太陽からのエネルギーによって海洋の水は蒸発して重力に逆らって上方に移動し，位置エネルギーを高める．その水蒸気はやがて冷やされて雲の水や氷となり，その後は，重力の作用によって，ただただ一方的に位置エネルギーを低下させてゆく．すなわち，雨や雪として陸面に落下し地中に浸透するが，土壌，風化基岩，未風化基岩と水を通す性質である透水性が深さとともに低下するため，少しでも位置エネルギーの低くなるような方向に横向きに移動して，河川を通過し最も位置エネルギーの低い海洋に戻る．こうして水循環が完成するが，重力の支配下において，太陽エネルギーがこの水循環の原動力になっていることがわかる．

　また，地球は内部に地熱を持っているからそのエネルギーによってマントル対流を興し表面のプレートを移動させている．日本列島は，海洋プレートが大陸プレートの下に沈み込む際に，海洋プレートの表面に乗っている堆積物が沈み込まずに大陸プレートの側に張りついてできた部分が多い（米倉ら，2001）．こうした付加体は堆積岩として日本列島の基盤となるが，風化によりその表面から生成される土粒子は重力によって落下してゆく（本章 2-4）．すなわち，崩壊や雨水侵食を受けて位置エネルギーの低い方向に移動し，堆積侵食を繰り返しながら徐々に海洋に還って海底に堆積する．水に比べてきわめてゆっくりであるが土の循環が完成する．ここでも移動は重力が支配しているが，重力に逆らって位置エネルギーを高めて初めて土の循環が生じるから，水の場合の太陽に相当する原動力になるのは，地球自身の地熱によるマントル対流ということになる．こうした生物のかかわらない無機的な水と土などの物質移動を，本書では狭義での地球変動と呼ぶ

ことにしたい．地球変動においては，本来生物の活動とのかかわりを無視することは決してできないが，そのかかわりをこれから議論する観点から，あえて生物の活動をできるだけ除いた無機的な活動として位置づけることとする．

さてこの地球変動は，地球上の位置，すなわち地理的条件によって大きく異なる．プレートの沈み込みなどで活発な地殻活動を続けている変動帯は地球上で地理的に限られており，日本はその中で海洋に囲まれた列島を為していて降水も多く，湿潤変動帯と呼ばれる（塚本，1998）．一方，大陸プレートの上に乗った巨大な安定大陸が別に存在している．例えばシベリアでは侵食は5億年以上も前にほとんど終わっており，そこでの水循環は土循環の影響を受けずに生じている．これに対して湿潤変動帯では，土の循環の一部を為す土の侵食移動過程とのかかわりを無視することはできない．そこで，安定大陸と湿潤変動帯では，水の循環は明確に区別して考えるべきなのである．

大陸であろうと島嶼であろうと，地球の水循環においては，水の起源はすべて海洋にあり，河川の流出量に等しい水蒸気量が海洋上空から陸面上空に運ばれなければならないことに注意してほしい．それゆえ，海岸から遠くなるほど水蒸気が失われてゆくから降水量が少なくなり，大陸奥地の気候は当然乾燥化する．一方，日本では海洋からの距離が短く降水量が多く，内陸でも気候が湿潤である．また，地震もあれば津波もあり，火山も噴火する．豪雨があれば崩壊や土石流や河川氾濫が起こる．

このように安定大陸と湿潤変動帯では水循環と土循環がまったく異なる．そして，こうした地域ごとの無機的な自然条件は，それに順応して生きる生物活動に影響を及ぼす．しかしその影響は，自然環境が生態系を一方的に決定するといった受動的な関係ではなく，フィードバックを含む相互作用として理解しなければならない．次にその点を考えてゆきたい．

2-2　安定大陸における湿潤気候と生態系との相互作用

ユーラシア大陸北方，北緯 50°から 70°にある降水量観測点のデータは，気象庁のホームページから容易に入手できる（気象庁，2014）．そこで，夏季（6-9月）と冬季（12-3月）の期間総降水量を，東経を横軸にとって図1-1（上図）に表示した（谷，2014）．大西洋における蒸発によって生成された水蒸気が偏西風でまずヨー

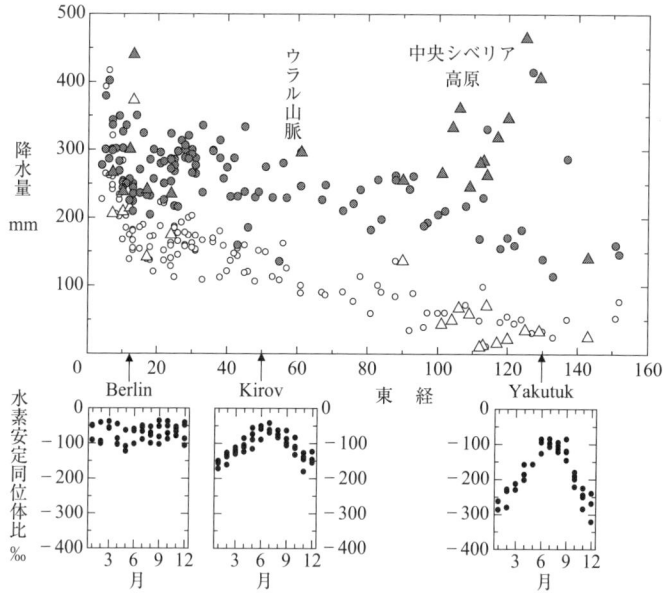

図 1-1 ユーラシア大陸北方（北緯 50°〜70°）の夏季と冬季の 4 ヶ月降水量の東西分布（上図）および降水の水素安定同位体比の季節変化（下図）

上図：気象庁ホームページの「気象統計情報，地球環境・気候，世界の天候，世界の地点別平年値」（気象庁，2014）を用いて作成した谷（2014）から一部改変．下図：IAEA（2012）を用いて作成．
上図において，●，○は夏季（6-9 月）と冬季（12-3 月）の降水量を示す．▲と△は同じく夏季と冬季の降水量であるが，標高が 300 m 以上の地点を示す．下図は，ベルリン，キロフ，ヤクーツクで測定された降水量の水素安定同位体比を示す．

ロッパにもたらされて降水となり，徐々に東方のシベリアへと運ばれるため，風に含まれる水蒸気が減少してゆき，降水量が減り気候が乾燥してゆく．この傾向は年中認められるが，冬季は減少が明確なのに対して夏季は比較的減少が小さい．この傾向の差は，大気における水蒸気の出入りから説明される．

大陸上空の大気柱に含まれる水蒸気量を考えると，それは風上から入ってくる量から降水量として地表に落下する量が減少するが，陸面からの蒸発散量によって供給される量が増加するため，その差し引きによって風下へ出てゆく量が決まる．これは大気柱での水の質量保存則に基づいており，陸面での流域水収支にならって大気水収支と呼ばれる（沖ら，1995）．そのため，気温が高くかつ植物の光

合成活動が活発な夏季には蒸発散量が多いため，風上である大西洋側から風下であるシベリア側へ送られる水蒸気が減りにくい。これは，降水のソースになる水蒸気が海から供給されるのではなく，陸面からの蒸発散で供給されることなので，水のリサイクルと呼ばれている (Numaguti, 1999)。そのため，東シベリアでも夏季にはある程度の降水量が維持される。冬季は蒸発散量が小さいので，東へ向かってどんどん降水量が減ってゆく。

さて，酸素と水素には原子核の中性子の数の異なる同位体が安定的に存在し，その安定同位体の比率（同位体比）は水移動を追跡するラベルとして利用できる。蒸発散や凝結による水の相変化は，水を構成する水素と酸素の安定同位体比に刻印される（芳村，2002)。そこで，図 1-1 の下側には，国際原子力機関のデータによって (IAEA, 2012)，ユーラシアの西から東へ 3 カ所，ベルリン，キロフ，ヤクーツクにおける降水に含まれる水素の安定同位体比の季節変化を示している。ベルリンでは季節変化が見られないのに対して，東方では冬季に低下する傾向が現れる。これは内陸効果と呼ばれ，同位体比の高い水分子が優先的に凝結して降水になり，風下側ほど水分子の同位体比が低下する分別が生じるためである。夏季は蒸発がさかんであるため，水のリサイクルによって分別が生じにくく，ヤクーツクの同位体比はヨーロッパに比べてわずかに低下する程度にとどまるのである（杉本，2005)。すべての同位体比を持つ水分子が風下へ送られるからである。なお，ミネラルウォーターの安定同位体比が，地下水をくみ上げた場所における大気の水循環を反映することがわかっており，経費をかけずに水循環の長期経年変化を監視する手法として注目されている。勝山正則は，日本コカ・コーラ社から毎月ペットボトル水「いろはす」の提供を受けて継続研究を行っている（勝山，2015）。

このように，安定大陸における水のリサイクルはシベリアの東部にも湿潤気候をもたらし，広大な針葉樹林の生存を支えている。ただし，この水のリサイクルが成り立つには，いくつかの条件が必要である。まず緯度条件を挙げなければならない。地球上の大気循環において緯度 20〜30° 付近は，アラビア半島で砂漠が海岸近くから広がっていることからわかるように亜熱帯高圧帯となっていて，水のリサイクルははたらきにくい。また，山がちな地形はこのリサイクルを阻害する。つまり上昇気流によって風上側斜面で降水量がきわめて大きくなり，山を越えると降水量が著しく減少してしまう。アジア大陸からの北西季節風が日本海で

の蒸発により一気に湿潤になり，日本海に面する山岳に豪雪を降らせて 200 km ほど風下の関東平野に晴天をもたらすのは，その典型である。シベリアではこれに対して，平年の降水量と蒸発散量に大きな違いがないことによって水のリサイクルが維持され，風下側での湿潤気候が 7000 km にもわたって広がる。

この地形効果を意識して図 1-1 上図を見ると，標高 300 m 以上の地点では夏季の降雨が多くなっているし，東経 60° 付近のウラル山脈を越えるとやや降雨が減っていることに気づく。また，90° 付近より東に広がる中央シベリア高原では標高の高い地点での降雨がかなり多く，130° のレナ川に沿う谷部にあるヤクーツクなどでは少なくなっている。日本に比べてはるかに平らなシベリアであっても，高標高地点での上昇気流による多雨によって水のリサイクルが縮小することがわかる。

以上のシベリアにおける降水の状況から，そこでの湿潤気候が陸面と偏西風主体の大気の間で水のリサイクルに基づいて成立していることが明らかである。これには森林の蒸発散が重要な役割を果たしているので，実測でこの点を確認してみよう。太田岳史らは，ヤクーツクのカラマツ林にあるタワーで測定された蒸発散量の 1998 年から 2006 年までの 9 年間の観測結果を報告している (Ohta et al., 2008)。図 1-2 に示すように，降水量の多少にかかわらず蒸発散量は毎年コンスタントである。また，2001 年などの少雨年には降水量を上回る蒸発散量が生じている。そのため，図に示されているように，土壌水分の年々変動が降雨に比べて遅れることになる。このメカニズムには永久凍土の役割が重要であって，雨水が冬季に凍結しそれが融解した水が少雨年の蒸散に利用される (Sugimoto et al., 2002)。また少ない降水で森林が維持されるためには，雨水が凍土によって遮断されて深部に浸透せず土壌表層にとどまり蒸散に有効に利用されることも必要条件である。このようなメカニズムがすべて成り立つことによって，少雨年においても光合成と蒸散を続けてゆくことができ，樹木個体が枯れずに成長できる。同時に陸面からの水蒸気供給はほぼ一定に保たれることになり，水のリサイクルが成立する。

この観測結果から，湿潤気候と森林成長とが持ちつ持たれつの関係，いわば卵と鶏の関係に擬せられる関係が成立していることがわかる。しかし，湿潤気候だから森林があるのか，森林があるから湿潤気候になっているのかという課題は，動的平衡の維持機構の観点から検討する価値がある。降水の変動は地球規模の複

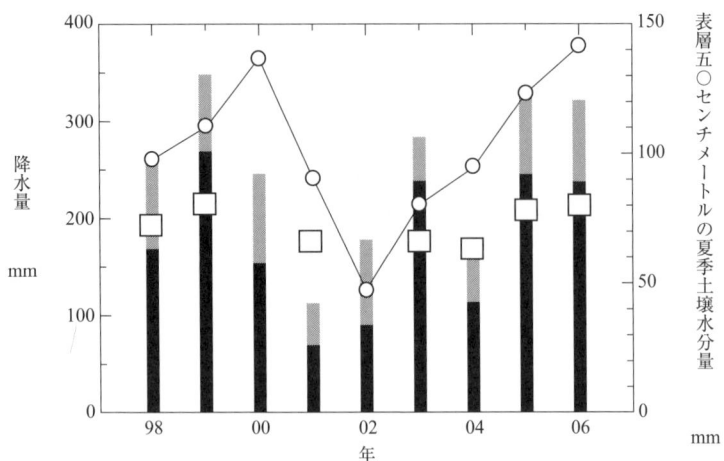

図 1-2 東シベリアヤクーツクのカラマツ林の蒸発散量，年降水量，土壌水分量の年々変化

Ohta et al., 2008 を一部改変。

棒グラフは黒色が5-9月，灰色が10-4月の観測降水量，蒸発散量（□）は10-4月は非常に小さく無視されており，5-9月のタワー観測による値。土壌水分量（○）は6-8月の表層50 cmの土壌の平均値。

雑な大気運動の影響を受けるから大きく変動する性質を持つ。にもかかわらず，数年間の平均での降雨量と蒸発散量が接近して水のリサイクルを維持できるのは，陸面をおおう生態系側に鍵があると言わなければならない。すなわち東シベリアの生態系がカラマツという樹木を主体としており，コンスタントに成長を続ける生物種としての生存戦略を持つことが重要なのである。例えば微生物であれば，活動や現存量を少雨年には低下させ多雨年に増加させる生存戦略が採られるが，樹木はまったく異なる。一生の間に何度か現れる乾燥ストレスのかかる少雨年でもじっくり成長を続けることが，湿潤気候の動的平衡を支えているのである。

　樹木のこうした生存戦略の光合成や蒸散への反映は，地球上で普遍的に見られることが各地の観測研究で明らかになってきた。例えば，4ヶ月近い乾季が存在する熱帯季節林気候を持つタイでは，低地では乾季に落葉する落葉林が広がっているが，やや気温が低い丘陵では常緑林となる。後者では，乾季後半に蒸発散量が抑制されずむしろ大きくなることが観測され，根を深く伸ばしていることがこの蒸発散量継続の根拠となっていることがわかってきた（Tanaka et al., 2004）。また，

半島マレーシアの熱帯雨林でも土壌水分による蒸発散抑制はほとんど見られなかった (Takanashi et al., 2010)。温帯においても，谷・細田 (2012) は，岡山の竜ノ口山試験地北谷流域における 69 年間の観測を解析し，森林が少雨年にも通常年の蒸発散量を維持して土壌水分を減少させ，その影響が河川流出量を減らす傾向が強いこと，森林を伐採すると少雨年に蒸発散量を維持する傾向がほとんど見られなくなることを見い出した。これらの結果は，樹木が他の生物種に比べて環境変動に対する応答の幅を小さくする持続性が強いことを明確に示している。さらに小杉緑子のグループによる，上記の Takanashi et al. (2010) と同じ Pasoh 試験地タワーでの炭素収支に関する 7 年間の観測によると，1 年のうちほとんどの期間は光合成が生態系呼吸をやや上回って二酸化炭素の正味の吸収傾向があるにもかかわらず，雨季には従属栄養生物である土壌微生物等の活動が活発になって生態系呼吸が大きくなる結果，むしろ二酸化炭素放出が見られることが明らかになった。この結果は，長寿の樹木と短命の微生物の生存戦略の違いを明瞭に示すものである。

　少雨年であっても光合成やそれにともなう蒸散を維持する樹木の性質は，竜ノ口山での結果のように，水のリサイクルの影響が小さい島国の日本では一方的に河川水を減らすようにはたらく。しかし同じ性質が大陸では水のリサイクルの維持につながることは興味深く，かつ地球環境変動と生態系との相互作用を理解するうえで重要なキーポイントと言うべきである。湿潤変動帯にある日本であっても根を地中深く伸すことは乾燥ストレスに対する強靱さにつながるとは言えるが，気候の湿潤化に寄与するわけではない。湿潤変動帯では，乾燥よりもむしろ，地盤侵食によって生存が脅かされる傾向が強く，そこにこそ生命力に基づく強靱さが現れる。これについては次項本章 2-3 で説明するが，より詳しくは第 3 章 3-4 を参照願いたい。その結果，日本のような島国では，水資源確保のために蒸発散量を減らそうとする目的に対しては，むしろ生命力を弱める方向へ森林を誘導する必要がある。伐採をともなう里山二次林や人工林が原生林よりも水資源確保の観点からは有利だということになり，これは水文学研究者の間では常識的知見となっている (Calder, 1999)。一方，大陸においては乾燥ストレスに対する樹木の持つ強靱な性質は，気候に確実にフィードバックする。森林による一定の水蒸気供給は降水量が少なくなる方向への変動の振れ幅を小さくし，湿潤気候での動的平衡の維持に貢献している。こうした知見は，森林水文学の分野でもこれま

であまり指摘されてこなかったが，地球規模での気候変動と森林資源保全を考えるうえで，重要な情報だと言えよう。

ところで，シベリアのバイカル湖における Shichi et al. (2007) の花粉分析によれば，カラマツ林におおわれていた期間は現在を含む間氷期1万年程度の期間に限られており，氷河期と間氷期の繰り返しの中，10万年程度継続した氷河期には森林は存在しなかったことが明らかになった。ということは，氷河期から間氷期への気温上昇の期間には，森林蒸発散による大気と陸面間の水のリサイクルをともないつつ，森林域が種子散布を通じて拡大していったものと推測される。湿潤気候と森林が相互作用を保ちながら気候の温暖化とともに広大なシベリアを舞台に北上してゆく壮大なヒストリーが実在すること，それが間氷期にあたる現在の温暖湿潤な気候を形成しているのだということが理解できよう。この湿潤気候の動的平衡状態は，数千年スケールでの再度氷河期に向かう気候変動によって今後失われるかもしれない。しかしより短期的には，人間活動の結果としての急激な温暖化によって凍土の融解を通じて消失してゆく可能性が高いだろう (Satoh et al., 2010)。さらに，経済発展にともなうカラマツ林の伐採がもしも大陸規模に拡大すれば，大気への水蒸気供給が減少する結果，現在の水リサイクルが維持できなくなって気候乾燥化がより加速される危惧もある。伐採規模が小さければ気候の乾燥化までには至らないだろうが，おそらくその空間規模が大きくなってあるしきい値を超えた段階で，水リサイクルの縮小が顕在化して気候に影響してくると考えられる。原生林と気候という人間のコントロールしがたい性格を持つもの同士の相互作用である以上，このシフトは不可逆的に進行せざるを得ない。そうなれば，北東アジアの食料生産など社会へのダメージは計り知れないだろう。

2-3 はげ山の形成からみた湿潤変動帯における生態系の相互作用

日本のような湿潤変動帯の島国においてもときに少雨年が現れ，水不足の被害を受ける。しかし，大陸奥地のように海洋から遠く離れているわけではないので，海洋からの蒸発による水蒸気の凝結で降水がもたらされ，陸面の蒸発散の降水へのフィードバックはほとんどはたらかない。しかし湿潤変動帯では，地殻変動によって山岳が隆起して位置エネルギーが高まってゆくため，風化基岩表面から土粒子がはがれる削剥と水によって流される侵食が生じる。この環境の下では生態

系は自らの成長のために地盤を固定しなければならず，根を張って土の移動に抵抗する生命力に基づく強靱さを発揮する．本書の第3章3ではこの侵食に対する森林生態系の抵抗について詳しく述べているが，ここでは簡単にまとめておきたい．

　前項で説明した安定大陸の森林生態系と湿潤気候の相互作用は，すでに確認された科学的知見ではあるが，実際に森林を破壊してその気候に及ぼす影響を実証することは非常に困難である．もし，そういう事態に陥ったら気候が乾燥化して森林を再生することが不可能であることが予想されるからである．これに対して，湿潤変動帯における森林破壊が森林と土壌の相互作用に及ぼす影響は実証することができる．大陸規模の相互作用に比べて空間規模が圧倒的に小さく，しかるべき緑化工法によって再び森林をよみがえらせることができるからである．過去に花崗岩山地に広がっていたはげ山を対象にして水と土の流出観測研究が行われたが，そのきわめて重要な研究の意義のひとつは，地球変動と生態系との相互作用とはいかなるものかに関する一般的な見解を実証的に得ることが可能だというところにある．

　実際，本書の第3章3では，はげ山と森林斜面における動的平衡のあり方の違いを，福嶌（1987）や鈴木・福嶌（1989）の滋賀県の観測研究を基に詳しく説明する．通常の山地森林斜面においては，土壌層が崩壊して基岩表面が露出しても，土壌層が再び発達して厚くなり森林生態系が成立してゆき，土壌層の発達と崩壊のサイクルが維持されている（下川，1983）．しかし，はげ山では土粒子が斜面上に維持できず1年未満の短期間に侵食され，地盤としての土壌層が発達しないので森林回復はない．森林のある斜面では土壌層が100年以上かけて厚くなってから崩壊するのに対し，毎年コンスタントに土壌が失われてゆく．土の重力移動という無機的な地球変動現象が森林との相互作用なしに進行する場合にどうなるのか，それがはげ山の調査によって明確にされたわけである．

　はげ山はまた，樹木伐採と落葉の採取による徹底した人間の森林利用の結果として成立したものであることは，地球変動と生態系との相互作用一般への人間の介入に関する重要な情報を提供する．はげ山の森林再生は，積苗工という，斜面上の水平面の造成と客土をともなう技巧的な緑化工法によって成功していったのではあるが，はげ山が消失するには戦後1960年頃からの燃料革命による森林不利用放置を待たなくてはならなかった．はげ山になってしまうと，そもそも森林

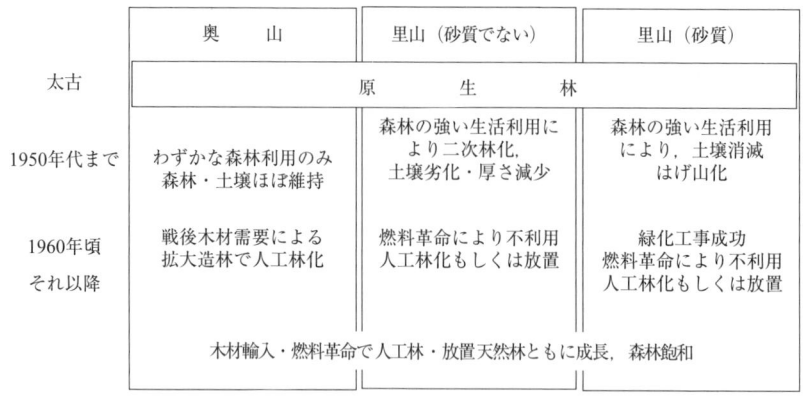

図 1-3　日本の森林の大きな区分けとその変遷

が存在せずその利用はできないから，燃料革命以前においても，そこでの生活には，燃料や肥料の里山以外からの購入が必要であったはずであり，大坂近郊の摂津河内における綿作の干鰯や野菜作の都市糞尿利用は有名である（例えば古島，1963；渡辺，1983）。そうであっても化石燃料が使えなかった時代には周囲の生物資源利用への欲求は強く，はげ山の緑化工事によって植生が少しでも再生されると，再び資源として利用されてしまうような圧迫があった。緑化はなかなか完成しにくかったのである（千葉，1973）。

太田猛彦（2012）は，「森林飽和」という書物や過去の山地の植生状況の写真集（太田ら，2009）によって，燃料革命以前には里山が現在のように成長した森林でおおわれてはいなかったことを強調している。ただ，図 1-3 に示すように，著者はその状況は大きく 3 つに区分されると考える。植生状況は，里山と奥山では人間利用の圧迫の大小によって大きく異なっていたし，地理的には里山地域に位置していても，花崗岩山地を中心に広がっていたはげ山は中古生層などの堆積岩山地とは状況は違っていた。はげ山では植生がなく土壌層もない。ただ，風化基岩から生成され表面に向かって柔らかくなるような 10 cm 程度の土層があって，その表面から毎年ほぼ一定の土粒子が侵食されてゆく（第 3 章 3-2）。こうした侵食がコンスタントに進んでゆくプロセスは，はげ山以外の植生の貧弱な里山には成立せず，第 3 章 3-4，第 3 章 3-5 で詳述するように，土壌層の発達と崩壊の長期プロセスが維持されていた。こうした違いは水流出や土の侵食移動過程におい

て決定的に重要で大きな差があるにもかかわらず，これまであまり強調されてこなかった．その結果，過去には森林が貧弱であったとマイナスの判断が下されたり，現在は森林が荒廃しているが以前は手入れされて里山が守られていたと過去の方にプラスの評価があったりと，全く相反する意見が並立する原因となってきたわけである．

　人間の生活の場に近いために同じように利用してきても，はげ山とそれ以外の里山の植生や土壌の状況が異なっていた原因は，基岩風化によって生成される土壌の物理的な性質の違いに求められるだろう (第3章3-3)．花崗岩や第三紀層など，はげ山となってしまった地域では，基岩風化によって生成される土壌が砂質であって，土粒子を互いに結びつける糊のはたらきをする粘着性が乏しいため，人間の森林利用によって樹木の根が腐朽したときの侵食に対する抵抗力が著しく小さく，急斜面上に土壌が維持できなくなってしまったと考えられる (塚本, 2001)．はげ山の原因を大仏造営によるただ1回の伐採のような軽度の撹乱に求めることはとうていできない．が，砂鉄採取，傾斜地農業，窯業，製塩など，通常の里山利用以外の特殊な用途による強い撹乱に求めるべきかどうかの議論は必ずしも決着しているわけではない (千葉, 1973; 小出, 1973)．しかしながら，例えば夜なべに必要なマツの根の掘り取りを堆積岩山地は避けて花崗岩山地だけで行ったとは考えにくく，人間利用条件は同じであっても，その結果は無機的な地質条件で異なることは指摘しなければならない．

　人間の手がはいらない太古の時代には，地球変動と生態系との相互作用によってどこでも土壌層が成立していた (図1-3)．それに対して人間が生態系利用の形で割り込みをかけるようになると，基岩風化によって生成される土粒子が地質ごとに異なるという自然条件の違いが顕在化してくる．したがって，相互作用によって保たれている動的平衡が人間の割り込みの拡大につれて変容してゆき，森林土壌のないはげ山とかろうじてその残っている里山のモザイク的なランドスケープ (景観) が成立してきたのだと考えられる．

　図1-4は，生態系の生命力の強靱さは原生林から里山二次林になると低下するが，それなりのレジリエンス (回復力) をもって動的平衡を維持していることを概念化したものである．はげ山になると生命力のない動的平衡が実現されるため，土壌も植生も回復しない．はげ山は経費をかけ技巧的な緑化工事を行うことで緑化が回復したが，本章2-2で説明した，安定大陸における湿潤気候と生態

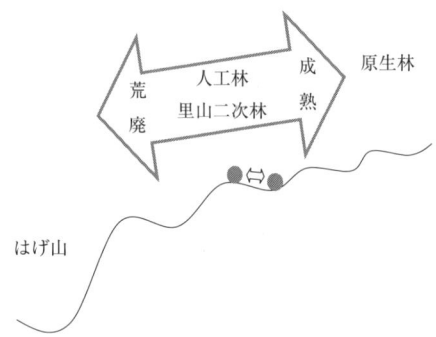

図 1-4 森林の人間による利用によって生命力の強靭さが低下するが，それぞれのレジリエンス（回復力）によって動的平衡が保たれることを示す概念図。
それぞれの動的平衡のステージは利用の程度がしきい値を超えるとシフトする。また，人工林や里山は，人間利用の程度や土粒子の強度などによって動的平衡は広い幅が存在すると考えられる。

系との相互作用は不可逆的である。それゆえ，図 1-4 に示した森林利用をしきい値を超えない範囲で行う「つつしみ」は，はげ山だけでなく相互作用に支えられる動的平衡一般において重要な原理だと考えられる。

2-4　地球変動と生態系の相互作用からみた日本の豊穣な自然環境

Conrad Totman (1989) は，千年以上にわたって森林の樹木や落葉を強度利用してきたにもかかわらず，極端な荒廃には至らなかった日本の歴史過程に注目し，厳しい利用抑制の制度をともなう技術的・社会的努力を指摘している。確かに，江戸時代初期の「諸国山川掟」の思想，すなわち「森林の土砂流出防止機能が失われるので，勝手に伐採されないように囲い込む」規制は，現行森林法における保安林指定の制度につながるものであって，本章 3-2 で論じるように，砂防と区別される治山の意義を規定するうえで重要な意味を持つと考えられる。しかし，気候や地殻変動における好条件，すなわち生物の生存に好適な豊穣性をも合わせて指摘しなければならない。

先に，植生と土壌のないはげ山にまで至るのは，花崗岩などで風化生成される

土粒子が砂質であるがゆえに粘着性が小さいからだと述べた。しかし，堆積岩などでは，花崗岩と同様の人間利用を受けたにもかかわらず，土壌がやせ植生が貧弱になったとはいえ，里山として持続的な森林利用が継続できた。その背景には，豪雨による強い侵食環境にありながら，それに抵抗できる生態系の強靱な生命力があったわけで，温暖湿潤な気候と地殻変動の貢献もまた重要な必要条件と考えられる。例えば，樹木が伐採されて土壌がむき出しになると徐々に樹木の根は腐朽してゆき，土壌層の崩壊に対する強度が低下する。しかし，ただちに草本植生が成立し，15 年程度で先駆樹種のマツ類などの樹木が成長して森林が再生される。そのためには，夏季の活動期に多雨であるという植生にとって好適なアジアモンスーン気候が効果を発揮していると考えなければならない（田中，2014）。また，活発な地殻変動の結果，山体隆起と基岩風化によって毎年 0.1 mm 以上の速度で基岩表面が削剥されて土粒子が生成され，土壌層が厚く発達しても数千年以内に崩壊して流域外に流出する（松四ら，2014）。そのため，安定大陸では数億年も前に侵食が終わっていて土壌が古いのに対して，地殻変動帯では相対的に土壌が新しく土壌が栄養塩に富んでいる。この点も，人間による攪乱に対して森林生態系の再生にとって好条件となっているのである。

　このように，日本における急峻な地形や豪雨が多い気候条件は災害を招きやすい自然条件ではあるが，同時に森林生態系の維持と攪乱を受けた場合の再生において好ましい環境でもある。安定大陸における地形が緩やかで豪雨が少ないが土壌が古くて栄養塩の乏しい自然条件とは大きく異なっている。気候と土壌の地理的な違いは文字通り「風土」を表しており，和辻（1935）以来西洋と日本の風土の違いの議論が続けられている（例えば玉城・旗手，1974）。社会・文化全般がそれに依存するかのような説は行き過ぎであろうが，日本の風土が，温暖湿潤な気候と肥沃な土壌というプラス面，および豪雨や地震・噴火による災害多発というマイナス面によって，西洋と大きく異なることは揺るぎない事実である。西洋では夏季乾燥と栄養塩不足のために休耕を必要とする三圃式農業が主体となってきた一方，日本では夏季多雨と豊かな地力によって繁茂する雑草の除去が農業においてキーになることは，両者の風土の違いを典型的に表している（飯沼，1970）。災害論においてそれをもたらすマイナス面の特徴は強調されやすいが，前者すなわち恵まれた自然環境は考慮外になりがちである。しかし，両面はまさしく表裏一体の関係を持つ。つまり，気候変動も地殻変動も長期間を見れば動的平衡を保っ

ていて，その平年の状況は人間を含む生命の繁栄にとってプラスにはたらくのだが，それらの平均値周りの変動のうちで大きくはずれる極端現象は災害の原因となる。生物資源が乏しい一方自然災害が比較的起こりにくいヨーロッパとは対照的だと言えよう。

2-5 日本の森林飽和と地球環境の遷移

　はげ山は現在ほとんど見られなくなっている。この森林回復のためには，技巧的な緑化工事と1960年代の燃料革命以後の森林不利用が必要であった。はげ山は自然には緑化回復しないので森林が利用されなくなった現在でもはげ山状態が残されていたかもしれないという意味では，緑化工事の重要性は言うまでもない。しかし，そのはげ山緑化が軌道に乗ることで，はげ山とその他のはげ山にならなかった里山とがたどる経緯は共通性が見られるようになり，それには森林の不利用が重要な役割を果たしてきた。すなわち，里山不利用は落葉落枝を斜面土壌上に残して栄養塩低下を抑制して樹木成長を促進させた。これにより，太田（2012）の言う「森林飽和」がもたらされ，沼本ら（1999）が調べたように山地災害による被害者数が減少していった。

　しかしながら，こうした経緯の背景に1960年代からの化石燃料使用があったことは非常に重要な意味を持つ。この時期は二酸化炭素の排出増加と一致しており（CDIAC, 2010），その結果，人間活動による相互作用の変容が，はげ山化などのローカルな現象にとどまるのではなく，気候変化に代表される地球規模の現象に移行したと考えなければならないからである。さらに言えば，地球全体では人間活動は急速に増大しているわけで，はげ山緑化や里山の森林飽和は地球のごく一部のローカルでささやかな相互作用の回復に過ぎない。湿潤変動帯の日本における森林生態系との間の相互作用は確かに回復してきたが，その改善をもたらした化石燃料利用が温室効果ガスである二酸化炭素の排出につながっていった。その高い大気中濃度を条件として海洋と陸面の生態系は相互作用を営むわけであるが，その相互作用が動的平衡に至るまでは時間的にかなりの遅れが生じる（佐藤，2005）。相互作用はシフトしつつあるが，当面二酸化炭素高濃度条件での新しい動的平衡には達することはないわけである。

　21世紀後半に気温が何度上昇するかなどを予測する研究は数多いが，その結

果新しい動的平衡がどのようなものになるのかは予想しにくい（伊藤，2014）。が，大事な点は，あくまでも無機的な地球変動に対する生態系の相互作用が，地球環境を創り出すというところにある。現在，次世代の地球環境を統合的に研究して社会還元をめざす国際活動「Future Earth」が始まっている。そこでは，人間影響によって新たな地質年代が創り出されてきてしまったことが Anthropocene（人類世）という用語によって指摘され，地球環境危機の深刻さが訴えられている（安成，2014）。著者としては，地球変動と生態系の相互作用が地質年代の違いを超えて環境維持の基盤となっていること，動的平衡がシフトしてゆく期間において，気候変化によって生態系がどのように応答し，それがどのように相互作用を変えてゆくのかを継続的に調査してゆくことの重要性を強調したい。実験結果を再現することが客観性の保証と位置づけられている実験室の科学とは異なり，環境研究での将来予測の検証は現時点では原理的に不可能である。同時進行している複雑な相互作用システムの変化を長期に継続的に監視して，恒に社会のありようにフィードバックする社会構造が必要である。それがなければ，環境研究は検証のない将来予想の遊びになってしまいかねないからである（谷，2015c）。

2-6　日本における林業利用と山地災害防止のバランス

　繰り返し説明してきたように，無機的な地球変動と森林生態系の相互作用による動的平衡の維持は，環境保全や災害防止における基盤となっている。また，豪雨は気候変動の振れ幅の中での極端現象として不可避的に起こるので，どのような森林状態でも侵食や崩壊の発生がなくなることはあり得ない。これを前提に，山地災害防災の観点から林業のあり方を考えてみたい。

　林業生産技術は，半田良一（1972）によると次のような特徴を持っている。それは，樹木個体を超えた森林という集団として管理することで発揮され，生態学的な認識に基礎を置くことによって初めて体系化される。農業のように作物個体における閉鎖した生育技術に基づいて収穫を得るのではない。原生林から同一種・同樹齢の人工林に変更したとしても森林生態系全体の生産力は維持されるので，それに依存して有用林産物を獲得するような生産技術段階にあることを認識しなければならないわけである。半田は崩壊防止機能にふれてはいないが，その理論に基づけば，湿潤変動帯におけるきわめて強い侵食外力に耐えて生態系が自

らを存続させている生命力の強靱さが，木材収穫を可能にする生産力の源泉になっていると解釈できるだろう．林業生産力は地球変動と生態系の包括的な相互作用に依存しているわけで，その相互作用には土壌を樹木が根によって保持する作用も当然含まれるのである（谷，2011b）．

スギやヒノキの木材生産を目標とする人工林は，一斉に植栽するので樹種や樹齢に多様性がなく，伐採後に根が腐朽してゆくため植栽樹の根系が十分に張っていない幼齢林の時期に崩壊が起こりやすい（北村・難波，1981）．また，樹木がランダムに生えているのではなく等距離で規則的に並ぶため，樹木と樹木の中央付近の強度の弱いラインに沿って崩壊に至る可能性がある（北原，2010（図1-5参照））．さらに木材を持ち出すことが繰り返され，土壌から栄養塩が長期に減少してゆくので，生命力の強靱さが低下することも考えられる．したがって林業行為が山地災害を防ぐ観点からプラスにはたらくことは考えにくく，豪雨時に土壌層が崩壊する頻度が原生林に比べて増加すると推測される．ただ，その崩壊発生が原生林よりも極端に低下するのは，伐採後の数年から40年程度の根の張りの弱い期間であるから（北村・難波，1981），この期間に崩壊せず乗り切った場合は，土壌層を長く維持できる可能性が高くなる．伐採後の森林の再生が土壌層の存続のために重要だということになる．したがって，シカやイノシシなどの食害で森林が回復できない場合は，根による補強が失われ，徐々に侵食や崩壊で土壌が失われてゆき，はげ山化も懸念される深刻な事態に陥ってしまう（山田・池田，2012）．

だが土壌層が厚く発達することは，第3章3-4で詳述するように，斜面安定を低下させて崩壊発生に近づいてゆくことでもある．小出（1955）は，免疫性という表現で崩壊後すぐには斜面が繰り返し崩壊しないことを指摘しており，崩れやすい土質を持つ斜面に老齢林を存置することはかえって崩壊発生を起こしやすくするという判断もあながち否定できない（小出，1950）．それゆえ，毎年大量に土砂を流出させるはげ山は別として，結局いつかは土壌層が崩壊する以上，分厚い土壌層の崩壊を避けるためにより短い期間でうすい土壌層を崩壊させた方が災害規模を小さくできるという発想もあるかもしれない．こうした崩壊頻度を積極的に増加させるように誘導して防災を図る対策はさすがに危険のように思う．しかし，1960年頃に植林されたスギ・ヒノキ人工林が55年平均の樹齢になってきた現在，伐採せずに放置することは，いつかは豪雨時に土壌層ごと崩壊して流木

として流れ出る運命をただただ待っているとも言えなくはない。こうなってしまえば貴重な木材資源としてもったいないので，早期に間伐を行って成長させ太い木材を収穫することが望ましいだろう。先に林業は山地災害を防ぐ観点からプラスにはたらくことはないと述べた。確かにそうなのではあるが，土壌層の発達崩壊を前提としてよく考えると，林業のあり方の影響はそれほど簡単なものではなく，慎重な検討を要すということがわかる。

最近，森林を適切に管理せず放置することが森林荒廃を招き崩壊等の山地災害が起きやすくなるかのような論調が見られる（例えば京都府，2014）。森林が景観的に荒廃していることをもって崩壊に対する抑止力が弱いとみなしており，これは誤解だと考えられる。森林を景観的に美しくする作業は人間の欲求を満たすかもしれないが，災害防止機能の高い低いとは別の話である。木材や燃料・肥料のような森林から生物資源を持ち出す利用行為と同様，人間欲求から生じる「手入れ」なるきれいに整理する作業は，生態系の生命力による土壌層の発達にプラスの影響を与えることは考えにくい。あくまでも，森林生態系の生命力による強い侵食外力に対する相互作用があって崩壊等の山地災害が抑制されるのである。したがって重要な作業は，こうした人間の欲求を満たす行為によるマイナスの影響があっても，それがしきい値を超えてはげ山に移行するようなことのないように利用と保全のバランスを取ることである。そのバランスの範囲であれば，放置するよりは人間の役に立つわけで林業行為は好ましいことではあるが，放置したから崩壊等が発生しやすくなるというような根拠はないのである。

2-7　森林資源の輸送にともなう環境劣化の転嫁

木材生産を行う林業は，前項での説明から，地理的条件ごとに決まる地球変動と原生林生態系との相互作用を弱くすることの代わりに木材を収穫する産業であると考えられる。したがって，相互作用によって維持されている動的平衡にマイナスの影響を与えるので，木材を収穫する場所における環境劣化や災害増加が生じる。戦後の日本における林業に関してこの点を見てみよう。

戦後復興から経済成長によって木材需要が高まってきたため，木材を安く供給することが急成長する産業界の強い要求であった。これに対して林野庁は奥山天然林の伐採推進政策によって応えるとともに，水源涵養保安林の指定などを名目

として，伐採後の人工林植栽に国費援助を与え，拡大造林を強力に推進した。その結果が1960年植栽をピークとする人工林蓄積として現在につながっている。しかし，こうした国内対応では高度成長による需要に追いつかず，政府は米などと違って保護障壁措置のない自由化政策を採用したため，1960年代に外材輸入が急激に増加した。1961年当時は海外に膨大な天然林が存在していたため，経済界の要求に対して海外に伐採を転嫁して安価に木材を供給することが可能であったわけである。こうした政策変化によって奥山天然林の伐採拡大は終息し，里山の燃料革命後の森林不利用と合わせ，国内森林の成長が促進され，森林飽和に向かうこととなって，山地災害が確実に減少してきた（沼本ら，1999）。その代わり，フィリピンを初めマレーシアやインドネシアなど，東南アジアでは天然林の伐採が急速に進んだ。その結果，熱帯の地殻変動帯であるこれら各国で土壌侵食などが深刻になっていったのである（例えばSidle et al., 2006）。

　このように，地球変動と森林生態系との相互作用によって維持されていた動的平衡は，伐採によって環境劣化・災害増加の方向に変化するはずである。ところが，生産地と消費地の場所が異なる場合は，木材伐採にともなう侵食や崩壊が消費地から生産地に転嫁されてしまう。これは穀物や牛肉などが生産地から消費地に製品として運ばれると，生産物の消費地での水消費が節約される「バーチャルウォーター」（沖，2008）と類似している。一般に，生産物ができあがるまでにはさまざまな物質やエネルギーがかかわるわけで，その輸送にくっついて運ばれるものもあるが，生産の場において消費されるものもある。森林の場合は生育場所に存在していること自体が環境保全・災害防止につながるので，伐採によってそれらの機能が消費されると考えなければならない。

　水の場合，砂漠気候の消費国で水が豊富な生産国から生産物を輸入することで水の節約が図れることがあるが（沖，2008），木材においても，こうした仮想的な環境保全機能の輸送をすべて否定的に捉える必要はない。例えば，人工林施業体系が確立されている国で生産された木材が原生林によって環境の動的平衡がかろうじて維持されている国へ輸送されるなら，その原生林の機能が保持されることになって望ましいと言える。木材の消費絶対量を削減することは容易なことではないので，こうしたバーチャル輸送をうまく使うことで木材を利用しながら環境を守るという選択肢は大いに推奨されるべきであろう。しかしながら，そういう例は残念ながら少ない。さきほど述べた日本で消費される木材を，日本の林業を

育てるのではなく東南アジアの原生林に近い森林の伐採で賄うのは，上に述べた望ましいバーチャル輸送とちょうど逆方向であり，まさに地球環境にとって最悪だと言えよう。

ところで，本章2-2で詳しく説明したシベリアにおけるカラマツ原生林と湿潤気候との相互作用は，その空間的な規模の大きさ，伐採による湿潤気候喪失の不可逆性から見て，保全しなければならない優先度がきわめて高い。日本の林業再生による木材供給は，これまで述べてきたことから，伐採しただけで環境破壊と言うべきではなく，シカの食害などを防いで森林を再生させることで，環境劣化を最低限に抑制することが可能である。日本での木材自給率を上げることが地球環境保全にとってどれほど重要なことか，これは強く意識したいところである。

3 森林生態系との相互作用に配慮した災害対策

3-1 湿潤変動帯における災害と森林

図1-5は，湿潤変動帯において，崩壊後に土壌層が厚く発達してゆく過程と，それによって土壌層が崩壊せずに安定を保てるかどうかを概念図としたものである。崩壊直後は，斜面上に植生をともなわずに不安定な状態で土が残っており，はげ山の例でわかるように，その面積規模が大きい場合は，植生回復や土壌発達が進行せず，植生と土壌層の存在しない状態が維持されてしまう可能性がある。通常は早生樹種の侵入や周囲の森林からの土壌供給などで土壌層の発達と植生成長が開始され，生態系遷移も進行する。それらが開始されると土壌層は徐々に厚くなるが，第3章3-5で詳述されているように，パイプ状水みちが同時発達することにより，地下水面上昇と飽和地表面流の発生が抑制されて安定が保たれる。しかし，斜面安定条件は土壌層の厚さとともに徐々にかつ一方的に低下するのでいつか崩壊し，サイクルの最初の時点に戻る。この崩壊と崩壊にはさまれた土壌層発達のサイクルの中で，人工林の伐採は根の腐朽を通じて斜面安定条件を数年から40年程度の期間低下させる（北村・難波，1981）。こうしたスパイク状の不安定期間に豪雨があって崩壊が発生すれば，比較的短期間でサイクルの振り出しに戻ることになってしまう。また，シカの食害などで森林が再生しなければ，土

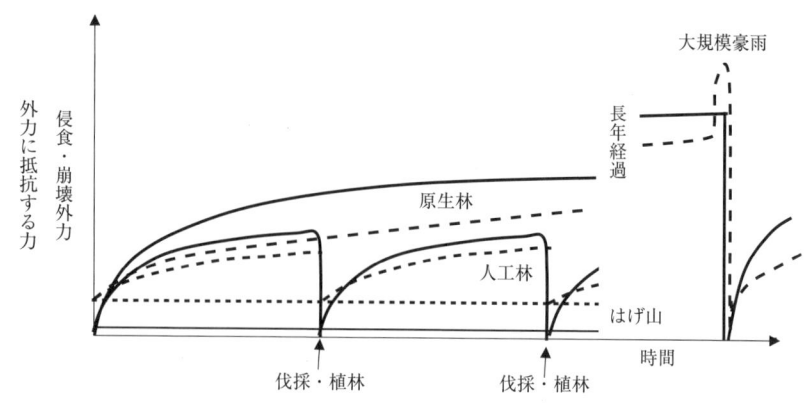

図1-5 湿潤変動帯における山腹斜面上の土壌層が百年から数千年の時間スケールで繰り返す土壌層の発達と崩壊のサイクルを示す概念図

破線は侵食や崩壊を起こそうとする外力，実線はそれに抵抗する力を表す。
原生林の場合であっても大規模豪雨があればいつでも崩壊の可能性があるが，風化基岩から継続的に土粒子が産み出されるので，時間とともに土壌層が厚くなってゆく。そして，最終的には崩壊に至る。人工林でも同様であるが，伐採があるためその直後は崩壊の可能性が高くなる。はげ山の場合は，植生侵入による抵抗力が侵食外力を上回る前に失われるので，土壌層の発達はなく，毎年土砂が流出する。
原生林や人工林であっても，崩壊直後ははげ山状態に近く，崩土が侵食されやすいが，崩壊の面積規模が小さければ，温暖湿潤な条件によって植生が侵入し，自然に土壌層の発達が開始される。ただし，シカなどの食害があれば，植生侵入ができず土壌層の発達が阻害される可能性が生じる。

の粘着性にもよるが，花崗岩のような砂質であればはげ山に移行してゆくおそれがある。この概念図の要点は，湿潤変動帯での地球変動の特徴である強い侵食外力に対し，森林生態系が相互作用を維持することが可能なように森林利用を行うことの重要さを示すことにある。どうやってもいつかは崩壊してサイクルが閉じるが，その中で貴重な生物資源生産物である木材を無駄にはせず，山地災害をできるだけ減らすように収穫するのはどうしたら良いのか。それ以上の戦略もそれ以下の戦略もあり得ないのである。

治水に対する工学的な立場から，吉谷 (2004) は，森林土壌が今後も保持されることは前提とであるとみており，それでも洪水が完全に防げないから堤防やダムなどの防災設備が必要だと論じている。まさに順当な見解であるが，問題点を指摘するなら，そこには前節で述べたような，森林を林業その他で伐採利用することがその機能を低下させるという視点がないことに注意すべきである。日本の森林は現在，化石燃料が利用できるので燃料として利用されず放置され，木材は海外から輸入して消費している。そのため太田 (2012) の言う森林飽和が達成さ

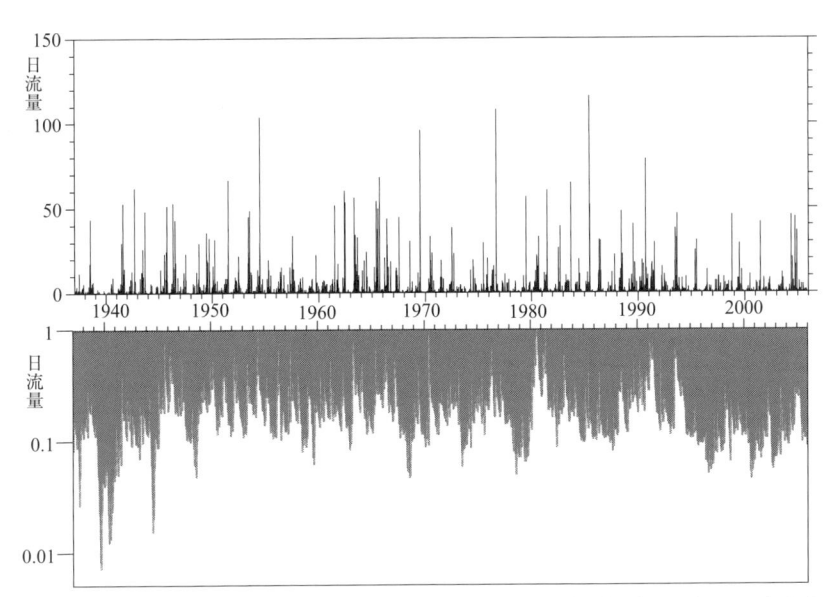

図1-6 森林総合研究所の竜ノ口山森林理水試験地南谷流域で観測された1937年から2005年までの日流量

森林総合研究所，2010により作成

上図は通常表示，下図は片対数表示であるので，それぞれ，大きい流量と小さい流量の出現が目立つようになっている。

れていて，河川管理を行う立場の国土交通省は，森林機能が最大に発揮されることに安心して「森林土壌の存続を前提として」治水計画を展開することが可能である。しかし，前提とされる森林機能はその伐採利用によって劣化方向に変化するから，森林機能の保全と河川の治水計画は本来切り離して考えることはできないのである。

図1-6は，森林総合研究所の竜ノ口山森林理水試験地南谷流域からの1937年から2005年までの69年間の日流出量データ25,202個を並べたものである（森林総合研究所，2010）。これは，森林流域での降雨流出過程を経ているので，気象条件の動的平衡における変動というよりは，人間に対して影響を与える極端現象を含む変動の傾向を示す例として見ていただきたい。上図は流出量を通常の表示で，下図は対数表示で示している。そのため，上図は洪水時の大きな流量が，下図は渇水時の小さな流量が目立つ。たまたまであるが，大流量は数年〜十数年に一度互いに差がないドングリの背比べのように出現しているが，小流量は観測直

後の 1939 年に飛び抜けて小さい渇水が現れている。年間降水量が 620 mm 程度であり，極端な渇水が発生したのである。その後 2005 年に至るまで，これほどの極端現象は現れていない。大流量側にはこうした例は 69 年間出現しなかった。このように，気候変動は動的平衡を保つとしても，極端現象の現れ方は当然ながら多様な様相をみせることが確認される。こうした外的環境の時間変動と図 1-5 の土壌層発達・崩壊サイクルの時間変化が重なり合って，崩壊発生が生じる。災害に対して，こうした湿潤変動帯における長期変動の重なり合いがバックグラウンドになっていることをここで確認いただきたい。

3-2 砂防と治山の目的の違いから見た山地災害対策

図 1-6 でわかるように，気象条件における極端現象はいつ出現するかわからないし，どのような規模まで起こるのかを推定することも容易ではない。したがって，災害を皆無にできるような対策を講じることはもとより不可能であり，災害発生の超過確率や対策に要する経費を考慮して減災に資する対策規模を決めざるを得ない。自然災害の対策にかかわる公共事業は，こうした困難の中でもがかざるを得ない。本書では森林との相互作用を記述してきたので，崩壊や土石流など土の流出による山地災害を中心に考えよう。これに関する代表的な公共事業は国土交通省系列の砂防事業と林野庁系列の治山事業である。両者はともに山腹緑化と土砂だめのダム施工を行うなど，同じような山地災害対策を省庁縦割りで進めているとの批判が昔からあって，両者の協調が図られてきた（木村ら，1962）。しかし著者は，この両者の目的にさかのぼって区別を検討することが災害対策のあり方を理解する鍵になると考えている（谷 2011b）。この点を説明しよう。

砂防法を見ると，第 1 条に「治水上砂防ノ為施設スルモノヲ」砂防設備，「砂防設備ノ為ニ施行スル作業ヲ」砂防工事と定義し，砂防という名の公共事業の中身が，土砂の流出によってある保全対象に被害が起こらないようにする作業であると理解できる。ところが，治山の方は少なくとも形式的には目的がまったく違っている。森林法第 25 条には，水源のかん養や土砂の流出の防備，土砂の崩壊の防備等合計 11 の目的を挙げ，「目的を達成するため必要があるときは，森林を保安林として指定することができる」とあり，第 41 条で，そのうちここで示したものを含む 7 項目の目的達成のために「造成事業又は森林の造成若しくは維持に

必要な事業を行う必要があると認めるときは，その事業を行うのに必要な限度において森林又は原野その他の土地を保安施設地区として指定することができる」と書かれている．砂防のように保全対象のために防災工事をする流れではなく，治山ダムなどの保安施設を補いながらも要は森林造成することが目的となっているのである．

　治山事業を根拠づける森林法が保安林指定による森林造成を重視しているのは，江戸時代から燃料革命の時期までは，森林が生活資材に強度に利用され，地質によってははげ山になってしまった経緯に強く依拠している．こうした人間の利用圧迫から逃れることが，強い侵食外力に対して森林生態系が崩壊などの荒廃を食い止める最も重要なポイントであることが当時の常識となっていた背景がある．こういう理解が前提になって保安林指定での囲い込みが 1897 年制定の旧森林法で規定され，それが現行の森林法に反映しているのである（谷，2011b）．その後治山事業が砂防法と似た保全対象事業の性格を帯びるようになったのは，1911 年に治水・砂防事業を管轄する内務省土木局（現在の国土交通省水管理・国土保全局）の猛反対を押し切って，それまで国有林野経営が中心であった農商務省山林局（現在の林野庁）が森林治水事業を開始させたからである．当時は砂防事業でも積苗工などのはげ山緑化工事が多かったので，結果的に両事業の目的と工事内容が類似してしまった．その結果両事業は，日本の伝統である省庁縦割りに支えられ，工事内容は似ていても目的が違うことを根拠として制度固定されたのである．

　こうした内容が似ている点は別にして砂防と治山を原点に戻って区別してみると，砂防事業では，集落とそこに土を送って災害をもたらす山地とが保全対象と災害原因との関係として向き合う形になっている．山腹斜面での崩壊発生またはそれにともなう土砂の流出を防ぐことで保全対象を災害から守るという，非常にわかりやすい関係である．一方，治山事業を規定する森林法は，土砂流出・土砂崩壊の防備との目的は掲げているが，そのための山腹斜面の森林植生状態をこそ問題にしている．つまり，砂防のように保全対象と災害原因を場所的に峻別してその間に防災設備を設置するというのではなく，治山では，山腹斜面を災害原因にもなるが木材生産など何らかの使用価値をも持ち得る場として捉え，人間利用によってその場が土砂流出・土砂崩壊の場にならないように囲い込むという理屈になっている．

このような保安林や治山事業の考え方は，領主が用材を確保するために生活に林産物を必須としている貧しい民衆の侵入を禁止するような封建的な制度を未だに踏襲しているようにもみえる。しかし，燃料革命までは実際にそのような強度の人間利用の結果として森林は貧弱な疎林に変化していったのであって，湿潤変動帯の強い侵食外力下にある日本の里山の森林と土壌は，Totman（1989）も指摘するこうした厳しい制限と本章 2-4 で述べたように生命力にとって好適な自然環境のおかげで，かろうじて急斜面上に維持されてきたと考えなければならない。それでも砂質土の場合には，はげ山になってしまったというのが森林依存の強かった時代の実態であったのである。

　現在は，斜面上の森林にこうした人間利用の圧迫が加えられない森林飽和の時代（太田，2012）であるから，森林法の保安林条項の意味合いがわかりにくくなっている。砂防と併合されないように権益を守ろうとして，治山が屁理屈を並べているようにさえ見える。しかし，本章 2-7 で述べたように山腹斜面は林業の対象として利用してゆくべきであり，利用は地球環境保全にとっても意義のあることだから，斜面の場を災害原因としてだけ見るのではなく，有効に利用する場として見る治山の立場は本質的に重要な意味を持っている。本書では地球変動と森林生態系の相互作用について説明してきたが，土壌層が厚く発達してくると，侵食力が森林生態系の根による抵抗力に打ち克って，いつか土壌層の崩壊が必然的に発生する。そのとき，砂防が山地源流域を災害原因とのみ見てしまう立場に固執するならば，崩壊によって流出してくる流木は，被害の原因のひとつとの位置づけになってしまう。こういう見方からは，それをも防ぐ強靱な防災設備をコストをかけて設置するといった工事計画だけが独り歩きしかねない。しかし治山の立場からは，山腹斜面を利用の立場からも複眼的に評価する立場なので，山腹斜面をどのような森林状態に誘導すべきかを検討する方向性が導かれる。砂防と治山の区分けは，単なるセクショナリズムの産物と捉えてはならないのである。

　現代社会における一般的に見て大きな問題点は，人が住む集落や都市を囲む山地などの空間が災害をもたらす原因を作り出す場としてしか評価されない，そういう不当な分別が広がっていることにあると考えられる。確かに，湿潤変動帯にある日本では，山腹斜面上の土壌層が徐々に厚く発達して結局崩壊することが必然的であるように，無機的な地球変動が自然災害をいつか発生させることは不可避である。それがゆえに，山腹斜面や渓流を災害原因としか見ないならば，われ

われの生活が湿潤変動帯の豊穣な生物資源に支えられて生存できている自然の恵みを無視することにもつながってしまう。そうすると，「過疎で人が住まなくなってもしかたがないが，災害のない強靭な国土をめざすべきだ」とのきわめて偏った見方につながってしまうのではないだろうか。

　山腹での土壌層崩壊が必然的である一方，砂防ダムや治山ダムのような防災設備も永久に防災効果を発揮できるわけではない。1回発生した崩壊や土石流を受け止めて災害を防いだとしても，それを上回る流出土砂量の場合，2回目の土砂流出発生の場合など，山腹斜面の継続的な監視が必要である。また防災設備は時間とともに強度が劣化するので補修もしなければならない。実際，滋賀県の田上山では，明治大正時代のはげ山緑化にともなって渓流に設置された石積みダムが近年の豪雨時に破壊され，堆積土砂が再移動する事態も頻発している。せっかく斜面に森林が戻ってはいても，斜面や渓流を監視しないで済むというようにはならないのである。あくまでも山地源流域は災害を産み出す場であるとともに利用する場として見るバランスをとった見方が重要であり，それが可能になれば，砂防・治山設備はきわめて有効な防災効果を発揮することになるだろう。

　その効果があった例を長野県小川村の薬師沢に見てみよう（谷，1979）。第三紀層地すべりによって棚田が毎年氾濫浸食害を受ける不安定な状況に対して，かつては「割地」と称し，耕地所有者を入れ替えて村落全体で均等に被害負担を行う社会システムで対応していた。1886年に内務省の直轄砂防事業として，空石積みのダムを主とする渓流固定工事が施工され，最後の割地が実施されて以後耕地の所有者が固定された。その渓流は水田に接しており重要な農業の場として利用されているから，現在に至るまでそのダムの補修や草刈りが代々の「砂防惣代」と称する地元住民によって行われ，継続的に防災効果を発揮している。薬師沢砂防は，防災設備と日常生活が切り離されていない，めずらしい事例ではあろう。しかし，意識的にこうした関係を持つようにしないならば，いくら防災設備が充実していても，湿潤変動帯の自然条件から客観的に見たとき，いつか必然的に発生する土砂災害をただ待っているだけだということになりかねないのである。

3-3　地球変動と森林生態系の相互作用から見た治水対策

　本項では引き続き，地球変動と森林生態系の相互作用の観点から，山地からの

流出水による下流の洪水災害と治水対策について考えよう。治水対策の基本を定める河川法によると，第16条で計画高水流量を含む河川整備基本方針を定めることとなっている。そのために，河川法施行令の第10条の2において，「洪水防御に関する計画の基本となる洪水」として定義される基本高水とその河道及び洪水調節ダムへの配分に関する事項が定められる。河川法および施行令の表現では，この基本高水の意味が必ずしも明らかではないが，「河川砂防技術基準」（国土交通省，2004）によると，対象降雨から流出モデルで推定される洪水流出ハイドログラフのことであって，それを河道とダム等に配分して計画高水流量を決めるという段取りになっているようである。河川整備基本方針であるから対象となる河川の治水目標を掲げるもので，流域が雨水を集めて基準点に流れてきた基本高水を前提条件とし，ダムを含む河川整備を行うことでそれが氾濫しないようにして，河川整備の目標を果たすわけである。

したがって，雨水を集めてくる河道以外の流域流出過程は前提となる設計外力であって，河道のみが整備対象となる。流域は，ダム貯水池や放水路など，もともと河道外であった空間を河道に取り込むことができる場合に限って，治水目的に利用できることになる。しかしながら，それ以外の空間でも，本書の第2章と第3章で詳しく説明しているように，山腹斜面における土壌層や基岩層での雨水流出過程全体が洪水流出のピーク流量を低く緩和しているのであって，人間による農業や林業，あるいは宅地としての利用がこの洪水流出緩和に関係している。流域全体の土地利用や経済活動が河川基準点での氾濫に関係する洪水流出量を左右するにもかかわらず，治水対策が河道空間だけを対象にして行わなければならないと考えられていることは，重要な治水上の問題点だと指摘できる。生態系を利用して人々が生活し，流域全体を管理することは，下流の氾濫などの水害に対して緩和方向にも拡大方向にも両面の影響を与える。しかし，河川法で規定される河川整備においてそれらは基本高水の前提となるだけで，考慮すべき対象にはならはない。その結果は最悪の場合，河川整備と地域計画とは統合されることがなく，水害に対して強靱にはなるが過疎が進むといった不幸な結果の原因になってしまう。

さて，河川整備基本方針は，具体的な治水対策工事の内容を規定するものではなく，河川法第16条の2において河川整備計画が定められるという，二重構造になっている。それは「河川砂防技術基準」によれば，おおよそ20〜30年間に

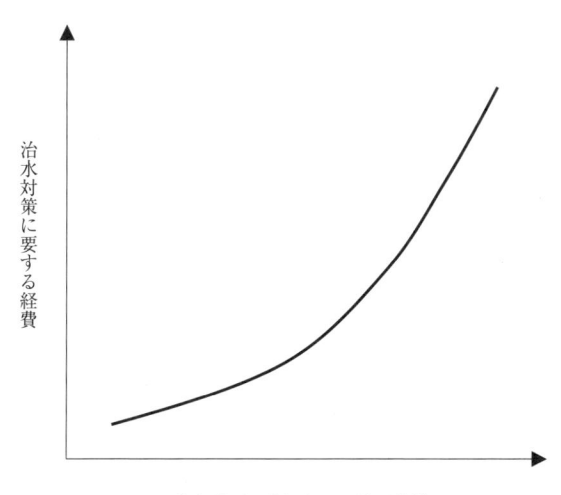

3　森林生態系との相互作用に配慮した災害対策　39

図 1-7　超過確率の低い大規模降雨を前提とすると，それを防御するための工事経費が膨大になっていくことを示す概念図

谷 (2012b) を一部改変。

　行われる具体的な整備の内容と考えられている。そうすると，河川整備基本方針の水準に要する経費よりも低い経費で達成可能な河川整備計画の水準が位置づけられることになる。その結果，図 1-7 に示すように，超過確率を決めて得られる計画降雨規模と工事経費に正の関係が生じることから，その関係を表す曲線のどこに整備計画のポイントを落とすかが問題になってくる (谷，2012b)。
　利根川上流の治水計画における高崎市八斗島の基準点を例に取る。国土交通省 (2014) によると，基本高水は，首都圏が下流に含まれていることから，超過確率 1/200 での流量と観測史上最大流量のいずれか大きい値を採ることとし，22,000 m^3s^{-1} が採用された。最大流量は 1947 年のカスリーン台風時の約 22,000 m^3s^{-1} であったとされるが，1/200 の値も 21,200 m^3s^{-1} で両者の値はそれほどの差がなかったと指摘されている。そこで，流域内の洪水調節施設により 5,500 m^3s^{-1} を調節して差し引くこととし，河道への配分流量は残り 16,500 m^3s^{-1} となって，これを目標に河川整備基本方針が立てられることになる。しかしながら，基本方針を適用することは経費的に容易ではない。そこで，国土交通省関東地方整備局 (2012) の河川整備計画では，基本高水の水準を 20〜30 年間に達成す

ることは「現実的には不可能」とし，超過確率 1 / 70〜1 / 80 に相当する流量 17,000 m^{3}s^{-1} を目標流量として河川整備を行ってゆくとしている。

　公共事業の公正さの観点から，国土交通省が客観的な量的な基準を設けるのはもとより当然のことである。例えば淀川と比べて基準が高すぎても低すぎても，税金で成り立つ公共授業としては公正さを欠くからである。しかし，関東地方整備局の上記説明によると，利根川基準点の八斗島では 1947 年に 22,000 m^{3}s^{-1} が流れたと推定されているので，河川整備計画でその目標である 17,000 m^{3}s^{-1} が 20〜30 年後に達成されても，その既往最大流量を氾濫させずに安全に流下させられるわけではない。結局，河川整備計画を実施して氾濫しない結果を得ることができるのは，目標流量と現状で流せる流量との間の流量の場合に限られてしまう。

　著者は，洪水流量の推定が過大かどうかという議論（例えば関，2015）をしているわけではない。河川法で規定する治水工事で目標としていることは，少なくとも建前としては，基準点で河川が氾濫するに至る上流の降雨規模を現状よりは大きくするように防災設備を整備することであり，それ以上でも以下でもない，このことを指摘しているのである。また利根川の場合，過去に発生した最大の洪水流量を目標に定めることはできないので，明らかに「想定内の洪水」であっても氾濫するという厳然たる事実を前提に河川整備計画を立てざるを得ない。そこで，必要に応じ計画の規模を超える洪水の発生にも配慮するという，建前を超えた厳しい立場が河川管理者に課せられる（国土交通省，2004）。治水行政の難しさはそこにあるのだと著者は考える。

　したがって，「とにかく予算の範囲でベストの対策を立てている。極端現象である豪雨はいつどのような規模のものが起こるかわからない状況の中で，定量的な計画に基づき一所懸命努力しているので，瑕疵はない。」こうした治水行政の立場は，確かに裁判の観点からは水害に対して無限に責任を取ることができないわけなので，客観的に見て真にやむを得ないと言うべきだろう。しかしながら，こうした降雨外力にみあう設計が治水であるとの考え方は，裁判において敗北しない守りの姿勢を表すもので，減災に向けて何を為すべきかとの真に必要な議論を遮断してしまう。自然には逆らえないというあきらめが，治水という人間の行う行政制度への異議申し立てを断念させる。これはまさしく，黄河の治水以来のアジアの伝統の現代への反映であり，当事者の善意・努力とはかかわりなく，自

然現象が人間支配の強力な道具として用いられる社会的な関係に他ならない (玉城・旗手, 1974)。

あまりにも巨大で個人はもとより小規模の共同体では立ち向かいがたい洪水を対象としているのだから,その規模にふさわしい予算と技術を持つ上位の組織がそれに対応すべきである。ゆえにその組織の提示する対策には従わざるを得ない。議論がこうした自然現象と政治的統治を同一視する枠内に終始してしまうと,対策によって利益を受ける者,犠牲になる者,コストを負担する者の間にはあらがいがたい自然への諦観だけは共有されるが,結果的には行政当局の守りの姿勢を擁護することになって,異なる立場の調整を図る民主主義は成立しにくい。現代社会においても,治水を預かる河川管理者としての行政当局は,河川流域全体の個別の利害関係を超えた包括的な計画を立案している唯一の者であり,有識者の意見やパブリックコメントを「聞きおく」ことはあっても,それは個々の主張であって利害関係を超えた一般性が欠けていると棄却され,流域の全体計画を変更するような結果には至らない。裁判も瑕疵がない以上計画を覆すことは難しいから,結局行政当局の計画を追認するしかなくなるのである。

治水対策とは非常に難しいものである。著者は,国土交通省など河川管理者が提案する治水効果について,利害関係者がまず科学的な理解を共有することが最も重要だと考える。治水計画の提案は河川整備を所掌する行政組織として河川整備工事を計画するために為されるのであるから,その正当性を主張するのは当然である。しかも,流域という広がりの中での治水計画は多様で複雑な調整を含むので,高度な専門的知識に立脚した統合的で巨大なシステムとしての外観を持つ。しかし不利益を被る,例えばダムによって生活基盤を失い河川法の支配する河道内に転用される住民の立場からは,その計画の不当性が訴えられること,これもまた当然である。しかし,そのシステムが目的とする治水効果を科学的に厳密に評価することは,不毛な対立を緩和する第一歩になると,著者は考えるのである。

河川整備工事が洪水時に河川が氾濫しないように進められることは,大方の関係者で理解を共有できる。しかし,コストをかけて向上する治水事業の実際の効果は,「水害がなくなる」といった漠然とした理解とは明らかに違う限定的なものである。河川基準地点で氾濫を起こすであろう流量を仮定し,それをもたらす設計外力としての降雨規模を現状よりも少しでも上げることができるように河川を整備することが目的であり,それ以上のものではない。こうした限定的な評価

は，河川整備基本方針として定められる最終目標であってもまったく変わらない。まして，河川整備計画では，設計外力は整備基本方針よりもさらに低い目標流量として設定せざるを得ない。それゆえ，整備計画を定量的に立案しようとすればするほど，また，コストに対する効果を厳密に計算すればするほど，図1-7の関係の曲線上をさまよい，落としどころが見いだしにくくなる。今後わが国の財政事情は少子化などで借金が増すばかりできわめて厳しくなるから，河川整備計画上の目標流量は現状の水準に固定せざるを得ず，堤防をなんとか補修するのがせいいっぱいといった事態さえ十分考えられる。だが，放置すれば劣化してゆく堤防等の設備の補修はきわめて重要な治水事業である。したがって，計画水準の落としどころは河川管理者が決定することは不可能であって，現状維持も含めた治水上の利益を，工事に必要な経費の税による負担可能性，貯水池等で生活基盤を失う立場の損失と比較して，総合的に決めざるを得ない。さらに本質的なことは，治水計画がその流域で生態系を利用して暮らす人々の生活とその将来をふまえられているかということであり，いかに財政が厳しくてもこれは最重要課題でなければならない。

治水計画が河川管理者によって提示されるのは当然である。しかし，その計画実行の判断は，その中身が図1-7の曲線上の落としどころを決めるという基本構造を理解したうえで，あくまで利害関係者が行うべきで，決して河川整備計画の立案者や専門家が判断すべきことではない。専門家はそのために必要な科学的知見を示さなければならない。しかしその知見は計画の妥当性の判断材料とはなったとしても，繰り返し言うが，利害関係者が主体的に治水実行計画の可否を判断するべきなのである。

3-4 相互作用に配慮した災害対策

砂防と治山を対比させることから，山腹斜面は山地災害を産み出す場であるとともに利用する場として見る包括的な見方が重要であることを本章3-2で説明した。また，氾濫による水害は，山腹よりも空間的にはるかに広い上流域での雨水の流出過程によって引き起こされる。しかし，本章3-3では，河道整備の立場からそれらの上流側を雨水流出空間としてだけ位置づけるべきではなく，土地利用・経済活動全般とのかかわりあいのある空間として位置づけることが重要で

3 森林生態系との相互作用に配慮した災害対策

あることを述べた。これらのことは，地球変動と生態系との相互作用がまず基盤となり，それに人間活動が介入するという図 0-1 の観点から災害発生を見るとの本書の基本姿勢から導かれる。

そもそも陸上では，水も土も重力によって海に向かって移動する他はない。後者は前者よりも圧倒的に速度が遅いわけであるが，流域のある地点はその移動の経路の中に位置づけられ，水と土はそこを通過する。しかしその通過の仕方は，森林を主とする陸上生態系の生命力を背景にした自己を維持して生き伸びようとするはたらきによって大きく変化する。生物である人間は高度に文明を発達させてはいても，生物を食料等の資源として利用することでしか生きられない。したがって，生態系は人間が利用しなかった場合の原生状態からは変化し，それが災害の発生や対策に影響を及ぼす。災害対策においては，この生態系のはたらきを無視することはできない。

砂防法や河川法が山地源流域を，保全対象に災害をもたらす空間とだけ捉えざるを得ない建前となっているのに対して，保安林指定と治山事業にかかわる森林法が災害をもたらすと同時に森林を整備して利用する空間として捉えていること，これは災害対策を議論するうえでの重要なとっかかりをもたらすと著者は考えている (谷, 2011b)。森林を整備すれば災害がなくなるわけではないし，災害をただちに減少させるような即効力もない。そのことをふまえたうえであっても，災害対策は，湿潤変動帯特有の激しい地球変動に対する森林生態系の相互作用が持続されていなければ，その基盤を完全に失う。森林と対照的に，人工の防災設備は，ダムにおける「ただし書き操作」で示されるように (山田, 2014)，防止できる規模に量的な限界が明確であるうえに，あたりまえであるが生きものではないので自然に再生することはない。むしろ時間とともに自然に機能が劣化するので，設置に加えて維持にも経費がかかってしまう。それゆえ，もしも，防災設備を巨大にすれば地球変動に抵抗することが可能であるかのごとき幻想・錯覚を持つとすれば，それはいかにもドンキホーテのような悲惨さを露呈する他はない。図 0-1 に示すように，地球変動と生態系との相互作用で成り立っている流域をあまねく人間が利用することの中に，災害対策を位置づけなければならないのである。

本章においては，図 0-1 に示す相互作用と人間利用の観点から災害をと対策を考えるべきだと論じてきた。第 2 章と第 3 章は，具体的に科学的知見を提供

することをめざす．第2章では，日本のような湿潤変動帯の山地源流域において，雨水の流出過程をどのように捉えれば良いのかについて，水文学の研究史を説明する．そこでは，現場の観測によって雨水流出に関する実証的な知見を得ようとする研究と，それを用いてモデルを開発して流出予測を行おうとする研究の両方の流れがあり，残念ながらそれらが互いに乖離してきた経緯を述べる．こうした経緯をふまえ，水・土砂災害対策の基礎となる雨水流出過程を扱う水文学において，その観測とモデル研究の統合が必要であることを説明する．第3章では，図0-2に示すようなさまざまな流域の降雨流出応答特性を比較評価するため，著者が取り組んできた研究 (主に Tani, 2013) の結果をまとめている．そこでは，観測から見いだされる流出メカニズムが複雑であるにもかかわらず，流出モデルにおいては簡単な準定常性変換システムを形成する特徴があること，それには，地球変動と生態系の相互作用が重要な役割を果たしていることを説明する．これらに基づき，災害論の基礎として必要な水文学に関する理解をまとめる．

第2章

山地森林流域における水流出研究の展開

1　先駆的な日本の流出モデル研究

1-1　洪水流出と基底流出の区別

　利根川や淀川のような大きな川であれ，山の中の名もない渓流であれ，雨の降っていない日に見に行くかぎり，流出量はほとんど変化しない。しかし，大雨があると川の水位が急上昇し，流量も急増する。これはあたりまえにみえるが，大陸の大河では川の流量はゆっくり増える。2011年10月頃にタイのチャオプラヤ川の大氾濫があったが，何日もかかってバンコクの方に水が押し寄せてきている。流量が急に増減するのは，日本では大河川でさえ比較的総流路が短く勾配が急であることに基づいている。

　降雨が止むと流出量は減少してゆくが，増加するのに比較すると時間変化はゆっくりである。だらだらと減ってゆき，そのうち，降雨前と同じような非常にゆっくりとしか変化しないような流出量になる。ところが，降雨が止んで1日くらいまでの流出量の減り方とその後の無降雨日の減り方はかなり違っている。降雨開始によって流出量が急に増加し始めるが，降雨終了後1日未満は流出量の減り方はその後の減り方よりも早いことが，経験的に知られている。その例を，図2-1に示す。降雨のある期間に現れる急な変化を持つ流れを「洪水流出」，その後の緩やかな変化を持つ流れを「基底流出」と呼ぶ。さらに，洪水流出と基底流出の間に「中間流出」を区別することもあるが，少なくとも，無降雨日の緩やかな基底流出の変化に比べて，洪水流出の急な変化が区別できると言える。なぜこのような区別が現れるのだろうか。洪水流出と基底流出の区別が生じるという基礎的な事実すら，いまだに研究者の間で合意された見解を得るに至っていない。しかし，山地流域での流出現象はこの区別に注目することから発展してきたように思う。1930年代のホートン型地表面流の提唱にさかのぼって説明しよう。

　山地斜面に降った雨水はおおむね地中に浸みこんでゆくが，雨が強いとすべてが地中にはいれずに水たまりができる。斜面では勾配があるため，その水は地表面に沿って斜面下部方向へ流れる。一方，土壌にはいった水はゆっくり移動するが，地表面に沿う地表面流の方がずっと速く流れる。そこで，川の流出が洪水流出と基底流出に分かれる経験的事実に対応して，地中にはいった水が基底流出に，

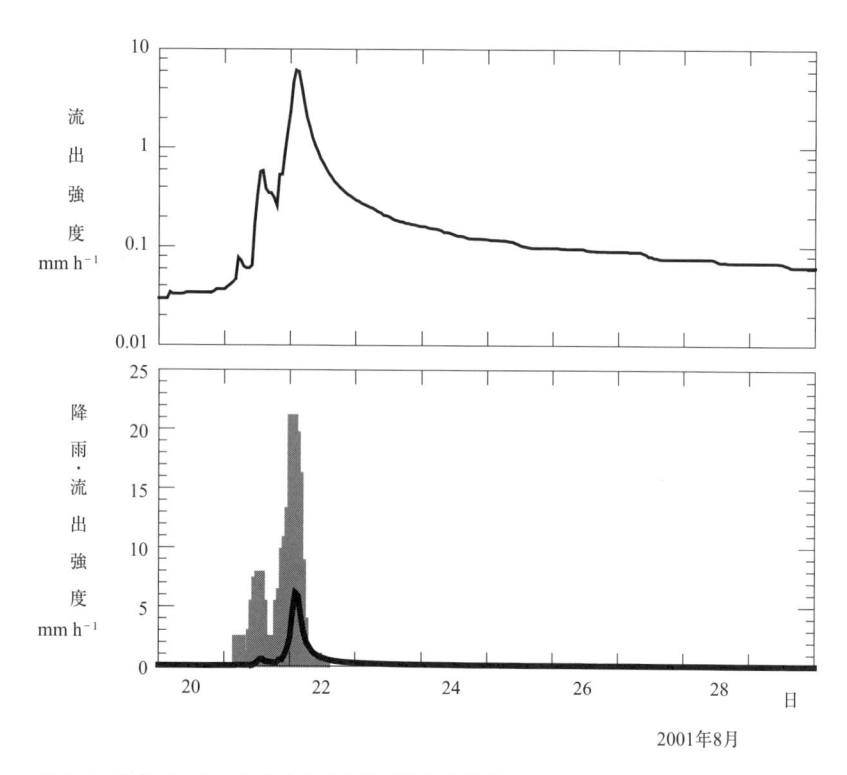

図 2-1 森林でおおわれた山地小流域（桐生試験地）で観測された1時間降雨量（棒グラフ）と1時間流出量（単位流域面積あたりの水高表示）の一例
上図は下図の流出量を片対数グラフで表示したもの。下図は降雨と流出の強度のスケールがそろえてあり，両者が量的に比較できる。

地表面流が洪水流出になると考えるのは自然だと言える。そこで，水文学の父と呼ばれるRobert Horton (1933) は「水循環における浸透の役割」と題する論文を発表し，降雨が土壌の浸透能力を上回るときに地表面流が発生することで，地下水によって生み出される基底流と区別される洪水流が起こることを説明した。こうした地表面流は，今でもホートン型と呼ばれ，都市のような浸透能力の小さい流域や，間伐遅れの人工林流域などでは発生しやすいとされている。20世紀前半の段階では，こうした浸透能力の小さいところで地表面流が発生することで，洪水ハイドログラフが形成されるとみなされていたのである。

1-2 タンクモデルと再現性の追求

　戦後になると，洪水流出量の時間変化（ハイドログラフと言う）を降雨の時間変化（ハイエトグラフと言う）から予測するのに用いられる流出モデルに関する開発研究が開始された。この流出解析と呼ばれる分野における日本の研究は世界に先駆けており，現在でも用いられている流出モデルがすでに1950年代に開発された。戦争による国土荒廃期に台風水害が多かったことがその動機になっているとみられる。とくに1947年のカスリーン台風は利根川を氾濫させ，首都圏に大きな水害をもたらした。そこで，治水事業の推進に対して降雨量から河川流出量を計算することが必要とされ，その計算に用いられる流出モデル開発の研究が盛んに行われたわけである。タンクモデルと雨水流モデルはその代表的な成果であるが，両者は現在も広く使用されているにもかかわらず，互いに性格がかなり異なっていてそのことに重要な意味があるので，まず両者を紹介する。

　タンクモデルを開発した菅原正巳は数学の専門家として出発した人で，降雨のハイエトグラフに対して河川流出量のハイドログラフが対応する流域の降雨流出応答関係に興味を持ち，当時想定されていた流出メカニズムにとらわれず，応答関係を純粋に再現しようと努力した点が特徴である。その結果，降雨と流出の応答関係は，時間遅れの小さいものと大きいものの組み合わせであって，孔の開いた複数のタンクを直列に組み合わせることで表現できることを見いだして（図 2-2）1950年代にタンクモデルを開発し，多くの河川に次々に適用して流出再現の成果を挙げていった（例えば菅原・勝山，1957）。

　さてモデルの具体的構造であるが，降雨は最上段のタンクにはいって貯留され，そのタンクの底に開けられた孔から排出される水は，遅れの大きい次のタンクへの入力になる。また，タンクの壁には，1から3箇所くらいの高さに孔が開けられていて，そこから排出される水は流出となる。こうして直列にタンクがつながった構造ができあがり，上に位置するタンクからは洪水流出が，下に位置するタンクからが基底流出が得られる。各孔からの流出強度は，タンクの孔を上回る貯留水の水深に比例するとしているから，もし孔が底面と同じ高さにあってただひとつしかないなら，貯留量が2倍になれば流出強度が2倍になるような関係（線形関係と言われる）が得られる。しかし，孔が複数あると，貯留量が2倍になったとき上側の孔からも流出が出る結果，貯留量が2倍になったとき流出強度が2倍

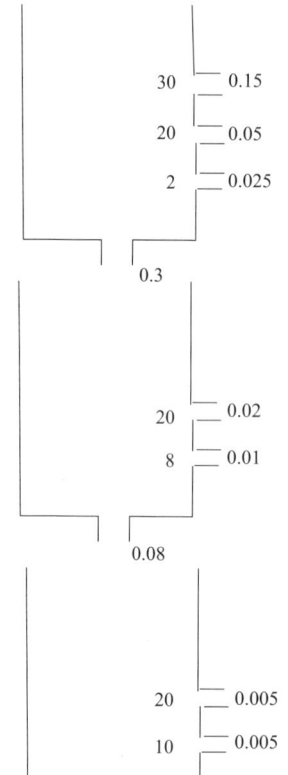

50　第2章　山地森林流域における水流出研究の展開

図 2-2　菅原のタンクモデル
タンク壁の孔の左の数字は底面からの高さ（mm）を表す。その孔よりも貯留水深が高い場合，孔からの1時間あたりの流出強度（水高表示）は，孔の高さを上回った水深に孔の右側の数字を掛けることで計算される。下側のタンクへの1時間あたりの浸透強度は，そのタンクの水深にタンク底面の孔に付された数字を掛けて計算される。
　パラメータの値は，桐生試験地などの花崗岩山地小流域の洪水流出を計算できるように決められた一例である（鈴木，1979）。

よりももっと大きくなるような，非線形関係と呼ばれる性質が表現できる。実際の河川では，そのような非線形性が見いだされることが当時の水文学者の注目の的となっていた（例えば，石原・高棹，1964）が，タンクモデルは，これを上手に表現することができたのである。
　タンクモデルでは，複数のタンクにおける孔の大きさや孔の高さなど，多数のパラメータを持つが，過去に観測で得られた降雨データと流出量データを使って，観測流出量に合うようにパラメータの値を決めることになる。これを用いて，他の年の流量，他の豪雨時の流量も降雨データから計算できる。そうすると，堤防やダムなどの防災設備の設計計画を立てる場合に，想定した降雨条件に対してそ

の河川の流量が計算できることになる。また，土地開発計画などで流域の状況が変化したとき，その変化が流出にもたらす影響がどの程度であったか評価したいときにも，タンクモデルは有用な道具となる。例えば，流域の森林を伐採したとすれば，降雨流出応答関係は変化するが，伐採しなければ変わらないであろう。そこで，伐採後の期間で，もし伐採していなかったと仮定したときに流れるはずの流出量をタンクモデルで推定できるので，実流出量との比較によって伐採の影響が明らかにできる（例えば谷・阿部, 1986）。こうした利点をタンクモデルは持っている。しかし，タンクモデルの開発前には，これらの予測を精度良く行えなかった。どういうことか。

過去に得られた洪水時の降雨と流出量の観測結果から求められたモデルパラメータの値によって，別の洪水時において降雨から流出量を計算したとき，うまく観測流量のハイドログラフを合わせられることは，一般に「再現性が良い」と表現される。タンクモデルの再現性能力が高かった理由は，菅原が数学出身で水文学者でなかった経歴が大きいように思われる。例えばタンクモデルに限らず，流出モデルの計算結果をある期間の観測流出量にほぼパーフェクトに合わせるようにパラメータの値を決めると，別の期間における降雨で計算した流出量が観測流出量とかえって合いにくくなる，という傾向がよく見られる。降雨や流出のデータには，さまざまな原因による誤差が含まれざるを得ない。しかし，水文学者は，計算結果が観測結果に合わないのは，流出モデルの仮定している流出メカニズムやモデルパラメータの値が正しくないからだと思い込みやすい。実際は，観測誤差や集計ミスなど，モデル自身には責任のない多様な原因が合わない理由となり得る。にもかかわらずモデルに原因があるとみて流出量をあまり忠実に合わせようとすると，そのパラメータでは他の期間の流出量が合わなくなるのである。

菅原は数学者として，ハイエトグラフとハイドログラフをさまざまな誤差を含む一種の記号として両者の応答関係をながめることができ，観測データと計算結果がある程度までしか合わせられないことを強く意識していたように思われる。そのため，逆に全く合わないなら，データに観測誤差や集計ミスが含まれていることが見つかる，というようなこともよくあった。菅原 (1972) 自身が「汚れた皿を泥水で洗っていると，徐々にきれいになる」と述べているように，流出解析の重要な役割のひとつが，与えられたデータの洗浄にあったと言える。菅原のタンクモデルの重要な功績は，単にタンクモデルという個別の流出モデルを開発し

たことではない．その偉いところは，降雨に対する流出量の応答関係には，観測されたデータに含まれる多様な不確実さにかかわらず，比較的単純な規則性が存在することを明らかにしたことなのである．

タンクモデルは，多雪地，乾燥地，大河川など，国内外へと応用されていった．1970 年代には，どの流出モデルが観測結果をうまく予測できるか？ という国際比較コンテストも実施されたようだが (Sittner, 1976)，タンクモデルはその他多くのモデルに比して非常に優秀であった (菅原，1979)．しかし，それにもかかわらず，例えば，流域の森林を伐採してゴルフ場などに開発したとき，降雨流出はどのように変化するのかについては，タンクモデルであらかじめ予測することはできないこと，これは流出メカニズムをモデルにおいて考慮していないがゆえの問題点と言える．菅原自身も，戦後の森林乱伐の洪水への影響を要請されたのにそれに答えられなかった点を悩んでいたようである (菅原，1972)．ある流域における乱伐後の流出観測値と，もしも乱伐されなかったとした場合のタンクモデルによる流出計算値とを比較することならば可能であったはずなのだが，当時はそのような試みは為されなかったようである．それを検出するに必要な高精度で継続的な降雨・流出データが存在しなかったのかもしれない．しかし少なくとも，森林を開発したとき，タンクモデルにおける孔の大きさと高さなどのパラメータの値の変化を，開発前にこうなるはずだと「あらかじめ」推測することは困難なのである．

また，観測している流域はタンクモデルのパラメータの値が得られるが，予算の関係もあってすべての流域で観測ができるわけではない．観測していない流域では，パラメータの値をどのように設定すれば良いのか．これもわからない．再現性の優秀なタンクモデルにも不可能なことがあったわけである．流出メカニズムを反映した流出モデルが求められてきた．流出メカニズムにとらわれすぎると再現性が悪くなることを上で述べたが，そうであっても，やはりメカニズムを重視することの必要性も否定できない．そのため，流域条件の降雨流出に及ぼす影響を予測できる，流出メカニズムに立脚したモデルが，タンクモデル開発の時期にすでに希求されたのである．

このように，タンクモデルの開発を通じて，降雨の流出現象において，その応答に再現性があることが明瞭になってきたのだが，それをもたらす流出経路・メカニズムは不明であった．そのため，流域諸条件の流出応答への影響評価ができ

ないとの不満が生じてきた。こうした背景の中，分布型流出モデル開発の発想が生まれたので，その内容や展開について次にまとめておこう。

1-3 雨水流モデルによる流出メカニズムの反映

　雨水のうち地中に浸透できないものの流れをホートン型地表面流と呼ぶことはすでに述べた。こうした地表面流が洪水流出となると考えられるとして，この流出メカニズムを基に洪水ハイドログラフを計算するモデルが，1950年代に京都大学の末石冨太郎（1955）によって開発された。洪水流出に割り当てられる降雨を有効降雨と呼ぶが，このモデルでは，地面の浸透能力を超えた雨水が有効降雨となると考えている。勾配の緩い低平地では，下流側から堰き上げがあって，流れの計算が一方向にならずやっかいなものになるが，山地斜面は急勾配なので，尾根から斜面下部に向かって流れが発達してゆくのみで，堰き上げがない。実際，急勾配河川の流れは，この手法によって上流側から下流方向へ水理学的に，比較的容易に計算できる。末石は，斜面でも同じように計算できるとしたわけである。上流から下流へ伝わる波をキネマティックウェーブと呼ぶので，その波の特性曲線に沿って計算するこのモデルは，後に，キネマティックウェーブモデルとか特性曲線法と呼ばれるようになった。

　さて，この地表面流に基づくモデルは，菅原のタンクモデルに比べて，水の流れの物理的な法則性にのっとっていることが特徴である。ただ，洪水流が地表面流だけから説明できるかというとそうでもなく，森林では雨のほとんどは地中に浸透するのだから土壌表層の流れがまず生じるだろう。高棹琢馬はこの点を重要視して斜面方向の流れを中間流出と考え（石原ら，1962），「A層」と称する森林地表層にも拡張したモデルを1960年頃に開発した。この地中流は水理学的には自由水面を持つ不圧地下水（難透水性の層によっておおわれた被圧地下水と区別される）の流れであって，高棹は，その地下水面が上昇して地表に現れたとき，飽和地表面流が発生すると予想した。降雨規模の小さい場合は洪水流出がA層の内部の地中の流れによるが，大きい場合は地表面流がこれを担うと考えたのである（図2-3）。

　以上のように，斜面方向への雨水の流れによって洪水ハイドログラフを計算する末石の先駆的な流出モデルは，高棹によって土壌表層の地中流と地表面流の結

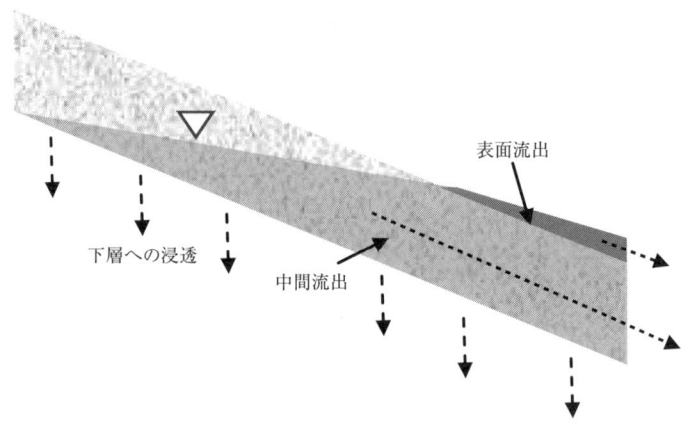

図 2-3 高棹の雨水流モデル

石原ら (1962) を一部改変.
雨水は土壌内に浸透し，A 層内部に発生する不圧地下水の流れが中間流出となるが，降雨規模が大きくなって地下水面が上昇し，A 層が飽和すると地表面流出が発生すると考える.

合したモデルに拡張された．その後，角屋ら (1978) によって河川の洪水流予測の手法として実用化され今に至っている．本書では，これら一連の水理学的な流れ計算を行う流出モデルを雨水流モデル (永井・角屋，1978) と呼ぶことにしたい．

高棹モデルは，日本の河川工学における洪水予測研究に大きな影響を及ぼしたばかりではなく，森林水文学の研究者にも強い関心を与えた．森林斜面には，表面付近の落葉が分解してできる有機物層 (林学で A0 層と呼ばれる) やその下の有機物に富む土壌層 (A 層と呼ばれる) があり，層構造を為しているので，この構造に対応した考えのように受け止められたからである．ただ，高棹の A 層が具体的にどの層を指すのかは必ずしも明らかではないので，斜面土壌をカットして地表面や林学で定義される A0 層，A 層に樋を水平に差し込み，ライシメータと呼ばれる流水を集める装置を実際に作って観測することも行われた．これについては観測研究の実例 (加藤ら，1975) を本章 4-1 で紹介する．

当時は十分に気づかれなかったことなのだが，洪水流出メカニズムは雨水流モデルで想像された以上に複雑なものであることが，後に徐々にわかってくる (例えば Kirkby, 1978)．現在では，観測主体の研究者もモデル主体の研究者も，流出モデルで仮定されたメカニズムのいかんにかかわらず，そのモデルで斜面の諸条

件の洪水流出に及ぼす影響の評価が簡単にできる，とは考えていないだろう。ではどのように考えるべきなのかということになるが，研究者間でしっかり議論されているとは言えない。あえて言えば，タンクモデルは降雨流出応答関係を流出メカニズムにこだわらずとにかく良好に再現するが，雨水流モデルは再現性が十分でなくても，水理学的に流出メカニズムに基づいているとの一般的理解が成立してきたと，著者はみている。しかし観測研究の流れからは，そう簡単には表現できるようなものではないこともわかってきている。本書第2〜3章の課題は，その観測とモデルのギャップを現時点でどれだけ埋められるか，という試みとも言えるのである。

2　降雨流出応答関係における飽和不飽和浸透流の役割

2-1　土壌層の流れと流出寄与域

　流域からの河川流出は，時間変動が早い洪水流出と遅い基底流出に区別される。そこで，それぞれを産み出す空間を，例えば前者を表層に後者を深層にというように別に考えたときには，両空間に降雨を配分するメカニズムと，その空間において配分された降雨を流出量に変換するメカニズムが存在すると考えられる。ところが，空間的にはひとつであっても，洪水流出と基底流出の両方を生み出す流出場もある。すなわち，土壌間隙の大きさが多様であるから，排水されやすい大きな間隙の水と容易に引き出せない細かい間隙の水の区別によって，洪水流出と基底流出が区別されることを考えなければならない。最近，水の安定同位体比の研究を通じて，河川へ流出する水と植物が吸い上げる水は分別される（Evaristo et al., 2015）ことがわかってきて，土壌が雨水の配分において重要な役割を演じていることがより注目されるようになってきた。

　降雨が始まる前の土壌の乾湿状態は，斜面における尾根に近い部分と谷に近い部分とでは明らかに異なっている。米国の森林水文学者のJohn Hewlettは1960年代に，比較的湿潤であった谷底近くの土壌層に降雨があると尾根方向から水が押し出されてきて，洪水流出が産み出されると考えた。(Hewlett and Hibbert, 1966) この洪水流出の発生場は降雨が増加するとともに拡大してゆき，規模の大

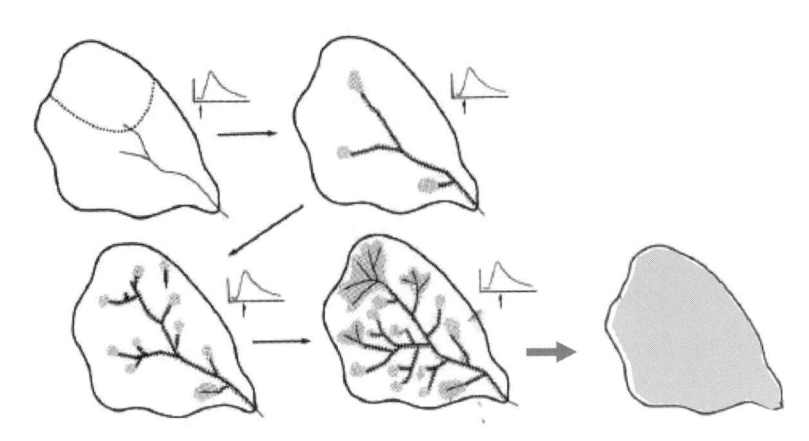

図 2-4 洪水流出寄与域の拡大・固定のプロセス

Hewlett and Hibbert (1966) に基づき改変

流域全体から流出が出てくるとの考え方に対し，Hewlett and Hibbert (1966) は降雨とともに，洪水流出寄与域が河道周辺から拡大してゆくのだとして，「流出寄与域変動概念」を提唱した。右端の図は，その寄与域が流域全体に拡大してしまって固定化し，変動しなくなった場合を表す。貯留関数法 (木村，1975) での飽和雨量は，流域がこのような状態になるまでの積算降雨量を意味している。

きな洪水流出を産み出すので，こうした発生場の空間的変動のメカニズムは流出寄与域変動概念と呼ばれることとなった (図 2-4)。

　この概念においては，土壌層自身が湿潤になって地中流が洪水流出を産み出すメカニズムと，土壌層が飽和してあふれて地表面流が洪水流出を産み出すメカニズムの両方が想定されていた。研究の流れは，その後，地中流では速やかな変動をみせる洪水流出応答を説明できないとされて，飽和地表面流が必然的だというように進み，1970〜80 年代には，流出モデル開発においても洪水流出が飽和地表面流によって産み出されるとの概念が前提とされてきた。しかし，1980 年代に盛んになった斜面水文学の詳細な現地観測は，洪水流出における渓流水が土壌に降雨前から貯留されていた水を多く含むことを明らかにしたため，土壌層内の水の動きを洪水流出メカニズムとして評価しなければならなくなってくる (例えば Pearce et al., 1986)。しかし流出モデル開発研究においては，観測によるこうした流出メカニズムの知見集積の流れを現在でも反映できていないと，著者は考えている (谷，2015b)。

　日本で開発された高棹の雨水流モデルなどでは，流出機構を斜面方向の地下水の流れから考え始める傾向が指摘でき，地下水面の上側での土壌水の重要な役割

が正しく反映されていない。しかし，土壌層はもちろん風化基岩層の内部における土壌水と地下水を通じた飽和不飽和浸透流は，降雨流出応答において最も重要な役割を担うことが，近年の観測からますます明瞭になってきた（例えば小杉，2007）。地表面流も役割を担うが，その役割は，はげ山以外では二義的であって，管理放棄された人工林において，比較的小規模な降雨のときに重要になる程度である（小松，2013）。流出モデルにおいても，飽和不飽和浸透流の性質を反映させることが重要なのである。そこで，降雨流出応答関係の理解のためには，土壌層内の飽和不飽和浸透流の性質についての基本的理解が不可欠なので，ここで解説しておきたい。

2-2 土壌水と地下水の物理的性質の違い

地中における水の移動は，理論的な説明が完成の域に達しておらず，またパイプ状の水みちの取り扱いも難しいので，今でも議論され続けている（Beven and Germann, 2013）。しかし唯一数式としてきちんと表現され，均質な土壌での実験的検証もされているのが飽和不飽和浸透流である。この表現によれば，地中の水を地下水と土壌水に分けたうえで，水理学的に統一的に取り扱うことができる。以下にその基礎を詳しく説明しよう。

地下水は，地表面より下にある地中水のうち，大気圧より大きな圧力を持つものを言う。地下水の流れが飽和浸透流である。山地斜面の流出過程では被圧地下水はその役割が小さいので，ここでは不圧地下水をもっぱら考え，単に地下水と呼ぶことにする。被圧地下水は，不圧地下水と違って地下水面を持たないが，大気圧より大きな圧力を持つ点では，不圧地下水と変わらない。さて，河川や道路の側溝などの開水路の流れと同様，地下水は大気圧よりも大きい圧力を持つから，土壌間隙にはその大きさにかかわらず入り込むことができ，必然的に間隙はすべて飽和することになる。地上の開水路の場合，水面より上側には空気があるのみで液体の水はないが，地表面下の土壌内には，地下水面の上側にも表面張力で間隙に吸引された土壌水が存在する。その土壌水の流れは不飽和浸透流と呼ばれる。したがって，地中水は地下水面を境に上側の土壌水と下側の地下水とから成り，両者は互いに影響を及ぼし合いながら移動しているわけである（Brutsaert, 2005）。

井戸を掘ると土壌間隙とは比べものにならない巨大な間隙が土壌内に出現する

ことになる。このような巨大間隙にも地下水は押し出されるが，土壌水は井戸に出てくることはない。むしろ井戸の中に水を注入して水面を上昇させても，井戸の水は土壌の中に吸引され，井戸の水面は結局周囲の地下水面の高さまで下がってしまう。自然土壌には，吸引力がほとんどないマクロポアーやパイプ状みちが含まれるが，井戸の例から，土壌水と地下水ではその役割が大きく異なることがわかる。

　位置エネルギーは標高にともなって高くなるから，地下水では水面から深くなり標高が低くなると位置エネルギーが低くなる。水の移動がない静止平衡状態を考えると，この位置エルギーの低下は圧力によるエネルギーが深さとともに増加することで相殺され，両者の合計がいたるところで一定値になる。その合計が2点間で等しくなければ水は移動することになる。単位体積あたりの水の持つエネルギーを単位重量（水の密度×重力加速度）あたりの値で表せば水頭と呼ばれる長さの次元で表されるので，2点間の位置エネルギーの差を位置水頭としてそれらの標高差そのもので表現できる。位置水頭と圧力エネルギーを表す圧力水頭の合計を水理水頭と呼べば，静止平衡状態では水理水頭の値がいたるところで一定になるというように表現できる。

　地下水内部が静止平衡状態ではない場合，すなわち水理水頭が一定でない場合には，地下水は水理水頭が等しくなるように移動する。この地下水の移動，すなわち飽和浸透流に関してはダルシーの法則が適用され，2点間を移動する単位断面積あたりの地下水の流出強度は，水理水頭の差を2点間の距離で割って得られる水理水頭勾配に比例することがわかっている。その比例係数は飽和透水係数，あるいは単に透水係数と呼ばれ，土壌の透水性の最も重要な特性を表現している（図2-5）。

　マクロポアーの多く含まれる森林土壌やパイプ状水みちの内部では，水の流れが速くなるために流出強度は水理水頭勾配に比例しなくなるが，水理水頭が等しければ静止，異なれば移動という性質は維持される。そういう意味で，マクロポアーやパイプ状水みちの多く含まれる斜面土壌層においても，飽和浸透流の考え方は基礎として重要なのである。

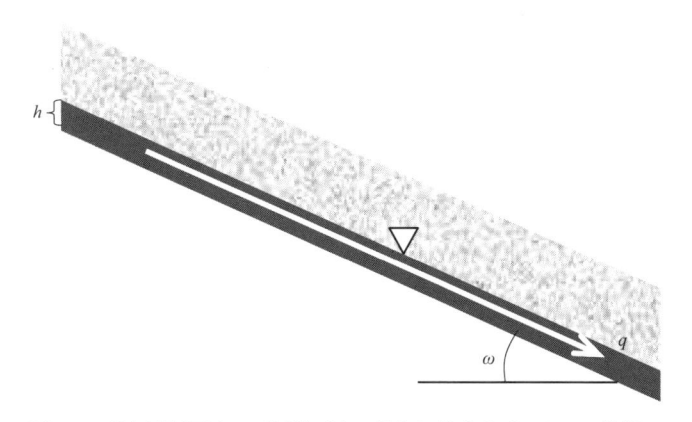

図 2-5 急勾配斜面上の不圧地下水の流れに対するダルシーの法則の説明図

　自由水面をもつ不圧地下水の場合，その上に土壌水が存在し相互に影響を及ぼし合うが，図 2-3 に示した雨水流モデルの中間流出の流れのような急勾配斜面（傾斜角 ω）の不透水層に沿った，水深 h のうすい地下水の流れを考え，土壌水の影響が無視できると仮定する。こうした不圧地下水の場合は水理水頭が地下水面によって表され，急勾配である場合は流線の向きが斜面勾配に平行になって，斜面に垂直な直線に沿って水理水頭が等しいとみなすことができる (Beven, 1981)。水理水頭勾配は，流れに沿った距離に対する水面の差なので，$\sin\omega$ で表され，流れに垂直な面の単位幅あたりの断面積は $h\cos\omega$ となるので，単位幅あたりの流量強度 q は，ダルシーの法則によって $q = K_s \sin\omega\, h \cos\omega$ となる。なお，K_s は飽和透水係数である。

2-3　土壌水と地下水の飽和不飽和浸透流としての統一性

　土壌水の場合は表面張力で間隙に水が保持されているので，圧力で間隙に水が押し込まれている地下水とは物理的な性質が異なる。にもかかわらず，土壌水と地下水の移動を飽和不飽和浸透流として統一的に扱うことができる。いま，土壌水においては地下水面から上へ標高が高くなるに従って位置エネルギーが高くなるが，静止平衡状態を保つためには表面張力によるエネルギーの低下と相殺され，両者の合計がいたるところで一定値でなければならない。地下水の場合に圧力エネルギーと相殺されるのと同様である。エネルギーを水の単位重量あたりの表示である水頭で表し，表面張力によるエネルギーの低下を負の圧力水頭で表現することにより，結局，土壌水であっても地下水と同じように，「圧力水頭と位置水頭の合計である水理水頭がいたるところで一定のときに静止平衡状態になり，異なるときに大きい方から小さい方向に静止平衡状態になる方向に移動する」とみ

なせる．こうして，地下水と土壌水の移動は，圧力水頭の符号が正と負になるが，飽和不飽和浸透流として統一的に扱うことができる．

　前項で，地下水の移動がダルシーの法則で記述できることを述べたが，土壌水においてもその法則を適用することができ，単位断面積あたりの流出強度は，水理水頭勾配に比例することになる．ただし，地下水が間隙すべてに水を含むのとは異なり，土壌水の場合は間隙の一部には水が含まれていないから，含まれている水量の減少にともなって水の通過する経路が狭くなってしまう．よって，地下水の場合の比例係数である飽和透水係数は土壌にとって定まった値がひとつ決まるが，土壌水の場合，その比例係数である不飽和透水係数は含水状態によって変化する．そこで，土壌における間隙保水について説明しなければならない．土壌の保水性と透水性について，土壌の間隙分布に基づく一貫した公式で表した小杉賢一朗の研究 (Kosugi, 1996) を参考にして解説してゆこう．

2-4　土壌間隙径の分布と保水に関する性質

　土壌には大きさや形の多様な間隙が含まれており，間隙の大きさが小さいほど重力に逆らって水を吸引する力が大きい．そこで，表面張力によるエネルギーを表す負の圧力水頭の値を考えると，その値より低い圧力水頭を持つようなサイズの小さい間隙にしか水が保持されず，大きい間隙には水がなく空気がはいっていなければならない．単位体積の土壌が含んでいる水の体積の割合を体積含水率と呼ぶが，圧力水頭の値が低くなるにつれ，小さい間隙にしか水が保持できず，体積含水率は小さくなる．ただし，湿潤状態からの排水過程と乾燥状態からの吸水過程では，同じ圧力水頭の値でも体積含水率は同じにならない．排水しやすい大きな間隙であっても小さい間隙にはばまれて排水できない場合があるし，表面張力の大きなサイズの小さい間隙であっても大きな間隙にはばまれて吸水できない場合もあるからである．したがって実際には，ある与えられた圧力水頭の値に対して，排水過程の含水率が吸水過程の含水率よりも大きくなり，圧力水頭と体積含水率の関係は一対一にならない．この性質はヒステリシスと呼ばれている．しかし，圧力水頭のある値に対して，水を吸引できる小さい間隙とできない大きい間隙が混ざり合っているということは確かで，そのことから土壌水の基本的な性質が説明できる．

いま，土壌間隙を球で近似してその大きさを間隙の直径（間隙径と呼ぶ）で表せるとし，間隙径の区分ごとの体積を求めて，図 2-6C のように小さい方から大きい方に並べたとする．図 2-6B はその存在する密度を棒グラフとして描いたもので，ある間隙径区分に間隙がどれだけ含まれているかが示されている．例えば 100cc のサンプラーで土壌を採取し，0.0004 cm から 0.0006 cm の間隙径区分に間隙の体積が 5cc あるとすれば，間隙の全土壌体積に対する割合は 0.05 になり，そのとき図の棒グラフで著される存在密度は 250 cm^{-1} になる．なぜなら，この間隙径の区間幅 0.0002 cm に存在密度 250 cm^{-1} を掛けると 0.05 になるからである．この棒グラフを間隙径の小さい方からすべて積算してゆくとその総和は土壌の間隙すべてとなり，これを間隙率といい，そこにすべて水がはいっていれば飽和になる．土壌の中に特別に大きな間隙が含まれていなければ，飽和になっても表面張力で吸引された状態は維持され，圧力エネルギーを持つ地下水にはならない．この飽和部分のことを毛管水縁と呼んでいる．また，不飽和状態の土壌には間隙径の小さい，吸引力の大きい間隙にのみ水がはいっているから，棒グラフをある間隙径まで積算すると，その不飽和状態の体積含水率が得られる．

さて，表面張力によるエネルギー低下を長さの単位で表現している圧力水頭 ψ は，重力に逆らって吸引される毛管上昇高に負号をつけたものとみなすことができ（図 2-6D），下記で表現できる．

$$\psi = -\frac{2\gamma\cos\eta}{\rho g r} \tag{2-1}$$

ここで，γ は水の表面張力，η は水と土粒子の接触角，ρ は水の密度，g は重力加速度，r は間隙径である．間隙径が小さくなると，ψ はマイナス無限大の方向に移動するので，図 2-6B の横軸を ψ で表示すると棒グラフは ψ の微小区間に対応する間隙径の微小区間の存在密度を表し，間隙径の分布関数を意味する $d\theta/d\psi$ の離散表示になっている．したがって，ある圧力水頭の値 ψ_d における体積含水率 θ_d は，

$$\theta_d = \int_{-\infty}^{\psi_d} \frac{d\theta}{d\psi}\,d\psi \tag{2-2}$$

と積分され，図 2-6A のように圧力水頭 ψ と体積含水率 θ の関係が描ける．この

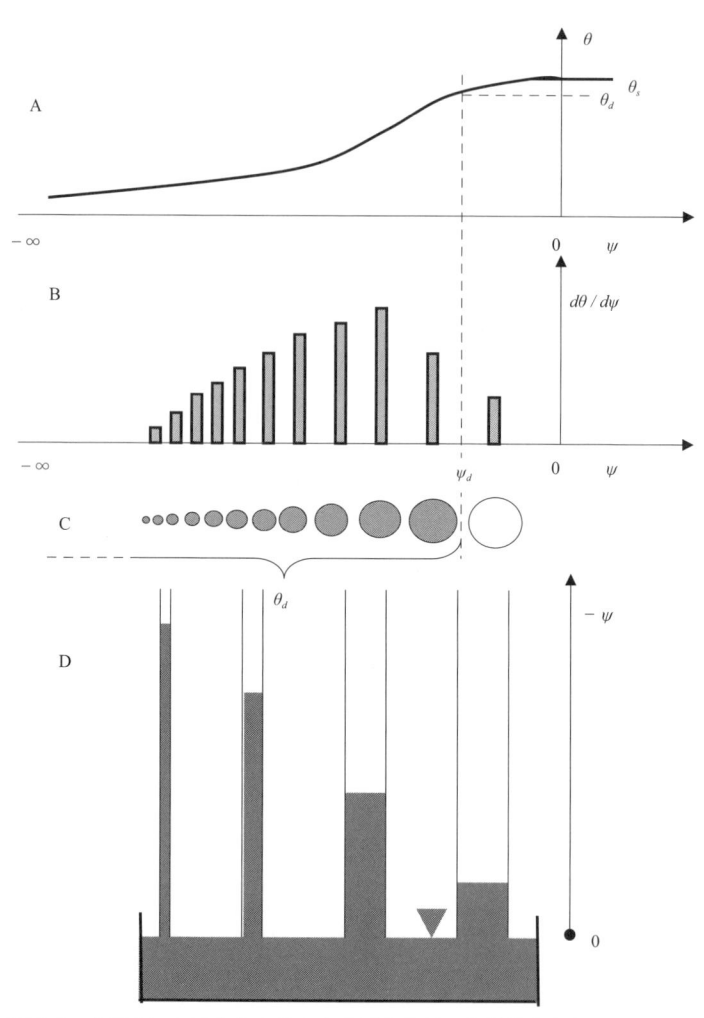

図 2-6 土壌水における保水性を表す圧力水頭 ψ と体積含水率 θ の関係に関する説明図

　Cは，土壌に含まれる間隙を小さいものから大きいものまで仮想的に並べ替えた場合を描いており，最大に近い間隙以外には水が含まれ湿潤な状態を示している。Dは，Cの各間隙径分布に対応し，間隙径が小さいほど表面張力により毛管上昇高さが大きくなることを示している。AとBの横軸はDの毛管上昇高を表す縦軸を左に90°回転して圧力水頭 ψ の値を表示している。Bの縦軸は $d\theta/d\psi$ で，横軸の ψ の値を持つ間隙の間隙全体（間隙率）に対する存在密度を表し，ψ_d に対する θ が $\theta_d = \int_{-\infty}^{\psi_d} \dfrac{d\theta}{d\psi} d\psi$ となることを説明しており，Aはこの式の結果を描いたもので保水性（$\theta-\psi$ 関係）を表現している。

図は土壌の保水性を与える土壌物理の基本特性を表現し，水分特性曲線と呼ばれている．

もし，海岸の砂のように間隙が比較的大きくかつその大きさが集中する場合は，そこでの $d\theta/d\psi$ が大きく，その圧力水頭で急に体積含水率が小さくなるような水分特性曲線が得られる．また，細かい間隙径の多い粘土質の土壌では，圧力水頭を低下させてもなかなか含水率が減らないという保水性の大きな曲線になる．森林土壌の場合は非常に大きな間隙 (マクロポアー) が含まれるので，毛管水縁が見られない場合が多い．飽和付近での圧力水頭の変化に対して体積含水率の変化が大きくなり，湿潤だが不飽和状態であるような土壌の含水率と地下水の場合の飽和含水率の差が大きいような水分特性曲線が得られることになる．なお，小杉 (Kosugi, 1996) は，土壌の間隙径の分布関数の対数を取ると正規分布になることに基づき，保水性と透水性に関する関数形を開発している．この式は後段 (第3章4-2) の，土壌層の洪水流出平潤化機能の説明の際に活用される．

2-5 土壌間隙径の分布と透水に関する性質

土壌水の移動にも地下水と同様，ダルシーの法則が適用できることをすでに述べたが，流出強度と水理水頭勾配の比例係数である不飽和透水係数は体積含水率 θ の値によって変化する．図 2-6C によってわかるように，飽和状態を出発点として圧力水頭を低下させ体積含水率を小さくしてゆくと，水が通りやすい大きな間隙ほど先に水を保持できなくなるので不飽和透水係数は急速に減少せざるを得ない．こうした不飽和透水係数の急減は，次項で述べるように，降雨流出応答関係を理解するうえで重要な性質である．

さて，土壌水の移動は水平方向の場合と鉛直方向の場合では，重力のかかわり方の有無によって異なる．水平の場合 (x 方向とする) は，位置水頭が等しいので，水理水頭勾配は圧力水頭勾配と等しいから，ダルシーの法則によって，流出強度 q_x は，

$$q_x = -K\frac{d\psi}{dx} \tag{2-3}$$

と表される．体積含水率 θ の大きい土壌と小さい土壌を水平に接触させると前者

の圧力水頭が大きいから，両者の圧力水頭勾配に比例して，両者のθ及びψの差が小さくなるように水が流れることになる。固体の熱移動でも高温の部分から低温の部分に熱が流れるが，これと同様の拡散現象のひとつということになる。しかし，土壌がぬれている場合は乾いている場合より水の通ることのできる水みちが大きいので，たといψの勾配が同じでも流出強度が大きくなり，地下水の場合と違って不飽和透水係数Kがθとともに変化する。なお，上式の右辺にあるマイナス符号は，ψが右に向かって高くなってゆく場合に流れがψの低い左向きになるため，符号が反対になることを調整するためにつけられている。

一方，鉛直の場合は，位置水頭が水理水頭に影響を及ぼすので，流出強度q_zは，z軸を上向きを正とする鉛直座標として，

$$q_z = -K\frac{d(\psi+z)}{dz} = -K\left(\frac{d\psi}{dz}+1\right) \tag{2-4}$$

と表される。水の流れる2点間の距離が位置水頭の差と等しいので，この式に「1」という数字が現れ，2点間のψの値に依存しない。これは移流と呼ばれるが，この場合も，流れの強度を決めるKはθの値によって変化する。結局，土壌の鉛直方向のψの差を小さくするようにはたらく拡散と位置水頭の大きい鉛直上側の水を下へ流そうとする移流がバランスを取り，なおかつ透水係数が体積含水率の影響を受けて変化しながら，水を移動させることになる。水平方向の拡散移動とは全く異なる鉛直方向の水移動のふるまいが生じることは，水文学での流出過程において従来考えられていた以上に重要である。

降雨が始まった直後のように鉛直上側が湿潤で下側が乾燥している場合は，上側は不飽和透水係数Kがはるかに大きく，一方的に湿潤部分が下へ押し出されるように下がって行く。その不連続面はウェッティングフロントと呼ばれるが，その付近のKは湿潤部と乾燥部の中間の値になり，フロントをはさんだ上側と下側の圧力水頭の差に基づく拡散移動は，移流に比べて両者の差を緩和する副次的な役割を担う（第3章1-8）。一方，地表面から蒸発があるような場合は，拡散項$d\psi/dz$が下向きの移流項に打ち克って上向き流れを産み出す役割を担い，ψが上方向に急激に低くなってゆく。

さて，図2-7に示すような，一定の降雨強度f_1を与え続けた場合の土壌水の鉛直方向への定常移動を考えよう（図2-7）。定常なので，間隙の中の鉛直方向へ

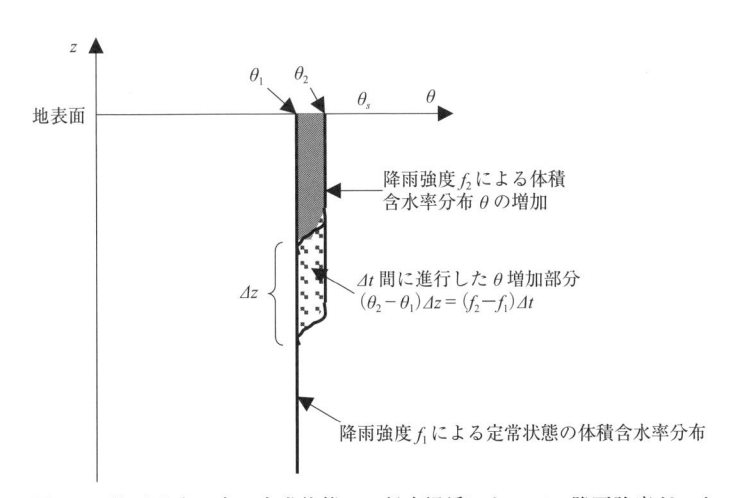

図 2-7 降雨強度一定の定常状態での鉛直浸透において，降雨強度が f_1 から f_2 に増加した場合の体積含水率増加部分の進行に関する説明図

降雨強度が f_1 で定常の場合，$d\psi/dz = 0$ なので，不飽和透水係数 k は f_1 に等しくなっている。降雨強度が f_2 に大きくなると，圧力水頭が ψ_1 から ψ_2 に増加し，体積含水率が θ_1 から θ_2 に増加するので，水収支式によって，θ の増加部分が Δt 時間に Δz だけ鉛直下方向に進行する。

の流出強度は降雨強度に等しく一定だから，θ, ψ もいたるところで同じ値 θ_1, ψ_1 になる。(2-4)式における圧力水頭勾配がゼロで拡散項は機能せず移流項のみがはたらき，不飽和透水係数 K は降雨強度 f に等しくなる（Rubin and Steinhardt, 1963）。次に，降雨強度を f_1 よりやや大きい値 f_2（$= f_1 + \Delta f$）に変化させてそのまま新たな定常状態になるまで維持したとすると，それを流すためには水を通すみちすじが拡大する必要があり，地表面近くの θ, ψ がわずかに増加する。地表から f_2 がはいってくるのでそこの K は f_2 に値が等しい K_2 なり，そこでは θ_2, ψ_2 になる。そうすると，移流項のはたらきにより，θ_2 の部分は f_1 に等しい K_1 を持つ θ_1 の部分に追いついて上書きするように鉛直下方へ伝わってゆくが，その伝播速度 v は下記の水収支式によって求められる（Torres et al., 1998）。

$$v \equiv \frac{dz}{dt} = \frac{f_2 - f_1}{\theta_2 - \theta_1} = \frac{K_2 - K_1}{\theta_2 - \theta_1} = \frac{dK}{d\theta} \tag{2-5}$$

この式は，土壌水の不飽和鉛直浸透の場合に，降雨強度の変化があったときにその鉛直方向への変化が伝わる速度は，結局，不飽和透水係数の体積含水率に対

する微分係数によって決まることを示している．この過程には，上下にψの差が生じるので拡散項によってその差がならされることが付け加わるが，ほぼ速度vでf_2の部分が下へと進んで行き，最終的には，f_2による新たな定常状態に落ち着いて行くことになる．

　降雨の流出過程は，畢竟，水が地表面から重力によって落ちてゆき，位置水頭の最も低い海に至る現象に他ならない．そこでは，透水性の不均質な地下構造と地上の水路網があり，その結果，水は鉛直方向に落下し続けることができず，位置水頭と圧力水頭の合計である水理水頭の低い方向へ向きを変えて移動してゆく．その水平方向への移動の過程で，水は樹木の枝分かれと反対に集中して大河川にまとまってゆくが，この長い旅路の最初は，重力による鉛直不飽和浸透による平行な流線に沿って移動し，ほとんど集中はしない．そのため，降雨強度の時間変動に応じた鉛直浸透過程の応答変化は，降雨流出応答関係を考えるうえで大きな役割を発揮する．

　従来，洪水流出のモデル化を考えるときには，この最初の鉛直浸透部分は重視されないことが多く，考慮されても洪水流出に無効な雨量とみなされることが多かった（例えば椎葉ら，1998）．しかし，降雨流出応答関係において重要な役割を持ち，土壌の保水性と透水性，つまり，体積含水率θ，圧力水頭ψ，不飽和透水係数Kの3者の関係が降雨流出応答関係に及ぼす影響が大きいと考えられる．この点については，後の節（第3章1）で詳しく見てゆきたい．

　なお，こうした浸透流とは別に，例えば降雨時に樹木の幹がある付近に雨水が集中してパイプ状水みちに流れ込み，その雨水が一気に遠くまで移動するという現象は存在する（Liang et al., 2011）．水みちの周囲が吸引力を持つ土壌水であっても，吸引するには時間がかかり，それよりも速やかに水みちの壁を伝わって流れてしまう現象も起こり得る（Beven and Germann, 2013）．こういうパイプ状水みちを通って素早く土壌層を通過するだけの雨水がどの程度のウェートを占めるかは，現在でもはっきりしないが，重要な点は，こうした現象があっても，降雨流出応答関係において飽和不飽和浸透流が重要な役割を果たすこと，また，周囲が土壌水であれば水みち内の水は吸引されるが，地下水であればその地下水は水みちに押し出されるという性質がはっきりと存在することである．地表面流やこうしたパイプ状水みちを通過してしまうという現象があるからといって，飽和不飽和浸透流の役割を軽視することはできないのである．

2-6　洪水流出の飽和地表面流による説明

　これまで述べてきたように，地下水と土壌水はダルシーの法則で統一的に表現されるので，両者を通じて飽和不飽和浸透流の計算が可能ということになる。いま，土壌内の微小な六面体区画の水収支を考えると，そこにはいる流出強度と出て行く流出強度の差が体積含水率の増加に等しい。その流出強度はダルシーの法則で表されるから，水収支式と組み合わせることにより，飽和不飽和浸透流を表す基礎式，Richards 式が得られる。

$$C\frac{\partial \psi}{\partial t} = \frac{\partial}{\partial x}\left(K\frac{\partial \psi}{\partial x}\right) + \frac{\partial}{\partial y}\left(K\frac{\partial \psi}{\partial y}\right) + \frac{\partial}{\partial z}\left\{K\left(\frac{\partial \psi}{\partial z}+1\right)\right\} \tag{2-6}$$

ここで，C は比水分容量で $d\theta/d\psi$ で定義され，図 2-6B で説明したように ψ の値に対応する間隙径の存在密度の分布を表すが，ここではこの式を ψ のみを変数として表現するために導入されている。左辺は微小区画の体積含水率の増加速度を表しており，飽和している部分では時間変化しないが，$\psi=0$ の水面の位置が変動することもこの式から計算できる。つまり，土壌水と地下水の境界が移動するような解をこの数式が与えることになって，この数式の前提である土壌内の水収支のつじつまが合うことになる。

　さて，前項で述べたように，土壌水の不飽和透水係数の変化が含水率に対して急激である。そのため，浸透現象を記述する Richards 式の非線形性は非常に大きくなる。したがって，「土壌層全体にわたって水理水頭が一定であれば静止平衡状態で水は動かず，一定でなければ一定になるように水移動が起こる」ことが (2-6) 式の成立条件であるにもかかわらず，土壌が乾燥している部分では，その速度は湿潤部分に比べて無視できるほど小さい。つまり，土壌層全体が水理学的に連続していることが Richards 式の前提であるのに，乾燥部分であたかも水移動が遮断されて不連続であるような数値解が得られる。この飽和不飽和浸透流の性質が，降雨流出応答の理解においては重要な鍵になるのであり，これについては後段（第 3 章 1）で詳しく説明する。

　Richards 式は，このような強い非線形性のため，かつてはその数値計算の実行は不可能であった。ようやく 1970 年頃に計算機が発達して計算が可能になり始め，IBM の研究所に在籍していた Allan Freeze (1971) は，3 次元構造を持つ斜面

土壌層における本格的な数値計算を初めて行った。これによって，土壌層内の斜面方向への地中流が洪水流を産み出すことができるかどうか，具体的な計算結果に基づく知見が得られてきたのである。その結果は次のようなものであった。すなわち，地中の地下水の斜面方向への流出強度は通常の飽和透水係数の値によっては，洪水流を生み出すほどは大きくなることはできない。したがって，降雨時には地下水面が地表面にあふれ出さざるを得ず，斜面下部に飽和地表面流が発生する。この発生域に降雨があると地表面流がさらに増加し，これが洪水流出となる。

この飽和地表面流は，アメリカバーモント州のSleepers River試験地でThomas Dunneのグループによって観測検証されており（Dunne and Black, 1970），この観測とシミュレーションの結果は，Mike Kirkby (1978) が編集したHillslope Hydrology（山腹斜面の水文学）という書物の6章と7章に掲載された。この本は，日野幹雄らによって「新しい水文学」として翻訳され，日本の水文学の展開にも大きな影響を与えた。このような経緯によって，洪水流の発生に関して，「湿潤温帯の森林でおおわれた斜面では，土壌の透水性は降雨のほとんどを浸透させられる大きさがあるけれども，斜面方向に向かう地下水で洪水流を流せるほどは大きくない。そのため，強い雨が直接ホートン型地表面流となることは少ないのだが，地下水面が上昇して地上にあふれて飽和地表面流が発生する。洪水流は地中流ではなくこの飽和地表面流によって作り出される」という考え方が定着した。

前項では，鉛直不飽和浸透流の重要性を強調したが，洪水流出は地表面流で創られるのだという考え方が当時一般に支持されたのである。本項で述べたFreezeのシミュレーションを出発点として，数式の持つ一般性を背景にした地表面流ベースの流出モデルと，不均質性の大きい斜面現場でそれ以降に観測された結果を基にした個別性の強い流出メカニズムの議論との間で，乖離が始まっていったように，著者は感じている。流出メカニズム関する知見は多くの観測証拠によって変化してきたのであり，流出モデル研究はその進歩を正当にフォローしなくてはならない。それが30年程度おろそかにされてきたように感じるのである。

2-7 飽和不飽和浸透流の流出モデルの基準としての役割

このFreeze (1971) の飽和不飽和浸透流シミュレーションは，地下水だけでは

なく土壌水による不飽和浸透流をも無視することなく実行されているため，計算結果の信頼性が高いと理解された。つまり，実験室内に土壌物理性の均質な傾斜土層を作って人工降雨を降らせたとすると，そこで起こる水の流れや土層からの流出量は，計算結果と合致するだろう。それゆえ当時，この浸透流シミュレーションに基づいて河川の洪水を予測できれば理想的だと考えられたようである。とはいえ，面積が大きく構造が複雑な流域での降雨流出計算に適用し，飽和不飽和浸透流シミュレーションを実行することは，計算容量が膨大になるばかりではなく，多数の部分流域における諸条件の調査収集も必要で，さすがに無理が生じる。そのため，モデルの的確な簡略化は流域における降雨流出応答関係を計算するうえではやはり避けられないとも認識された。

　そこで，簡略化されていないFreezeのシミュレーションの考え方を基礎として，実用性のある流出モデル開発が進められた。具体的に前提とされた点は，洪水流出は飽和地表面流によって，基底流出は地中流によって生じること，飽和地表面流の発生域は降雨前及び降雨開始後の集水状況によって決まることなどであった。そこで，飽和地表面流が谷底の渓流近くで発生しやすく尾根方向に発達するシミュレーション結果を基に，その発生しやすさが地形によって決まるようなモデルが望ましいということになってくる。また，洪水流出が飽和地表面流によるわけなので，その地表面流が流れる表面地形によって洪水ハイドログラフの形は影響を受けると考えるのが自然である。こういう洪水流出の地形依存性のモデル化への要請を反映して，1970年後半から，表面地形が詳しく表現されているような地形図を基にした流出モデルが大いに発達した。

　こうした地形を利用しようとするモデルの代表は，イギリスのKeith Bevenが1979年に開発したTOPMODELである。このモデルには，きわめて多くのバリエーションが後に発展してきたのであるが，基本バージョンは次のようである(Beven and Kirkby, 1979)。流域内のある地点では集水面積が大きいほど流量が大きく，そこでのローカルな勾配が緩いほど流れが遅くなって地中の地下水面が上昇して表面に近づきやすい。飽和地表面流はそういう集水しやすい地形部分でかつ勾配の緩いところから発生し，発生域は降雨が続くと尾根に向けて広がってゆくと考える。したがって，流域内のある地点でどのくらい雨があれば地中水があふれて飽和地表面流が発生するのかは，その地点における集水面積と勾配によって定義される地形指標によって決められる。土壌層で次のような定常状態が成り

立つと考え，次のような計算を行うことで，Freezeの行ったような飽和不飽和浸透流のシミュレーションでの複雑な計算をしないですむようにしている。

いま，流域面積あたりの流出強度f_iに等しい降雨強度が流域全体に与えられて定常状態になっているとすれば，流域内各地点の傾斜方向への地下水流出強度はその点の集水面積にf_iを掛けた値になる。その地点の土壌層の地下水貯留量は，そこでの地表面勾配と飽和透水係数を用いてダルシーの法則によって地点での地下水流出強度から求められる。計算においては，土壌層内の地下水貯留量とそこでの地下水流出強度の両方が未知数なので，ダルシーの法則を基にした両者の定常状態における一対一関係と，貯留量がその前の時刻の貯留量に降雨・蒸発散を加えて流出強度を差し引いた値になるという水収支式を連立させて，両未知数を求めることになる。これを流域全体で行えば，地下水流出強度の時間変化が得られる。このとき，貯留量の空間分布も求められるが，地形指標の流域分布と比べ，土壌層の貯留最大量を超える地点では，飽和地表面流が発生し，これによって洪水流出強度が計算できる。飽和不飽和浸透流における非定常状態での計算をしなくても，飽和域面積や基底流出・洪水流出が近似的に計算でき，それに基づいて，降雨流出応答予測計算ができることになる。

飽和不飽和浸透流計算に基づき，洪水流が飽和地表面流とみなせることがモデル開発者にほぼ共有され，それを降雨流出計算に適用するのにTOPMODELのような地形ベースのモデルが開発されてきた。これらの手法はコンピューターと数値地形図が便利に利用できる時代になって広く利用された。こうした地形図活用の流出モデルを適用すると，土壌層が飽和しやすい場所や乾燥しやすい場所が気象条件や土地利用条件によってどのように変化するかを，計算で予測することができる。そこでモデル適用によって，山地源流域の流域内部での飽和地表面流発生場所とその変動が推定されたなら，森林，牧草地，農耕地などの土地利用をどのように計画するかなど，実用的な目的への貢献も期待できるようになる。しかし，これらの研究は，欧米の研究者を中心に進められたようで，日本では，斜面と河道の区別を前提にした流出モデルが一般的であった。TOPMODELのような流域内部の貯留量や飽和地表面流の発生場所の変動に注目したモデルは，四ヶ所四男美らのグループによる適用研究があった（田齊ら，2004）が，あまり広く用いられることがなかったようである。

著者の見方ではあるが，同じくhillslope hydrologyの対象であったとしても，

図 2-8 欧州における緩傾斜地形と日本における急傾斜地形の例
源流域において，緩傾斜で連続的に水の集まりやすい凹地がみられる地形（左，スペイン Navarra 州 Zubiri 付近）と，斜面が急傾斜で河道と明確に区別される地形（右：日本京都市右京区高雄付近）とでは，双方とも hillslope と表現されるが，流出メカニズムが同じではないと考えられる．

地形の特長が，地殻変動帯の日本では欧米とはかなり違っているのではないかと思われる（図 2-8）。TOPMODEL は，源流における小規模の河道と斜面の間に明確な勾配の区別がないような緩傾斜の地形で検証されるようだが（Barling et al., 1994），水流出に寄与する場所が尾根から離れた谷地形の区域に限定されていることを暗黙の前提にしているのではないだろうか。日本の急勾配の山地地形では，基盤岩が侵食されて切り込まれた渓流河道とのその周囲の急斜面とでは，勾配や土壌の堆積状態が不連続のように見える場合が多い。また，降雨量のうち洪水流に配分される割合の大きい豪雨が繰り返し発生し，こういう場合には，流出寄与域が斜面全体に広がっていなければならない。さらに応用面においても，急傾斜であるために斜面の土地利用は林業以外にはあまり考えられず，地形特性を基準にした多様な利用方法を検討する余地が少ない。河道を管理する河川工学の立場からは，河道以外の流域は雨水を集めてくるという設計外力条件に過ぎず，土地利用をどうするかといった計画へのフィードバックは言わば河川整備における管轄の外にある。そのため，源流部における空間的な広がりを土地利用に対してどう扱うかは流出モデルにおいて重視されず，大流域における分合流や貯水池を含む治水工事の必要性により，河道ネットワークをモデル化することにもっぱら研究開発の重点が置かれたのではないかと思われる。この観点の災害対策に拘わる問題点は第 1 章 3-3 ですでに論じたところであるが，ここでは引き続き，日本での降雨流出応答関係の予測研究に関する流れを見てゆきたい。

3 有効降雨と波形変換それぞれのモデル化

3-1 斜面と河道の流出モデルにおける役割

　降雨から流出を計算する流出モデルには，分布型と集中型の区別があるとこれまで考えられてきた。集中型モデルとは，降雨を流出量に変換するひとつの計算システムとみるモデルであり，時間を変数とする常微分方程式で表され，分布型モデルとは，流域内部の雨水の流れや貯留量の空間分布を計算できるモデルで，時間と空間を変数とする偏微分方程式で表される（椎葉ら，2013）。本章1で紹介したタンクモデルと雨水流モデルは，それぞれの代表とみなされてきた。さて，分布型モデルで流域空間を詳細にモデル化することを考えたとき，その中の水文量の空間分布の降雨流出応答関係に対する影響を表現するのに，すでに述べたTOPMODELのように地形指標を利用する手法がある。これに対して，高棹琢馬は，数値地形図がポピュラーになるよりも前に，斜面と河道それぞれの流出過程を区分し，それぞれの降雨流出応答関係への影響を検討した（石原・高棹，1964）。

　それによると，遅れ時間の大きい斜面での洪水流出過程が降雨の流出への変換に大きく影響し，洪水ハイドログラフの形を決めるうえで重要な役割を果たすとみなされた。理屈上は，河道で流れる過程でもハイドログラフの形が緩やかになるはずであるが，流域面積が巨大でないかぎり，流れが速やかなためにそれほど目立って変化しない。タイのチャオプラヤ川のように，広大で平坦な大陸河川の河道であれば，源流部の斜面での流出変換よりも河道での変換の方がむしろ大きく，何日もかかって洪水氾濫が広がってゆくことになる。斜面と河道のどちらを優先的に分布型モデルで表すべきかの判断は，大陸河川と島国河川では同じではないわけである。

　にもかかわらず前項本章2-7で述べたように，治水工事の計画という実用性の観点からは，河道における個々の地点の流出量や水深を推定する必要がある。降雨の流出への変換に関して役割の大きい斜面ではあってもその内部の土地利用が問題になることは少ないので，治水実用上は斜面の諸条件の影響を検討する必要性が乏しいことになる。河川流域の河道ネットワークにおいては，通常の河道を流れが通過することだけではハイドログラフの変化が無視できるとしても，湖

沼や貯水池があれば，それによって当然ハイドログラフが変形されるので，河道ネットワークでの流出量を詳細に計算する意義が大きい。そこで，その後のモデル開発研究では，ポピュラーになってきたコンピューターと数値地形図の利用も進み，河道ネットワークを「分布型」として表す流出モデルシステムが発展していった（例えば市川ら，2001），と著者はみている。

　河道ネットワークは，治水計画の必要があるが故に分布型モデルとする意義があるとしても，斜面はその手間をかけなくても良いことになる。また，石原・高棹（1964）の言うように，流域面積が巨大でなければ，河道でのハイドログラフの変形は小さいとみなせる。そうすると，治水工事を行うような大きな河道さえ分布型モデルとすることができれば良く，小流域の内部の渓流河道をモデル化する必要はない。よって，降雨を流出量に変換する役割を持つ「斜面」は，実際に存在する個々の狭い斜面でなく，複数の斜面と渓流河道のネットワークから成る「小流域」であっても，モデルの上では何ら差し支えないことになる。その変換を担う流出モデルは降雨流出変換の再現能力が高ければ良く，結局のところ，分布型モデルであっても集中型モデルであってもかまわないということになってしまう。よって，降雨流出応答をもたらす空間を治水計画上の設計外力の観点から見る限り，タンクモデルのような集中型モデルで表現しても，河道ネットワークを分布型モデルで表して結合すれば，実用上問題がないわけである。

　そもそも，降雨流出変換を担う斜面を分布型モデルにしなければならない理由があるとすれば，地質，地形，土壌，植生などで表現される斜面諸条件の降雨流出応答に及ぼす影響を評価することにあると言わなければならない。そこで，現在でも代表的な分布型モデルとされている雨水流モデルが，この斜面条件の影響の評価の課題に関して，どのように応えることができるのか，次項で見ておきたい。

3-2　分布型流出モデルのジレンマ

　雨水流モデル（石原ら，1962）では，A層より深部に浸透しなかった雨水が不圧地下水流として速やかに斜面下部方向へ流れ，洪水流出が産み出されると考えられていた（図2-3）。雨量がさらに多くなるとA層の地下水面が地表まで上昇して飽和地表面流が発生し，規模の大きい洪水流出が生じるわけである。そこでこの

モデルでは，A層の地下水の流れにダルシーの法則を適用し，開水路の流れである飽和地表面流にマニング式を適用するとしている．そうすると，表層土壌内の地下水流の速度に比べて地表を流れる水の速度はかなり速い可能性があり，両者の性質は大きく異なると推測される．そのため，表層と地表面の複合システムを適用する場合は，実際に得られた降雨と流出の観測データを用いて，飽和透水係数やマニングの粗度係数等のパラメータの値を推定する他はない．表層土壌層にはパイプ状の水みちがあると考えられ，また，地表面には落葉や下草などが流れに摩擦としてはたらくであろう．そう考えると，表層や地表面の条件は不均質を極め，現場調査に基づいてパラメータの値を決めることは不可能に近い．ゆえに，分布型モデルとしてのメリットが発揮されにくくなってしまう問題が生じる．なぜなら，結果が合うようにパラメータ値を決めざるを得なくなり，これは本来，タンクモデルのような集中型モデルに特有の作業であったはずだからである．また，現場調査が困難である以上，表層と地表面からなる複合システムそのものが実証されにくく，この仮定が正しいかどうかも怪しくなってしまう．

ところで，観測結果に合うようにパラメータを決めることはやむを得ないにしても，地形図から表面地形の空間分布を把握することには，次のような場合に意義が認められるかもしれない．すなわち，観測データの存在する流域において雨水流モデルの飽和透水係数や粗度係数等のパラメータを決定し，そのパラメータを地形条件の異なる観測データのない流域に適用すれば，観測データの存在しないような別の流域の流出量を降雨から推定するのに応用できる可能性があるからである．しかしながら，2つの流域で表面地形以外の条件がまったく同じということはないから，地形図からの推定が妥当かは判断しにくい．やはり，観測してみなければ計算結果が正しいかどうかはわからないというところに落ち着いてしまう．もしすべての流域で観測データが存在しなければならないのであれば，集中型モデルでハイドログラフが合うようにパラメータの値を決めてゆくのと何ら変わらず，雨水流モデル適用のメリットは見いだせないと言わざるを得ない．

このようなわけで，分布型モデルの特徴とされている，斜面条件の降雨流出応答関係に対する影響について，雨水流モデルで評価可能だと言うのはかなり苦しい．治水計画に必要な河道ネットワークに関する分布型モデルは発展させることができても，斜面条件が降雨流出応答特性に及ぼす影響を量的に評価する目的を果たす分布型モデルを開発することは，非常に難しいことがわかる．ただし，こ

れは雨水流モデルに限ったことではないことにも注意しなければならない。TOPMODELのようなモデルであっても，雨水流モデルで指摘したのと同様，土壌の通常の間隙よりも大きいマクロポアーを通過する地中流や凹凸の激しい地表面の流れを扱うことは容易ではなく，小流域ごとの降雨流出応答関係は観測してみなければわからないという共通の問題を抱える。国際水文学協会(IAHS)において2003年から10年間，当時会長であった竹内邦良が提唱して取り組まれた「PUB：非観測流域における水文予測」(Sivapalan et al., 2003)も，こうした分布型モデルにおけるジレンマが背景にあったとみられる。ただ，この困難の現状をみて，流域条件の降雨流出応答関係への影響評価は不可能だと悲観的に考えてしまうべきではないと著者は考える。むしろだからこそ，流出メカニズムの詳細な観測が為されてきたのだし，その成果の流出モデルへの正当な反映も努力が新たな研究のシーズやチャレンジを産むと言うべきなのである(谷ら，2014)。

3-3 降雨流出応答関係の地質への依存性

斜面条件の降雨流出応答に及ぼす影響を評価するという長所を，分布型モデルに求めることは困難だということがわかってきた。そのため，流出応答にどのような斜面条件が影響を与えるのかを別の比較水文学による観点から見直してみることも必要になる。そこで，山地流域の多くの観測データを比較検討する研究が行われた結果，地質の影響が大きいことが明らかになってきた。ここでは，前項で指摘した難問である斜面諸条件の影響を検討するうえで鍵になる，地質の影響がどのようなものなのかを説明しておきたい。

山地河川の無降雨期間における基底流出量は，流域面積をそろえて比較しても，かなり大きな違いがある。虫明功臣ら(1981)は，地質によって基底流出量の大きさが大きく異なること，それが昭和初期のダムなしでの水力発電所開発史に反映していることを明らかにし，全国の山地河川の流況が地質によって異なることを見いだした。また，志水俊夫(1980)は，同じように山地河川の日流出量を整理し，植生と地質の流況に及ぼす影響を調べた。なお，河川の流況とは，その流出量の変動が大きいか，あるいはならされて変動が小さいかを言う。そこで，年間の日流出量を最大値から最小値へ順番を並べ換えたときの日流出量の分布曲線で定義される流況曲線を描くと，その勾配が緩やかであるほど，その河川の流況

が安定しているということになる．日本では，最大値から，95，185，275，355日目の日流出量を，それぞれ，豊水流量，平水流量，低水流量，渇水流量と称して流域の流況指標と定義し，これらを流域面積あたりの比流量で表現して，複数流域の流況を相互比較するのに用いることが多い．そこで，この流況指標を用いて，志水 (1980) は次のような解析結果を得た．

　それによれば，流況指標に対して植生の影響は統計的に検出されなかったが，地質は明瞭な影響を与えていることがわかった．図 2-9 は，渇水流量を年降雨量で割った値を横軸に，豊水流量を渇水流量で割った値を縦軸にとって，各流域の流況特性を示している．横軸が大きく，縦軸が小さい河川が，基底流出量が大きくて流出量変化が小さくなって安定した流況を持つことになるが，第四紀・第三紀火山岩類，花崗岩類は安定，中生層，古生層，第三紀層等の堆積岩地質は不安定と，流況が地質によってきれいに分かれている．流況の安定した前者の地質を持つ山地では，基岩の内部に深層風化などで十分な量の間隙が含まれていて，その上部の土壌からの浸透水を受け入れて貯留し，無降雨期間が続いても基底流が減少しにくいのだと考えられる．流況曲線は流出量の大小の順番をつけて並べているだけであり，大きな流出量のときが必ず時間変化の大きい洪水流の期間に一致するとは限らない．けれども，流況が安定な河川流域の斜面では，降雨水のうち基岩に浸透する量が多く土壌に残る水量が少ないことになるだろう．実際，滋賀県を中心とする山地小流域での比較によれば，花崗岩よりも堆積岩で洪水流出量が大きい傾向が見いだされ (Tani et al., 2012)，志水による流況の結果と矛盾なく対応している．

　このように，降雨流出に対しては地質の影響が明瞭に現れる．そのメカニズムは，降ってくる雨水のうち地下で貯留されて基底流として流れてくる水量の割合が地質・風化という基盤岩の性質によって異なるというところに求められる．ひと雨の降雨量が同じであっても，基盤岩に浸透する雨水量が小さければ，土壌に残る水量は大きくなり，洪水に配分される雨水，すなわち有効降雨量が増大するので，洪水ハイドログラフは，治水対策で重要なピーク流出量を含み大きくなるはずである．そのため流出モデル適用の観点からみたとき，地質が異なるのに同じ値のパラメータを使って降雨量から流出量を計算するのは，適切とは言えないだろう．分布型モデルであれ集中型モデルであれ，洪水流出を計算する場合の有効降雨推定に際して，流域空間を地質で区分けし，それぞれの地質にふさわしい

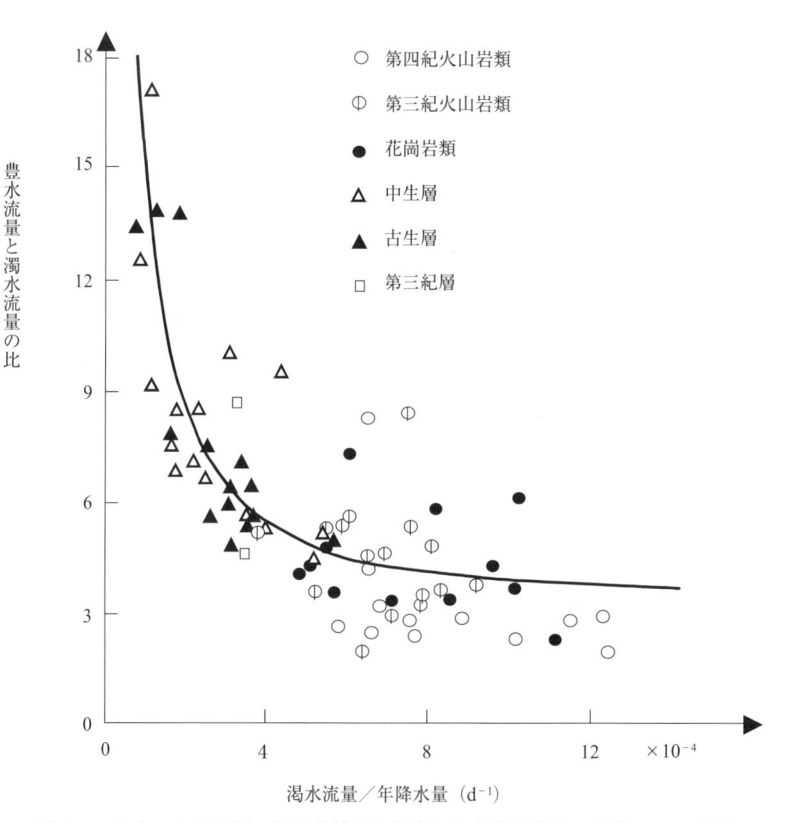

図2-9 日本の山地河川の流況曲線から推定された流出特性の地質による分類

志水（1980）による

豊水流量，渇水流量は，1年間の流域面積あたりの日流出量（比流量）を大きいものから並べた流況曲線において，95日目と355日目の値を水高（mm d^{-1}）で表したもの。なお，横軸は年降雨量が大きい流域で渇水流量が大きくなりやすくなる点を補正しており，値が大きいほど渇水時の流量が大きいことを表している。また，縦軸はその値が小さいほど日流出量がならされて流況が安定していることを表している。火山岩と花崗岩が左上，堆積岩が右下に分かれて分布している傾向が明らかである。

パラメータの値を用意することが必要だということになる。

　地殻変動の激しい日本の山地流域では，個別斜面の斜面条件の影響を検出するという目的からは，斜面長や土壌層の厚さや土壌物理性，植生が細かに調べられる必要はあるが，もう少し広い空間スケールでみたとき，地質分布の影響が重要であること，その影響は，地質による基盤岩への深部浸透の差を反映しており，降雨の有効降雨への配分が異なるためであろうということが明らかになってき

た。

3-4 有効降雨とそのしきい値としての飽和雨量

　山地流域は多数の斜面と渓流河道から成り立っているが，すでに本章 3-1 で述べたように，湿潤変動帯では斜面が降雨流出変換を担うにもかかわらず，治水計画で分布構造が重要なのは実質的には河道ネットワークである。山地における雨量と流出量の観測点が限られていること，観測データがなければ分布型流出モデルの適用が困難であることからみても，降雨流出変換を集中型モデルで行うので十分だということになる。ただ，集中型モデルとして実績があるタンクモデルにも運用上の問題がある，すなわち，その数の多いパラメータの値を決定することが誰にでもできるとは言えず，実用上の欠点があるとされ，1970 年代には，タンクモデルのパラメータ探索の自動化が希求された（例えば小林・丸山，1976）。同時に，すでに早くから提案されていた貯留関数法（木村，1961）がパラメータ探索の容易さのゆえに広く治水計画に利用されるようになった。流出強度と貯留量の関係が複雑な多段タンク構造となるタンクモデルと違い，よりシンプルな一対一の関数関係で表現されているのにかかわらず，洪水流出ハイドログラフの再現性が確保されたからである（木村，1975）。ここでは，この流出モデルの特徴について，有効降雨の配分とその有効降雨の洪水流への時間変化に関する波形変換に分けて考えてゆきたい。

　日本では，継続時間が長く総量が大きい大雨が頻繁に発生し，その解析が治水計画において重要であることは言うまでもない。実際，ひと雨の総降雨量と総洪水流出量の関係を図示したとき，地質にもよるが，総降雨量が大きい範囲で雨量の増加分が洪水流出量の増加分と等しくなる傾向が多くの流域で見られる（図 2-10 の竜ノ口山北谷の関係参照）。また，そうした大雨の事例が得られていなくても，そういう傾向になると推測する方が治水上安全側になる。こういう背景により，貯留関数法では，飽和雨量というパラメータが定義された。つまり，累加雨量がこの飽和雨量の値よりも小さい間は，降雨の一部が浸透して有効降雨にはならないが，これを超えると降雨がすべて有効降雨になり，洪水流として流出すると考えるわけである。

　図 2-10 の竜ノ口山北谷の総降雨量と総洪水流出量のプロットを見ても明らか

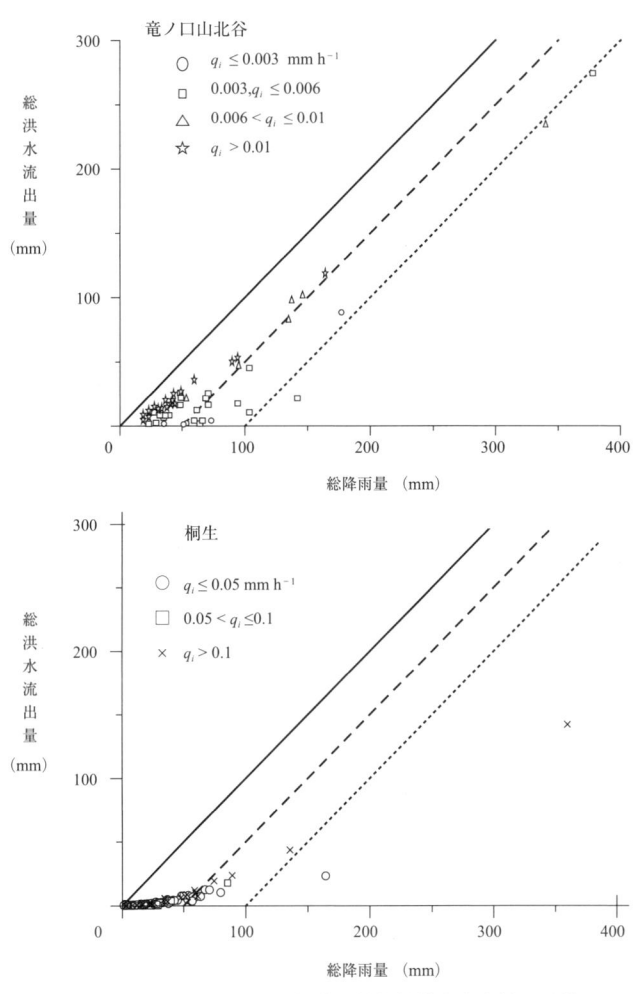

3 有効降雨と波形変換それぞれのモデル化　79

図2-10 ひと雨における総降雨量と総洪水流出量の関係

竜ノ口山北谷はTani and Abe (1987) を一部改変，桐生はKatsuyama et al. (2008) を一部改変．

　総洪水流出量は，降雨開始後の流出増加前の流出量と洪水流出量が終了した時点の流出量を直線で結び，それを上回る流出を洪水流出とみなして，その増加量の合計で求めた．終了時点は曖昧な場合があるが，図の関係に大きな影響はない．図中の直線は上下図共通で，その勾配は雨の増加量と洪水流出の増加量が等しい場合を表す．また記号は流出増加前の流出量で区分されており，小さいほど流域が乾燥していることを表す．上図は古生層の竜ノ口山北谷，下図は花崗岩の桐生の結果を示す．桐生はばらつきが少なく，かつ，大雨時の洪水流出量が小さい傾向があるのに対し，竜ノ口山北谷は降雨前の乾湿による影響が大きいこと，大雨時には降雨増加量がほぼすべて洪水流出量になってしまう傾向があることがわかる．

なように，両者の関係は降雨前に流域が湿潤であるか乾燥しているかによって大きく変化する．そこで，飽和雨量もその影響を受けることになる．すでに紹介したHewlett and Hibbert（1966）の流出寄与域変動概念と対応させると，降雨が始まる時点では洪水流の発生場は限定されており，降雨とともにそれは拡大してゆくであろう（図2-4）．降雨開始時点で流域が湿潤であれば，乾燥していた場合よりも少ない積算雨量によって発生場が拡大してゆくはずである．その影響が飽和雨量の値に影響するわけである．

一方，これもすでに述べた通り，地質によって基盤岩への深部浸透量が異なり，有効降雨への降雨の配分に大きな影響を及ぼすので，地質条件も飽和雨量の値を変化させる．第四紀火山岩類の場合は，観測される範囲の降雨では深部浸透が継続するために，飽和雨量の値が見いだせないことも多い（谷・窪田，2011）．これは，水平的に洪水流発生場が拡大しても，その拡大とは別に，鉛直方向深部への浸透が維持されることを示しているわけである．洪水流の発生場の変動は欧米で盛んに議論されたが（McDonnell, 2003），洪水流への寄与域が流域全体に拡大してしまうことはあまり問題にならなかったように思われる．しかし，日本ではこれがありふれた治水環境となるわけである．

ただここで注意すべきは，流域平均降雨量の観測精度の問題である．山岳流域では，雨量計が高い標高の山頂近くに少なく低標高部に偏っていて，流域平均降雨量を過小評価しがちである．そのため，総降雨量と総洪水流出量の関係図において飽和雨量を推定する場合にバイアスが生じやすい．例えば，総降雨量の80％が総洪水流出量に配分されている降雨事例が複数ある場合，雨量が20％程度過小評価されていると，その複数点を結ぶ直線は降雨量が100％洪水量に配分されているようにプロットされ，すでに飽和雨量に達していると判断されてしまう（谷，2011a）．実際は，雨量の観測誤差だけではなく，降雨前の流域の乾湿条件も影響して，プロットのばらつきが大きいうえ，大雨のデータの観測数は限られているので，飽和雨量に達しているのかどうかを厳密に判断するのは難しい．にもかかわらず，降雨が長引いて積算雨量が大量に達したときには，さらに降った雨量の合計と洪水量の合計は，ほぼ一致することは想定して良いわけで，このことは，洪水流発生場で生じるメカニズムを考えるうえで重要な情報を提供することに注目しておきたい．

3-5 貯留関数法からみた波形変換特性

　流域全体に降る雨量の合計と洪水流出量の合計が一致することは，図2-4の右端の図に示すように，流出寄与域が固定化して流域内の貯留量が降雨中に増加しないということであるから，降雨の時間変化であるハイエトグラフの波形から洪水流出のハイドログラフ波形に変換されるプロセスの性質が見いだしやすい。反対に積算降雨量が十分でなく，流出寄与域が降雨継続とともに徐々に拡大するような場合は，洪水流出寄与域の拡大と降雨強度から流出強度への変換とが同時に進行するので，波形変換の性質だけを見いだすことは困難になるわけである。

　積算降雨量が飽和雨量を超えると，洪水流出発生場の変動はなくなり，有効降雨量は観測降雨量そのものと等しくなる。貯留関数法では，流域を孔開きタンクとみなして観測積算雨量から観測積算流出量を差し引いてタンク内の貯留量を計算する。この貯留量 S を縦軸に観測流出強度 q を横軸にとって，両者の関係の時間変化をプロットすると，流出量増加に遅れがあるためにループを描くが，一定の遅れ時間を与えればほぼ一対一の関係に近づく。この関係は多数の解析結果から経験的に両対数グラフ紙上で直線関係として表すことができることがわかっており，k と p を係数として，

$$S = kq^p \tag{2-7}$$

と記述できる。この流量貯留関係の指数関数式は，貯留関数法の基礎式として広く用いられている（木村，1975）。

　以上の作業は，貯留関数法で，降雨時の雨量データから洪水流出量を推定計算する場合に実際に行われるものであるが，飽和雨量を上回るような大雨時の雨量と流出量の関係から，洪水流出発生場が変化しない条件における貯留量と流出強度の関係を求めている手順であると解釈できる。日本では，こうした貯留関数法の適用によって多くの河川の治水計画が実施されており，大雨のときには，洪水流出強度と貯留量に上式の指数関数関係が実際に生じていることがわかる。また，より古くから開発適用されてきた菅原（1972）のタンクモデルの場合にも，タンクからの流出強度と貯留量のべき乗関係を折れ線で近似していて，飽和雨量を下回るような中小規模の降雨時においても，洪水流出において同様の関係が見られることがわかる。よって，この指数関数による表現は，経験的ではあるが，日本

のような急峻な地形を持つ河川の降雨流出関係ではかなり一般的なものということが強く示唆される。

　貯留関数法に関する説明の最後に，最近，貯留関数法が非科学的であるとの指摘があったこと（冨永，2013）についてふれておきたい。観測降雨と観測流量の応答関係を計算する流出モデル一般がかかえている問題点は，本書ですでに論じているところである（第2章3-2など）。しかし，貯留関数法が世界中で開発された多数の流出モデルに比べてとくに科学性が劣っているなどということはない。第3章4-8で詳しく説明するように，(2-7) 式のような流量貯留関係は，むしろ降雨流出応答関係の心髄を表現すると著者は考えている。貯留関数法は日本の水文学の国際的にみた先駆性を示すものであって，かりそめにも，複雑な構造を持つ流出モデルが科学的に優れているかのごとき錯覚を持たないように，十分注意していただきたい。

4　山腹斜面の水移動観測からみた流出メカニズム

4-1　流出モデルの一般性と観測研究の個別性のギャップ

　雨水流モデルやTOPMODELなどは，対象とする流域内部の空間的な構造に注目し，そこでの雨水の移動をモデルに活かしたいとの意図によって開発されてきた。したがって，こうした分布型モデルでは，簡略化はされてはいるが，当然，雨水の流出メカニズムを考えているわけである。しかし，すでに本章3-2で述べたように，その意図は容易に達成されるとは言えず，集中型モデルであるタンクモデルや貯留関数法に比べたとき，何らかのメリットを見いだすことは難しかった。そもそも，Freeze (1971) が行った飽和不飽和浸透流は雨水の流出メカニズムを反映しているのだろうか。

　そうでもあるようなそうでもないようなといった感覚を，斜面水文学や森林水文学の研究者は継続的に持ってきたように思われる。河川工学の研究者は，国土交通省などの河川管理者が観測した降雨と流出のデータを主に解析する立場なので，両データが解析にふさわしい観測精度を持っていることが暗黙の了解事項である。そのため，既存のモデルよりもさらにきれいに両者の関係を表現できる流

出モデルを開発しようとするのが研究上の興味となりやすい。既存データをより良く再現するかどうか以前に，それらが得られた観測現場に立ち戻って流出メカニズムを検討し直す機会には恵まれにくいのではないかと思われる。しかし，斜面水文学や森林水文学においては，自ら現場観測してデータを得る場合が多いため，流域内の何かの水文量を観測してみたらそれが予想と違っていて裏切られる苦い経験に出逢いやすい。その結果，流出メカニズムの個別性，すなわち，この斜面のメカニズムはこうだがあの小流域ではああだ，という結果に翻弄されやすく，結果的に，流出モデルにつながる一般的知見が見いだされにくい。

このように，河川工学と斜面・森林水文学との間には，モデルの一般性と観測の個別性に関する深いギャップがある。したがって，そのギャップを埋めること自身が研究上の重要課題になると，著者は考える。まず，1970年代にさかのぼってhillslope hydrology（山腹斜面の水文学）の観測研究の流れを整理してゆこう。

4-2 雨水流モデルを背景とした斜面表層での観測

1970年頃，高棹の雨水流モデル（石原ら，1962）において想定されていたA層や地表面での流れを念頭に置き，森林斜面での流出観測が始まっていた。京都大学農学部の砂防学研究室では，福嶌義宏をリーダーとして，滋賀県南部の花崗岩山地である田上山系で過去にはげ山であった小流域での水・土砂流出観測に取組み始めた（福嶌ら，1978）。中でも桐生試験地では，現在まで多くの森林水文学の研究成果を挙げ続けてきているが（例えばOhte et al., 1995; Kosugi and Katsuyama, 2007），1970年当時は加藤ら（1975）が4つ（No. 1～No. 4）の斜面ライシメータを設置して観測を行っていた。ライシメータの構造は，等高線に沿って5 mの土壌断面を切ってそれを1辺とし，斜面上部方向10 mの長さの矩形面の上方と側方の3辺をビニールシートで被覆した木枠板によって囲んだものである。No. 1と4が10 cm深，No. 2が30 cm深，No. 3が20 cm深にビニールシートを挿入して測定された表層の流出量が論文に記録されている。総雨量130 mm程度の降雨事例に対する流出量の割合はNo. 3が10%であるが，それ以外のライシメータは3%以下となっている。No. 3は風化花崗岩の表面に沿う流れを含むので，土壌層の深部方向に浸透する他のライシメータよりも多いと推定されている。斜面の地表面をおおう落葉層や下草被覆の水や土砂の流出を観測する研究は，最近

でも管理放棄された人工林の流出にからんでたびたび行われており，量的なバリエーションはあるが（恩田，2008），加藤らの結果とほぼ類似した傾向，すなわち，「これらの地表面にごく近い流れは多かれ少なかれ発生するが，洪水流出すべてを説明するわけではない」との定性的な理解の範囲にあるように思われる。こうした結果は，洪水流出のメカニズムの観点からどのように解釈するべきなのだろうか。

　土壌の飽和透水係数が通常の降雨強度よりもかなり大きいはずであるにもかかわらず，これらの観測研究は，降雨期間に地表面またはごくうすい表層に沿って斜面方向への流れが生じることを示している。これについては，林外降雨が空間的に均質であるのに比べ，森林の場合は，樹冠通過雨量や樹幹流下量などが起こってひとところに雨水が集まりやすいこと（Liang et al., 2011），ヒノキ林などでは菌糸などによる撥水性が地表面の透水性を低下させること（Miyata et al., 2007）などがその後指摘されてきた。しかしながら，そうして発生する地表面流や A 層の流れが，洪水流の多くを占めると考えることはできない。ここで対象としている桐生試験地流域の場合，総雨量 130 mm に対する洪水流出の割合が図 2-10 を見てわかるように，20～30％くらいあるので，No. 3 以外のライシメータの表層流出量の割合はそれに比べてやはり小さい。ただし，No. 3 については，流出量の割合が桐生流域全体の半分弱はあって，不均質性に基づくばらつきを考えると，ここでの表層流出量は洪水流出をだいたい説明できるのではないか。風化基岩の表面を流れる量によって洪水流出のかなりの部分が説明できそうである。

　高棹（1963）が A 層を最初考えたときには，風化基岩の上にある土壌層全体よりもうすい腐食に富む浅い層が想定されていたようであり，豪雨時にはその層が不圧地下水流で満たされて飽和地表面流が発生すると論じられる。けれども，実際に観測してみると，地表面と腐食に富む層での流れは区別しにくい結果や，ライシメータ No. 3 のように土壌層と風化基岩層の境界付近の流れの方が多いなどの結果が得られる。その割合には場所毎の個別性が強く，定性的な傾向は得られても，流出モデルへ一般化できるような知見に到達しにくい。ただし，風化基岩層と土壌層の境界が比較的明瞭な桐生などの花崗岩山地の場合は，両者の透水性にはかなり差があるため，その境界部分の上側の土壌層が，洪水流あるいはそれを含む流れを生み出す空間として主要だとは考えても良さそうである。桐生試験地では，そうした観点からの観測が，主に鈴木雅一のイニシアチブで進んでゆく。

次にその研究の流れを追いかけてみたい。

4-3　降雨時の地下水面上昇の鉛直飽和不飽和浸透による理解

　近畿中国地方では，人家に近い花崗岩山地に，かつてはげ山が広く見られた。人々の生活に必要な燃料・肥料を強度に採取し続けた結果，土壌層が失われてしまい，風化岩がほぼ裸出した状態になっていたのである。桐生試験地のある一丈野国有林もこうしたはげ山であったので，1890年頃から斜面に平坦な階段面を切り込み客土して肥料木とクロマツを植栽し，地表面全体をわらや芝などでおおう積苗工という緑化工事が実施された（後段の図 3-12, 3-15 参照）。そのため，渓流には過去のはげ山であった時代に流出した土砂が渓流河道に大量に堆積し，それが侵食されないよう石積み構造の谷止工（低いダム）が施工されていた。はげ山緑化成功後は，渓流に堆積していた土砂の侵食防止が重要だからである。

　さて，1970年代には桐生試験地流域はすでに森林が回復しており，はげ山時代に形成された渓流堆積土の上もアカマツやヒノキの混交林などの森林が成立していた。そこで，砂防学研究室に所属していた著者は，主に降雨後の基底流の時間変化と堆積土壌層内の水移動との関係を調べるため，マツ沢またはM沢と現在は呼ばれている桐生内部の源流域において出口近くの緩傾斜（約 7°）の堆積層内 4 カ所に細い井戸を掘り，水位の観測を行った（谷ら，1980）。その結果，降雨時の地下水面変化に関して 202 cm の深さの井戸水位データからその後の観測研究に影響を与えた興味深い情報が得られた。

　降雨時には，降雨継続とともに地下水位は増加したが，その時間変化は，徐々に増加する場合のほかに，降雨開始後 10 時間ほどは変化せず，その後新しい強い降雨があった直後，一気に 1 m 以上増加するような場合があった。そのため，パイプ状水みちなどを通しての地表面流の流れ込みなどが不規則に発生するのではないかなどと想像した。しかし，多数の降雨事象における降雨量と地下水面上昇量の関係を整理してみると，水収支的にみて一貫した関係が見いだされた。また，一次元鉛直飽和不飽和浸透の基礎式を適用し，初期条件を降雨前の観測水深を下端とした静止平衡条件として計算してみると，図 2-11 に示すように，降雨事例毎の水面上昇量，水面上昇の時間変化ともおおむね良好に再現された（谷，1983）。なお計算では，飽和含水率と残留含水率（水がほとんど動かないとみなせる

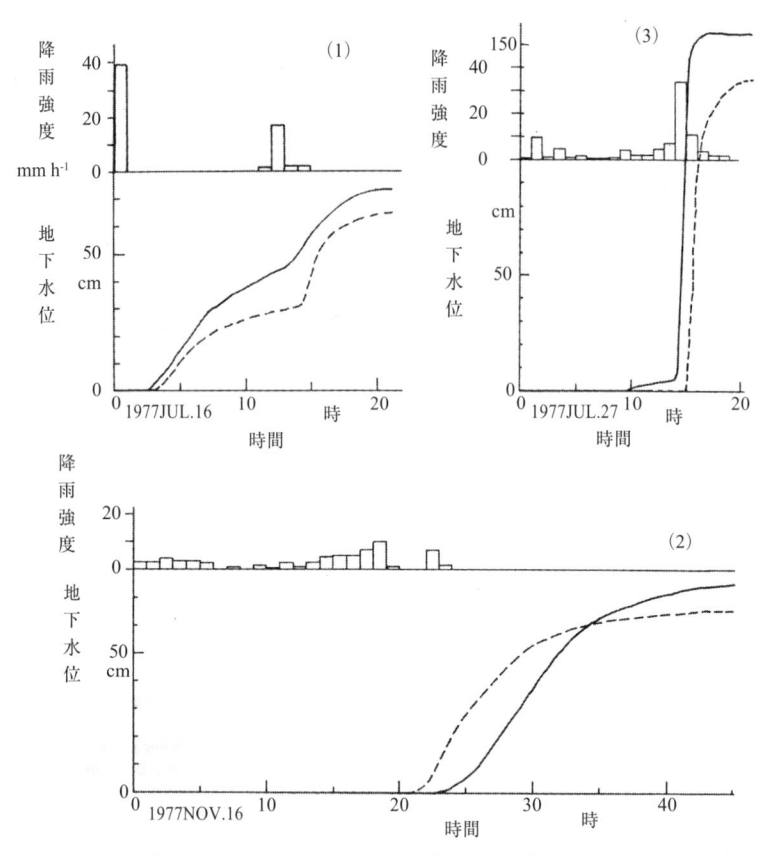

図 2-11 桐生試験地マツ沢流域における地下水面上昇の観測結果と一次元鉛直不飽和浸透流計算による再現結果

谷 (1983) による。

実線は観測結果，破線は計算結果

含水率）の差を 0.08 とかなり小さい値にしている．これは，常時雨水の集まる緩傾斜地点のため，降雨前でもかなり湿潤であることに対応すると推測される．しかしながら，降雨事例毎の水面上昇量が再現できていることは，計算における降雨前と水位上昇の含水率の差が正しいことを示している．また，水面上昇の時間変化が再現できていることは，鉛直不飽和浸透流によって圧力水頭の変化が伝わることで水面変化が説明できることを示唆している．

図 2-11 (1) のように，降雨開始後 40 mm h^{-1} の強雨があっても雨水は土壌を

湿潤化するのに使用されてただちには地下水面上昇には寄与せず，その後に湿潤部が降下することで地下水面が徐々に上昇する。これに対して，(3) のように，弱い雨が続いてその雨水が土壌を湿潤化するのに使用されると，土壌層全体の含水率が飽和含水率に近くなってしまう。そのため引き続いて 30 mm h^{-1} の強雨があると，すでに飽和に近い含水率に達している不飽和部分を短い時間で埋めることで飽和させ，地下水面が急上昇することになる。もしも仮に強雨が追加されなければ，図 2-11 (2) のように，湿潤部の降下で降雨後地下水面がゆるやかに上昇し始めると推測される。

このように，土壌間隙を通過する水の移動は，単に見かけ上であるが，不飽和帯の湿潤さによってかなり異なるふるまいをみせる。しかし，鉛直飽和不飽和浸透流に基づいており，降雨波形を信号として受けとった圧力水頭の時間変動が下方へ伝播するというプロセスで説明可能だと言える。端的に言えば，土壌が乾燥していると，降雨信号は伝播しないで地表付近の圧力水頭変動（含水率変動をともなう）にとどまるが，湿潤であれば，下方への伝播が速くなる。また，湿潤であれば含水率が飽和含水率に近いから，地下水面上昇も急激に生じやすいわけである。

その後著者は，一次元鉛直不飽和浸透流の基礎式である Richards 式に基づいて，あらためて地下水面上昇の性質について理論的な検討を行った（谷，1982）。この検討では基礎式の無次元化を試み，どのような降雨条件や土壌物理性の場合に地下水面上昇が緩やかに，あるいは急になるのかを解析した。結局は土壌水移動の非線形性がもたらす性質であるわけだが，降雨流出応答関係もこの性質が大きく反映されることが徐々に明らかになってくる（鈴木，1984a；谷，1985）。この飽和不飽和浸透流の理論からの降雨流出応答関係の理解については，本書の第 3 章で詳しく説明する。

4-4　ごく小さい自然斜面での洪水流出観測結果とモデルによる再現

降雨時に生じる速やかな地下水面上昇が一次元鉛直飽和不飽和浸透流で説明可能である結果を受け，土壌層を通した洪水流の発生を調べる本格的な野外観測研究が，鈴木雅一の指導によって，桐生において開始された。まず，太田岳史を中心に進められた研究をまず紹介する。

本章4-2で示したライシメータの観測（加藤ら，1975）では，洪水流がかなりの部分はごくうすい表層よりも土壌層と基岩との間を流れると推定された。しかし，風化基岩へ浸透する量が多いと，流れの観測による追跡が難しい。なので，基岩への浸透がほぼ確実に無視できる斜面での流出観測にトライするのが良かろうということになり，岩盤が露出した渓流河道に接したごく小さい斜面からの流出量計測が計画された。そのため，自然降雨と自作の散水装置による人工降雨の両方が与えられるように，斜面幅2.2 m，斜面長4.8 m，平均勾配32°，平均土壌厚さ30 cmという，まさに実験室内レベルの短い斜面が選定された。測定法にも工夫が凝らされ，渓流水を試験地直上でせき止めて塩化ビニール製パイプで下流側へ排水し，岩盤が露出した河道そのものを片側の試験斜面からの流出水量測定に利用した（太田ら，1983）。空間規模は小さくとも，人工的に造成された土層ではなく，現場の土壌層が降雨に対してどのような流出特性を示すのかを検討しようという試みであったといえる。

　観測流出量の時間変動を再現するため，太田は，底面の圧力水頭をゼロと置いて自由に浸出できるようにした多数の土壌柱からの排水量を鉛直不飽和浸透流で計算するモデルを作成した。斜面方向への流れは，その排水量を境界条件として受けて斜面方向に流れる不圧地下水流として計算した。降雨期間の洪水流出量に関する限り，流出ハイドログラフはこのモデルによって再現できたが，このような短い斜面であっても，斜面位置による初期の土壌乾湿条件がハイドログラフに影響を及ぼしているらしいことが計算から示唆された（太田，1983）。また，観測流出量は，降雨期間の洪水流出が終わった後，より緩やかな減衰過程が現れたが，これはこの一次元土壌柱のモデルで再現できるよりも緩やかなものであった。つまり，降雨時には，鉛直方向への不飽和の流れと斜面方向の地下水の流れの組み合わせが，無降雨時には，斜面方向への不飽和の流れが尾根付近に低く下端付近に高い土壌水分量の勾配をもたらすことが見えてきた（図2-12）。あたりまえに見える結果かもしれないが，土壌層が洪水流と基底流の両方を産み出す機能を持っていて，それが不飽和浸透流の性質とかかわっていることが具体的に観測から理解されてきたのである。

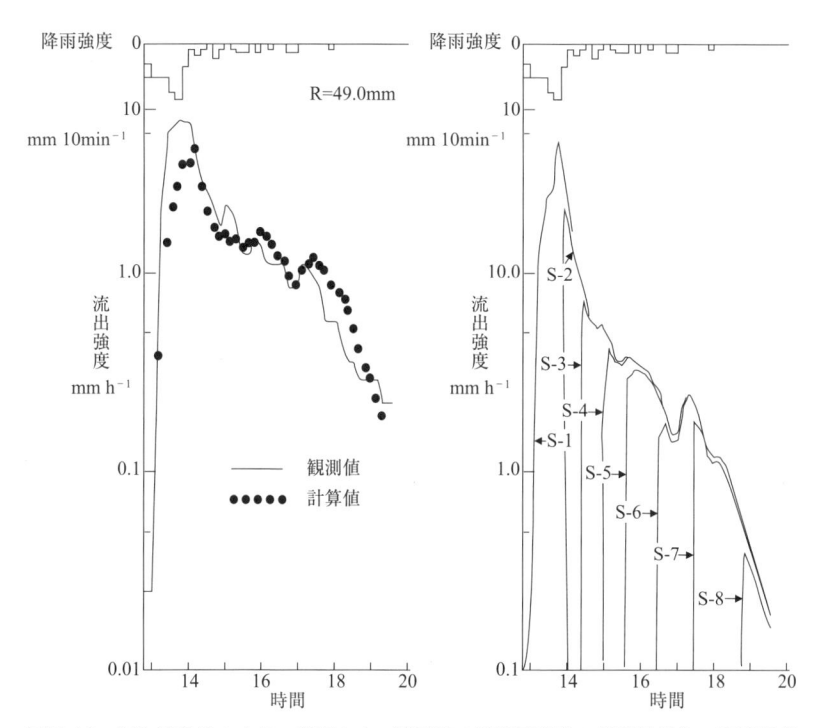

図 2-12 桐生試験地の小さい斜面からの降雨時の流出量変動の観測結果と一次元鉛直不飽和浸透流の計算に基づくモデルによる計算結果の比較（左図）および鉛直土壌柱（番号が若いほど下流側）の底面からの斜面方向への地下水への供給量の計算結果（右図）

太田（1983）を一部改変．

計算においては，上流側の土壌ほど初期条件が乾燥しているとして，それを湿潤にするために必要な雨水量が多く必要であると仮定している．そのため，下流側の土壌柱が上流側よりも大きな流出を産み出す結果となり，観測結果を再現することに貢献している．

4-5　ゼロ次谷流域での長期流出観測結果とモデルによる再現

　鈴木の指導による斜面観測は，太田の極端に短い斜面での研究に引き続き，中央が凹地状ではあるが河道はない，いわゆるゼロ次谷流域に拡大して展開された．窪田順平を中心とするこの研究では，降雨時の洪水流出だけではなく，無降雨時の基底流出を含む長期にわたっての土壌層の厚さやその内部の土壌水と地下水の空間分布の時間変化について，詳細な調査・観測による把握が試みられた（窪田ら，1983）．桐生試験地のヒノキ沢内の HL 流域の他に，同じ田上山にある川向

試験地流域内部のゼロ次谷流域である川向II沢での観測が実施された（窪田ら，1988）。いくつかの重要な観測知見は次のようである。

　長期間の水収支において，川向II沢は，降雨量から蒸発散量を差し引いた流出量が流域からの出口で観測されたのに対し，HLはきわめて少ない流出量しか観測されなかった。流域の出口は基岩が露出していてそこに量水装置を置いているにもかかわらず，HLでは雨水のかなりの割合が基岩へ浸透し，量水装置を通過せずに，より下流で流出するのだと推測される。このような水収支上の差があるにもかかわらず，両流域の土壌層では，斜面尾根から中央凹地部へ，そしてさらに流域の出口へ向かって水が集中するようすが捉えられた（図2-13）。

　窪田らの研究では，ゼロ次谷流域からの洪水流出・基底流出を通じた流出量の長期変化について，土壌層内の水分状態の空間分布の時間変動とともに，モデルによる再現を試みている（窪田ら，1987）。太田（1983）の研究では，降雨期間における鉛直不飽和浸透流が洪水流出のハイドログラフを説明していたのであるが，それは降雨期間とその直後に終了する。この洪水流出期間は，確かにテンシオメータによる圧力水頭の観測から鉛直下向きの水移動が生じていることが示されたが，降雨後徐々に斜面方向に水移動が向いてゆく。そこで，窪田のモデルでは，土壌層の厚さが調査されているので（図2-13A），流域内のある地点の土壌表面から基岩面までの土壌水分量観測値を積分して土壌柱の平均水分貯留量を求めた。そして，その斜面方向への移動量は，ダルシーの法則を基に，土壌柱平均の水分貯留量に対応した不飽和透水係数（地下水部分では飽和透水係数），土壌層底面（すなわち基岩表面）の勾配（水理水頭勾配を近似している），それに土壌層の厚さを掛けることで求められる。具体的には，流域を2.5mの水平なマス目で区切り，それぞれの土壌柱の鉛直断面を通過する飽和不飽和浸透流による流量を，土壌柱内に存在している貯留量を基に尾根から流域出口まで計算してゆくわけである。その流量を各土壌柱毎に計算してゆくと，土壌柱の貯留量と小流域出口からの流出量の時々刻々の強度が求められることになる。その結果，HLや川向II沢における土壌柱貯留量の空間分布や流出時間変化の観測結果は，窪田のモデルによる計算結果でおおむねよく再現された（図2-13B, C, D）（窪田ら，1987；1988）。

　このモデルでは，降雨や蒸発散というモデルにおける地表面での境界条件は土壌柱全体で受け止められているが，実際は，太田（1983）の計算のように，地表面で受け止められて鉛直に移動するプロセスがはたらくはずである。しかし，長

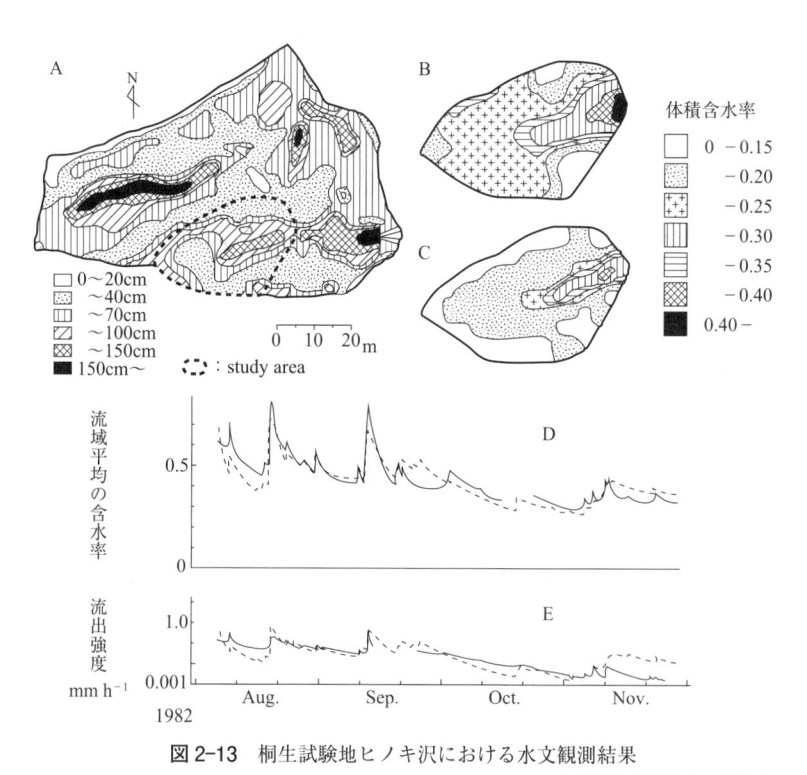

図 2-13 桐生試験地ヒノキ沢における水文観測結果

窪田ら (1987) を一部改変。
A：ヒノキ沢の土壌厚さの空間分布，B：ヒノキ沢左俣流域 (HL：A の破線で囲まれた範囲) の土壌柱の平均体積含水率空間分布の 1982 年 10 月 27 日の観測結果，C：モデルによる B と同日の計算結果，D：HL 流域平均の体積含水率の時間変化，E：HL 流域からの流出強度の時間変化。D および E において，実線が観測値，破線が計算値である。

期的には，土壌水によるか地下水によるかは問わず，その斜面方向への移動で，貯留量の空間分布と洪水流出基底流出を通じた流出変化が創り出されていることが，このモデルでよく説明されている。太田 (1983) や窪田ら (1987) が用いたモデルの基本式はいずれも Richards 式ではあるが，Freeze (1971) のシミュレーション (本章 2-6) が，同じ式を用いて洪水流出の主体が飽和地表面流であるという結果になっているのとは異なる点に注意したい。土壌層内での流れによって基底流出も洪水流出も産み出されるという結果になっているからである。地下水面上昇が地表面に達して飽和地表面流発生が起こるかどうかは，飽和透水係数を初めとする土壌物理性に依存する。太田や窪田の研究では，土壌は均質ではなく，マク

ロポアーをも含んで不均質であるために，飽和地表面流でなく地中流が主体となっていると考えられる．そこで，実際，森林でおおわれた土壌層の物理性はどうなっているのか，次の項で見ておきたい．

4-6　森林土壌内の水移動における不均質性の効果

太田や窪田の浸透流モデルにおいては，飽和透水係数に 0.1 cms^{-1} オーダーのかなり大きな値が用いられていることからも，森林でおおわれた斜面土壌においてはマクロポアーが降雨流出応答関係に大きな影響を与えていることが示唆される．鈴木のグループでは，土壌物理性を測定するために普通に用いられる 100cc や 400cc 程度の小さいサンプラーでの採取では，マクロポアーの効果が現れにくいのではないか，との考えがあって，大手信人を中心として大型の土壌サンプルを用いた研究が行われた (大手ら，1989)．

大型土壌サンプルは，西日本各地のいくつかの森林試験地で，内径 19.5 cm，長さ 80 cm の円筒形サンプラーを用いて土壌が攪乱されないように採取された．採取された土壌柱全体を下側から水を注入して飽和させ，地下水の定常流出強度から飽和透水係数 K_s を逆算する定水位飽和透水試験がまず行われた．なおこの実験では，水理水頭差を変えて実験が行われ，単位断面積あたりの流出強度が水理水頭勾配に比例する結果からダルシーの法則が適用できることが確認されている．この実験のポイントは，鉛直方向の圧力水頭分布を同時に測定して各深さの水理水頭勾配を求め，土壌柱の飽和透水係数の鉛直分布を推定したところにある．

次にこの土壌柱サンプルを対象にして，一定強度の人工降雨を継続して与えることで土壌水の鉛直浸透過程における定常状態を造り，不飽和透水係数 K を逆算した．なお，この推定原理についてはすでに本章 2-5 で説明したが，「圧力水頭勾配がゼロで拡散項は機能せず移流項のみがはたらき，不飽和透水係数は降雨強度に等しくなる」ことに基づいている．この実験でも土壌柱の圧力水頭の分布が測定され，ダルシーの法則が成り立つとして，地下水の場合の飽和透水係数の場合と同様，降雨強度を鉛直に流すことができる不飽和透水係数の値が計算できた．

土壌柱の飽和透水係数 K_s は深さ方向に低下するが，60 cm 付近でも 5×10^{-3} cms^{-1} 以上で水高単位に直すと 100 mm h^{-1} 以上の大きさがあり，一般の降

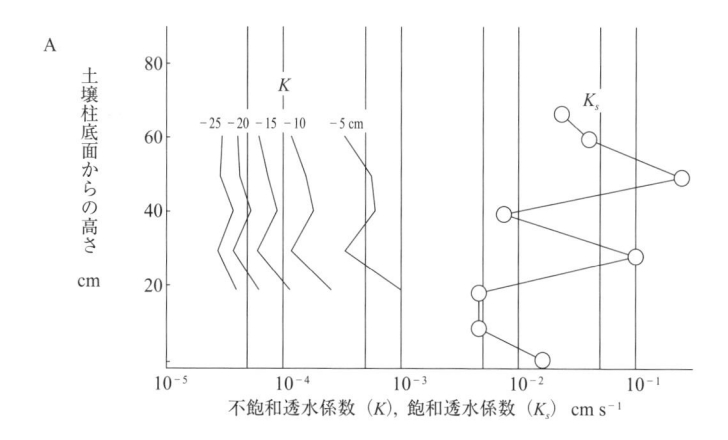

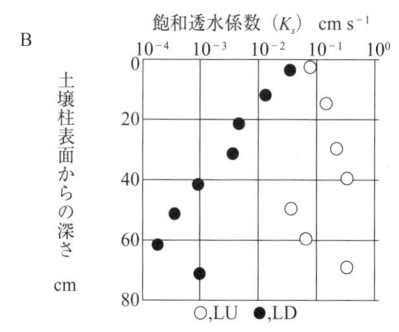

図 2-14 大型土壌サンプルによる飽和透水係数および不飽和透水係数の鉛直分布

A：大手ら (1989) を一部改変．B：大手ら (1990) を一部改変．
Aの図中の数字は，圧力水頭を示す．BのLUは不攪乱土壌を，LDは攪乱土壌を示す．

雨強度よりも大きかった．一方，1〜22 mm h^{-1} の降雨強度の範囲での実験から圧力水頭 ψ と不飽和透水係数 K との関数関係を見いだし，K の鉛直分布を求めたところ，ψ の -5 から -25 cm の値に対する K の鉛直分布が図 2-14A のように求められた．圧力水頭が -5 cm の値での不飽和透水係数は飽和透水係数に比べ急激に低下し，K_s に比べて 2 オーダー近く小さくなった．

大手ら (1990) は，さらにこの実験装置を用いて非定常状態の圧力水頭変化から圧力水頭と体積含水率の関係を求める手法を開発し，体積含水率を推定しているが，降雨時の含水率は飽和での値より 0.05 から 0.15 程度も小さかった．また，採取した土壌から植物の根や腐植を取り除き，次にサンプラーに水を張って土壌

を落下させて底から充填し，マクロポアーが破壊された攪乱土壌柱を作成して，自然土壌との土壌物理性の違いの評価も試みられた（大手ら，1990）。飽和透水係数 K_s の鉛直分布を自然と攪乱の土壌で比較した結果を図 2-14B に示す。攪乱土壌は充填によって深さ方向に緊密になり間隙率が小さくなってゆくため，K_s の値も小さくなってゆくが，自然土壌はほとんど変化しない。これは，森林土壌にはマクロポアーが広く分布していることを示している。

きわめて不均質な森林土壌では，地下水も土壌水もダルシーの法則が適用されるけれども，地下水の飽和透水係数は非常に大きいのに対して，飽和に近い圧力水頭でも体積含水率や不飽和透水係数は飽和時の値に比べてかなり小さくなっている。そのため，強度の大きい降雨が供給されても，きわめてゼロに近い圧力水頭を持つ不飽和状態において鉛直浸透が継続できる。また，本章 2-2 で説明したように，表面張力で間隙に水が保持されている土壌水と異なり，地下水はマクロポアーに水が押し出されるので，土壌水から地下水に変わる段階で，マクロポアー内の速やかな水移動が機能する。したがって，斜面での地下水の流れはかなり大きくなり得るだろう。本章 4-4，4-5 で示した太田ら，窪田らの観測結果は，いずれも，降雨時における斜面方向の土壌層の流れが洪水流出に寄与する傾向が示唆されているが，こうした森林における土壌層の物理特性がその結果を支えていると考えられる。

4-7　花崗岩とは異なる堆積岩の流出応答特性

著者は，1981 年に林野庁林業試験場（現在，国立研究開発法人森林総合研究所）に採用されて，関西支場（現在，関西支所）の防災研究室に配属され，岡山市近郊にある竜ノ口山森林理水試験地の北谷と南谷両流域の水文観測にたずさわることになった。京都大学砂防学研究室の同級生であった鈴木雅一のグループが桐生試験地で観測研究の成果を挙げていた時期，著者は，堆積岩の古生層を主とする竜ノ口山の降雨流出応答関係の性質が，桐生など，花崗岩山地とは全く異なるのに気づき，その観測での解明に取り組もうと試みた。

すでに図 2-10 において桐生と北谷のひと雨に対する総洪水流出量を比較したように，桐生と比べて竜ノ口山の南北両流域では総降雨量に対する総洪水流出量の関係に大きなばらつきが見られる。季節変化を詳しく見ると，春から梅雨にか

けての湿潤な時期には総洪水流出量がたいへん大きいのに，夏の終わりから秋にかけて乾燥が進むと反対に非常に小さくなる．図2-10に示されるように，同じ100 mmの降雨があっても湿潤期に40 mm以上洪水流出量になっていたのが，乾燥期には10 mm未満に減ってしまうのである．また，基底流出量は桐生よりも竜ノ口山は約10倍も小さい．一年の流出量の大半が桐生は基底流出として出てくるのに，竜ノ口山は大半が洪水流出になってしまう (Tani and Abe, 1987)．

　竜ノ口山が桐生よりも雨が少ないという気候の差がこうした傾向に影響しているのは間違いないが，先に本章3-3で述べたように，基岩構造を支配する地質の流出特性への影響も大きいと考えられる．桐生の場合，花崗岩の基岩が深層まで風化して貯留量変動が大きいことが，基底流出量を大きくしているのであろう．竜ノ口山の地質は堆積岩が最も広い面積を占めており，北谷の北側1/3くらいが石英斑岩となっている．後者は花崗岩と比べて風化に強いようで，堆積岩部分に比べて急斜面を形成して土壌層もうすい．また，北谷と南谷の境界には小さい面積であるが流紋岩地質があり，ここも土壌層はうすい．残りの堆積岩の部分は礫に富む粘土質土壌が厚く，後の2007年1月に行われた斜面中腹でのボーリングでも，表土30〜40 cmの下側5 mが粘土状の礫混じり土，その下側10 mが風化した軟岩，その下側でようやく部分的に風化した新鮮な中硬岩となっていた（森林総合研究所関西支所・田村ボーリング，2007）．花崗岩の斜面が，風化の度合いは不均質でも土壌層の範囲が比較的はっきりしているのに比べて，ここでは土壌と基岩の区別が明瞭ではない．

　年間降水量は，1220 mm程度で桐生よりも約300 mm少なく夏の乾燥が著しいので，その後に降った雨水の多くは土壌に吸収されて洪水流出量が小さくなるのはもっともなことである．とくに石英斑岩・流紋岩を含め竜ノ口山流域の土壌は粘土質となっており，桐生の砂質土壌に比べて細かい間隙の割合が多い．こうした間隙の水は表面張力によるエネルギー低下が著しいので重力では引き出せず（本章2-4），気化熱エネルギーをともなう蒸発散でようやく排除できる．このため，夏の乾燥後には雨があってもこの中に吸収されてしまって，洪水流出はもちろん，基底流出としても流れ出ないわけである．堆積岩主体の土壌層が厚いのに基底流出量が少ないのはこのためと推測される．

　しかし，降雨前に土壌が乾燥していても100 mm程度の積算降雨量があった後は，一転，洪水流出量の増加が大きくなる．積算降雨の増加量と洪水流出の増加

図 2-15 竜ノ口山南谷の試験斜面に設置した流出量計測装置
左は工事中の写真で，基岩と土壌の境界に不均質にマクロポアーが分布していることがわかる．右は装置の写真で，基岩にブロックをセメントで固着させた集水装置からの流出水は堰付の量水箱に誘導され，その水位を右側の水位計に記録する．

量がほとんど等しくなるのは，桐生では見られなかったことである．流域の大半を占める堆積岩の土壌層が厚いのになぜこのような大量の洪水流出量が生み出されるのだろうか．土壌層が乾燥している場合は流出しないのであるから，こうした大量の洪水流出は，土壌が湿潤になった段階で生じている．そのことは，降雨前の基底流出量が大きい場合，土壌が初めからある程度湿潤であって，積算雨量が少ない場合でも洪水流出量が大きいという傾向があることからも理解できる．土壌層が湿潤になった時点で地表面流が発達するのだろうか．

主にこのような大量の洪水流出量を産み出すメカニズムを探るため，著者は，北谷と南谷の境界尾根から南谷側への斜面での水文観測を行った (Tani, 1997)．地質は流紋岩で，土壌層の厚さは 50 cm 程度しかなく，斜面水平長約 43 m，勾配 35°という，南谷流域全体に比べて短く急傾斜でかつ土壌層のうすい斜面である．斜面下端は南谷本流河道の露出した基岩につながっており，6 m 長さのブロック壁を岩着させて斜面からの流出量をすべて計測できるようにした（図 2-15）．さて，1987 年 7 月の洪水時の観測結果を主に解析したので，その結果を詳しく示そう（図 2-16）．

この降雨事例は総量 137 mm であったが，5 回のサブイベントから構成されていた．そのサブイベント毎の流域面積あたり流出量は，斜面，北谷，南谷の順に変動が緩やかになる傾向があった．それぞれの土壌層の平均的な厚さの違いが反映されていると考えられた．また，斜面内のテンシオメータの観測によると，斜面下部ではウェッティングフロント（本章 2-5）が速やかに下降し，2 番目のサブ

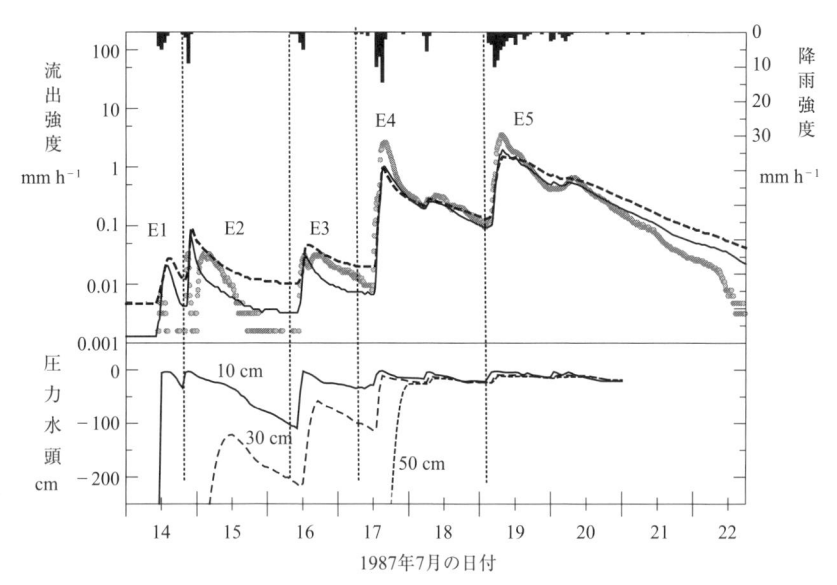

図 2-16 竜ノ口山試験地の 1987 年 7 月降雨事例における，北谷・南谷・試験斜面の流出量の時間変化（上図），および試験斜面の中腹 T4 地点での圧力水頭の時間変化（下図）

Tani (1997) を一部改変．

縦線で仕切られた E1～E4 はこの降雨事例のサブイベントを，上図の実線は北谷，破線は南谷，●は試験斜面の流出量，下図の数字は測定深を表す．

イベントの時に土壌層底面の基岩との境界まで湿潤になったが，中腹ではそれより遅れて 4 番目のサブイベントの時に土壌が湿潤化した．斜面からの流出量の降雨量に対する割合はサブイベントが進むに従って徐々に大きくなっていった．地下水面は 5 番目のサブイベントにおける流出ピーク付近で斜面最下部に限って 10 cm 程度上昇することが確認されたが，それより斜面上部側では明確ではなく，土壌層は洪水流出期間も不飽和状態で維持された．

サブイベント毎の斜面中腹における 10 cm 深のテンシオメータが示す圧力水頭は流出量とほぼ同時にピークに達し，その値はその直前 3 時間平均の降雨強度が大きいほど高いという，正の関係が見られた（図 2-17）．また，その値は -10 cm より高くゼロに近い狭い範囲にはいったが，体積含水率の値は飽和含水率よりも 0.1 以上小さい値であった．この傾向は，大手ら (1989) が行った大型土壌サンプルで得られた実験結果と同様である．すなわち，不飽和透水係数が一定強

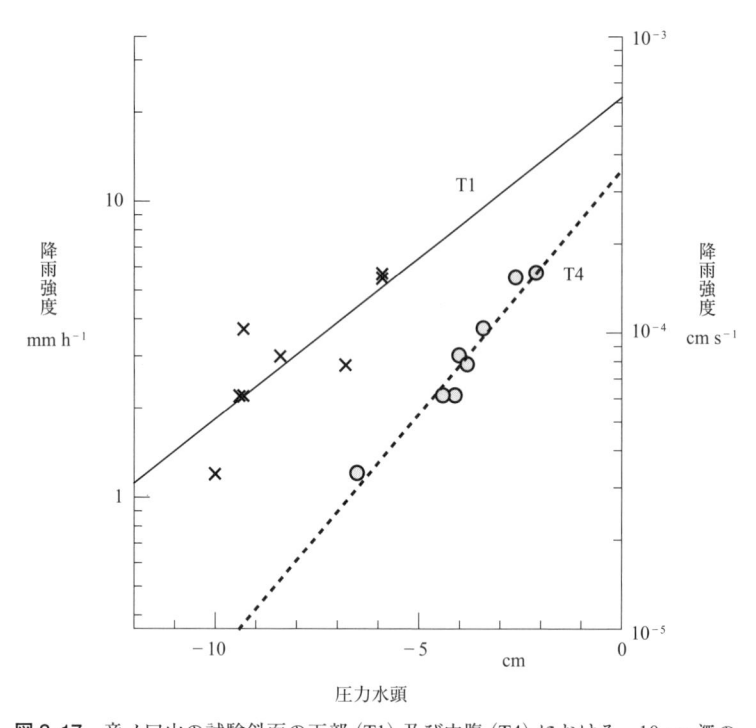

図 2-17 竜ノ口山の試験斜面の下部（T1）及び中腹（T4）における，10 cm 深の圧力水頭の値とその直前 3 時間平均降雨強度の関係

Tani（1997）を一部改変。
左側の縦軸は水高表示（mm h^{-1}），右側の縦軸は透水係数との比較のため（cm s^{-1}）で表示した。

度の降雨強度に等しくなり，降雨強度が大きいほど圧力水頭が高くなる。またその圧力水頭の値はゼロに近いが体積含水率は飽和含水率よりもかなり小さい，という大手らの結果は，ここでも近似的に見られるわけである。このことは，圧力水頭がゼロに近い，すなわち吸引力がほとんどないマクロポアーが多く含まれていることを示している。かなり強度の大きい雨があったときには土壌の圧力水頭はさらにゼロに接近するが，それでも飽和はしないということになる。

　結局，この土壌層のうすい斜面では，鉛直方向の不飽和浸透によって，まず乾燥土壌がウェッティングフロント下降にともなって表面から湿潤になってゆく（図 2-16）が，圧力水頭に対応する不飽和透水係数が降雨強度に等しいような状況が近似的に実現される。土壌層が底面まで全体が湿潤になり，圧力水頭がゼロ

近くになってしまう5番目のサブイベントでは，降雨強度変動によって表面付近10 cm深の圧力水頭がピークに達したときに，土壌層底面での地下水もまたピークに達し，それは流出量のピークにもほとんど遅れず伝わるというプロセスが認められる。湿潤な土壌層にそうした降雨の時間変動を速やかに流出量にまで伝えるメカニズムがあることが示唆されるのである。また，このようなうすい土壌層でも，地下水は基岩との境界において斜面下部にわずかに生じるだけであって地表面まで上昇して飽和地表面流が発生することにはならない。洪水流は土壌層内のマクロポアーを通って斜面下端まで運ばれると考えられる。結局，桐生のごく短い斜面での観測から得られた太田ら(1983)のモデルでの仮定，すなわち，鉛直不飽和浸透流とマクロポアーを通過する斜面方向の地下水流によって洪水流出が産み出されるとの仮定が，この竜ノ口山の試験斜面でもほぼ妥当だということがわかったのである。

　さて，ここには図示していないが，試験斜面と南谷では，総降雨量と総洪水流出量の関係が北谷の場合を表示した図2-10と同様の傾向を持っている。詳しく見ると，総降雨量が20 mm程度までのごくわずかの洪水流出量は南谷が試験斜面よりも大きいが，それより総降雨量が大きくなると逆に試験斜面の洪水流出量が南谷よりも急に大きくなる。さらに，100 mm以上になると，両者の洪水流出量はほぼ等しい割合になってくる(Tani, 1997)。つまり，20 mmよりも小さい降雨量の場合は，南谷は試験斜面にはない渓流河道を含むので，その付近に降った雨が洪水流出として出てくる。しかし，試験斜面は河道がないのでそうした初期の洪水は出てこないが，土壌層がうすいので少ない雨量で湿潤化すると推定され，急に洪水が大きくなる。最終的には，土壌層の厚い多くの堆積岩部の斜面を含む南谷全体でも土壌層が湿潤になるので，流域面積あたりの総洪水流出量が両者でほぼ同じになる，というような解釈が可能になる。また，図2-16に示すように，湿潤になったサブイベント4以降は，試験斜面，北谷，南谷本流の流域面積あたり流出強度はほぼ同じ時間にピークに達しているが，ピーク流出強度の大きさが試験斜面，北谷，南谷の順に低くなっており，土壌層が厚いほどピークが低下する傾向が見られる。総降雨量と総洪水流出量の関係ばかりではなく，降雨流出応答の時間変化特性においても，流域全体を通じて定量的な差はあっても定性的には類似性が高いと判断できる。

　最終的に流域全体の斜面の土壌層が湿潤になると，どの斜面でも，それ以降に

降った雨は洪水流出になる傾向が確認された．しかし，南谷流域の多くを占める堆積岩の斜面は，試験斜面と異なって長くかつ土壌層が厚いから，水の動きはその影響を受けるはずである．試験斜面と同じように土壌に鉛直不飽和浸透して，透水性の変化する深さで斜面方向の地下水流が発生するとしても，堆積岩斜面でのボーリングで見られるように，表土 30〜40 cm の下側 5 m が粘土状の礫混じり土，その下側 10 m が風化した軟岩，という複雑で厚い構造になっているから，総洪水流出量が総降雨量とほぼ等しくなるような特性がどのようなメカニズムで説明されるのか，未だ不明点が多い．最近の Hosoda (2014) の観測研究によると，湿潤時には 10 m 深のボーリング孔内の地下水が洪水流出変動と対応して変動しており，花崗岩山地の基岩地下水が基底流出変動と対応する (例えば Kosugi et al., 2011) のに比べて速やかな変動が見られるようである．したがって，土壌層と風化基岩層が区別しにくいような堆積岩の山地で，基底流出はもちろん洪水流出においても，土壌・基岩を含む全体が流出メカニズムにかかわっている，と言うのが正しいのかもしれない．そうであっても，流出メカニズムがマクロポアーを含む不均質な透水性媒体 (土壌・基岩の全体) における飽和不飽和浸透流を基礎として組み立てられる，という構造は何ら変わらないことは，ここで強調しておきたい．この基礎概念は，海外の急斜面における観測研究でも明らかにされてきているので，次項以降で調べてゆこう．

4-8　パイプ状水みちと古い水

　さて，ここで目を日本と同じような湿潤変動帯の急峻な地形を持つ海外で，同じ頃に実施された斜面水文観測研究について顧みてみたい．ニュージーランドでは，小流域での詳細な水文観測が，1970 年代から実施されてきた．南島西海岸にある Maimai 試験地の M8 流域では，桐生と同様，集中的な研究が進められた．まず，Mosley (1979) は，0.3ha の小流域の渓流に沿う 4 カ所で流出量を，また，斜面に土壌断面を掘って 6 カ所で土壌層を流れる流出量を測定した．断面は，風化礫岩層まで掘り込んだ．染料などを流して流れの速度も測った結果，大量の洪水流は地表面流だけではとても足らない．地中にあるパイプ状の水みちを雨水が速く流れることでしか説明できないとの結論に達した．この観測研究によって，土壌の中には降雨がほとんど浸透するのに，応答の早い洪水流が産み出されるの

は，Freeze（1971）が行った均質土壌層でのシミュレーション結果から推定された飽和地表面流主体によるのではなく，パイプ状の水みちがあるからに違いないということになってきた。土壌層の上を通過する飽和地表面流と同じような速い流れが，土壌層内部のパイプを通じて起こっている，そのため，みち筋は違えど降った雨水がそのまま洪水流に出てくるのだと考えられたのである。

　だが，1980年代になると新たな問題が持ち上がった。シベリアの水のリサイクルについて説明した第1章2-2でも参照したように，水を構成する酸素と水素の安定同位体比はどこを水が通過するかを追跡するラベルとして利用できる。つまり，降雨の同位体比には時間変動があって，地中に降雨事象前から貯留されていたものが出てくる水と，降雨事象中に新たに降ってくる雨水とは区別がつく。貯留されていた水は古い水，雨水は新しい水と呼ばれたが，洪水流出であっても意外にその水の半分程度は古い水であるとの結果が得られてきた。そこで，洪水流は雨水がそのまま出てくるのではなく，地中水が速やかに出てくることを説明しなければならなくなった。

　すでにSklash and Farvolden（1979）は，カナダ東海岸の小流域で酸素の安定同位体を用いて，古い水が多かったことを見いだしている。その研究結果は次のようであった。斜面のうち，川に近い傾斜の緩い下端部では，降雨がなく基底流出だけが出ているだけのときも湿っている。そこで，こうしたところに雨があると地下水が速やかに上昇し，斜面上部側よりも地下水位の高い尾根状の部分が生じる。そして，それは川に近く，地中を流れる距離が短いので，素早く洪水流として出てきてもおかしくはない。こういう河川近くのローカルなプロセスで，古い水が洪水流になるのだと考えたわけである。

　しかし，彼らの研究が行われたアメリカ大陸東海岸の年平均降水量は年1200 mmくらいで日本よりやや少ない程度であるが，年中まんべんなく降り大雨が少ない。また，地形も日本やニュージーランドに比べてゆるやかであって，急峻な山地斜面に豪雨があり，洪水流が大量に出てくる環境にはない。斜面下部からの洪水流出量は，ひと雨の総降雨量の小さい一部に過ぎず，流出メカニズムは同じとは言えないだろう。そこで，急峻な山地で大量の洪水流が出るニュージーランドのM8流域において，Pearce et al.（1986）は，古い水・新しい水の調査を行った。その結果，大量の洪水流であっても古い水が主成分になっていることがわかり，Mosleyが推定した「新しい雨水がパイプを素通りして洪水流になる」

という考えは受け入れにくいという結論になった。

　パイプ状水みちが存在していて速い流れが洪水流を作っているらしいにもかかわらず，古い貯留水が洪水流の主体となる結果は，当時の水文学研究者に一種のパラドクスと認識された。そこで，パイプ流が重要であるのに古い水の大きな寄与が指摘されたニュージーランドのM8流域を対象として，Jeffrey McDonnell (1990) が新たに観測研究に取り組んだ。その結果は，次のようである。斜面下部での地下水の尾根状の部分だけでは，洪水量は不足する。斜面上部でも，素早い斜面方向への流れが起こっていなければ，大量の洪水流出の説明がつかない。森林地表面の浸透しやすさは均質ではないので，降雨は地表を流れ，パイプ状の水みちに出会うとそこに流れ込み，土壌層の深くの基盤岩の表面まで，鉛直不飽和浸透流よりも高速のバイパス流として素早く運ばれる。土壌層深くには，斜面方向に素早く水を流せるパイプ状水みちが多く存在しているので，Mosley (1979) の言うようにそこを通って洪水流出が産み出される。しかし，パイプ状水みちを鉛直方向に流れてきた水はそのまま斜面方向に向かうのではなく，いったん基岩表面に貯まってから地表面方向の土壌に逆流し，以前からそこに貯まっていた水と混ざって，全体が地下水となる。そうなって初めて，斜面方向のパイプ状水みちを通った素早い流れが生じるのである。だから，雨水はパイプ状水みちを素通りするのではなく，洪水流でも古い水が主体になるというわけである。こうして，パイプ状の水みちを持つ不均質な土壌層から産み出される洪水流が降雨以前から貯留されていた古い水で構成される理由がいちおう説明された。

4-9　ゼロ次谷流域での人工降雨とトレーサー追跡の同時実験

　ニュージーランドや日本と同じように地殻変動帯にある米国西海岸においても，1990年頃，米国カリフォルニア大学のWilliam Dietrichらのグループは，綿密な計画に基づき，急勾配のゼロ次谷流域での人工降雨実験を実施した (Anderson et al., 1997)。この実験のキーポイントは，自然降雨では不可能な条件，すなわち，ほぼ同じ強度の，しかも弱い降雨強度（平均 1.65 mm h^{-1}）を自然斜面に7日間もの間与え続けたところにある。また，彼らは土壌層の鉛直浸透流と土壌層内の斜面方向への地下水流に，それぞれ水素の安定同位体比および臭化物イオンを用いて水の追跡を行っており，他に見られない周到な実験設計が高く評価できる。

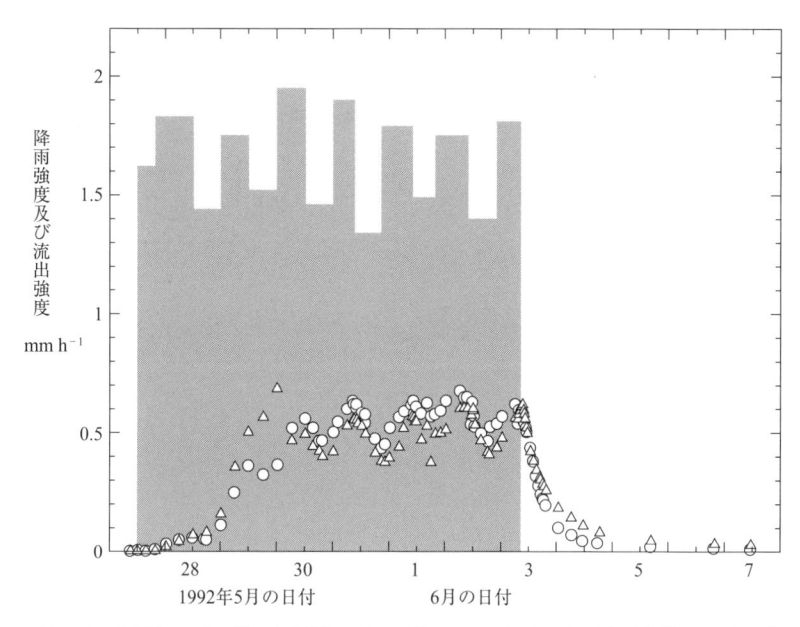

図 2-18 米国オレゴン州の急傾斜のゼロ次谷 CB1 における人工降雨実験における降雨と流出量の時間変化

Anderson et al. (1997) を一部改変 (Suzanne Anderson 博士のご厚意によりデータを提供いただいた)
棒グラフ：人工降雨，○：上側の堰からの流出量，△：下側の堰からの流出量

実験の行われたオレゴン州の海岸山脈にある Coos Bay 試験地の CB1 流域は，地質が第三紀層の傾斜角 43°もある急勾配のゼロ次谷流域 ($860\ m^2$) で，植生はベイマツ林であったが 1987 年に伐採された。流出量は，土壌層と風化基岩層境界付近を流れ，流域出口付近に設置された 2 つの堰 (上側堰とその 15 m ほど下流側に設置された下側堰から成る) で測定された (図 2-18)。なお，上流堰を通った水は下流堰を通らないように排除された。1992 年 5 月 27 日に人工降雨を開始して 2 日くらいは，流出強度がだんだん増加してきたが，3 日目以降は，上側堰，下側堰，それぞれ，流出強度が降雨強度の 40%ずつ位で一定となった。残りの 20%はより深部に浸透して，2 つの堰には出てこないようであった。その 3 者の割合は降雨終了時点まで変化しなかった。また，与えられた人工降雨の強度は図 2-18 に示すように，昼に小さくなる周期変動をともなった。すなわち，乾燥した天気の良い夏季のため，日中は蒸発量が大きくなるばかりではなく，夜間よりも風速が大きいために人工降雨が集水域以外に飛び散りやすくなる。そのため，日中は

1.4 mm h^{-1} 程度に低下し，夜間は 1.9 mm h^{-1} 程度まで増加した．実際に地上に与えられた降雨強度は空間的にきわめてばらつき，その空間分布を人力で測定したため，必ずしも正確な時間変化が得られなかったようである．図には，夜に大きく昼に小さい棒グラフが描かれているが，実際には，複雑に変化したと推測される．こうした測定上の問題はあるにしても，この日周期変動は圧力水頭や堰での流出量にも現れていて，降雨洪水流出応答において重要な情報を提供するものと考えられる．

さて，Anderson ら (1997) は，前項でふれたこれまでの研究における古い水による素早い洪水流出応答の結果を意識し，人工降雨期間中に 2 つのトレーサー試験を実施した．ひとつは，流出強度がほぼ定常となってきた 5 月 30 日夜以降の 2 日間，水素の同位体比の高い水を人工降雨として与えることで，水分子の地表面からの移動を追跡した．この結果は，降雨が供給されるとその分だけ土壌水が鉛直方向にピストン的に押し出される，水理学的に水道管やホース内の水移動のような「栓流」が生じていることがわかった．McDonnell (1990) が想定したマクロポアーを経由するバイパス流は生じていないようであった．降雨強度が大きければ，透水性の不均質性によって，ホートン型の地表面流やマクロポアーを通じたバイパス流も起こる可能性が大きくなるかもしれない．しかし，降雨強度が弱いので，不飽和帯での土壌水の移動では細かい間隙に吸引されながら流れ，マクロポアーが仮に存在していてもそこを通る流れが起こらなかったと考えられる．

この Anderson らの実験の 2 年前の 5 月には同様の人工降雨実験（平均 1.5 mm h^{-1}）が行われており，その報告 (Torres et al., 1998) では深さ毎の水理水頭の時間変化が示されている（図 2-19）．これを見ると，降雨の日周期変動が圧力水頭（及び水理水頭）に伝わり，それが，26 cm 深から 1 m 深の間にわずかに遅れが生じていることが示されている．水道管のような完全な栓流であれば，はいってきた雨水が鉛直下側の土壌水を押し出すだけなので遅れは生じず，降雨の時間変動がそのまま深部に伝えられる．しかしながら，降雨強度がわずかながらでも大きくなると，それを通過させるためには，本章 2-5 の図 2-7 で解説したように，体積含水率が増加して不飽和透水係数が大きくならなければならない．結果的に貯留量が増加することになり，厳密な栓流にはならず時間変動に遅れが生じることになる．こうしたメカニズムにより，きわめてゆっくりした水分子の動きが鉛

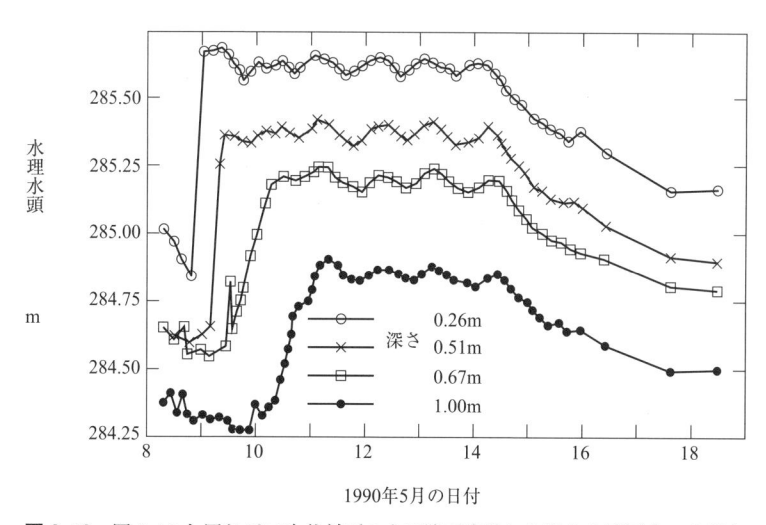

図2-19 図2-18と同じゼロ次谷斜面の人工降雨実験における土壌層内の水理水頭（圧力水頭＋位置水頭）の変動

Torres et al. (1998) を一部改変

水理水頭変化は深湿潤になって定常状態に近い変動をする時期は，深くなるにつれて遅れているが，定常近くなってからは，変動が深さ方向に速やかに伝わっていることがわかる。

直下側の土壌水を押し出して降雨強度の変動を速やかに深部に伝え，なおかつ体積含水率の変動をともなうことによって時間変動がならされることになる。

Anderson ら (1997) の人工降雨期間中のもうひとつのトレーサー試験は，上側堰の 19 m 上流側で，土壌層と基岩層の境界部分 (1.9 m深) にある地下水に対し，臭化ナトリウムを投入して，その斜面方向への流れを追跡するというものであった。それによると，地下水の流れの生じている境界部分周辺の飽和透水係数は 2×10^{-5} cm s^{-1} 程度であるのに，流れははるかに速く，6×10^{-1} cm s^{-1} 程度の高速で流れてゆくことがわかった。このように，遅い不飽和鉛直浸透流と高速の斜面方向への地下水流が組み合わされて，古い水による素早い洪水流出応答が得られることが明らかになってきた。

以上の実験から，急斜面における流出メカニズムとして，図2-20のような概念図が作成された (Montgomery and Dietrich, 2002)。水そのものの流速は遅いが押し出しによって速やかに変動を伝える鉛直不飽和浸透流と，パイプ状水みちを伝わって流速そのものが速い斜面方向の地下水流によって構成される急斜面の流出メカニズムがよく表されている。こうした概念図に基づく洪水流出メカニズムは，

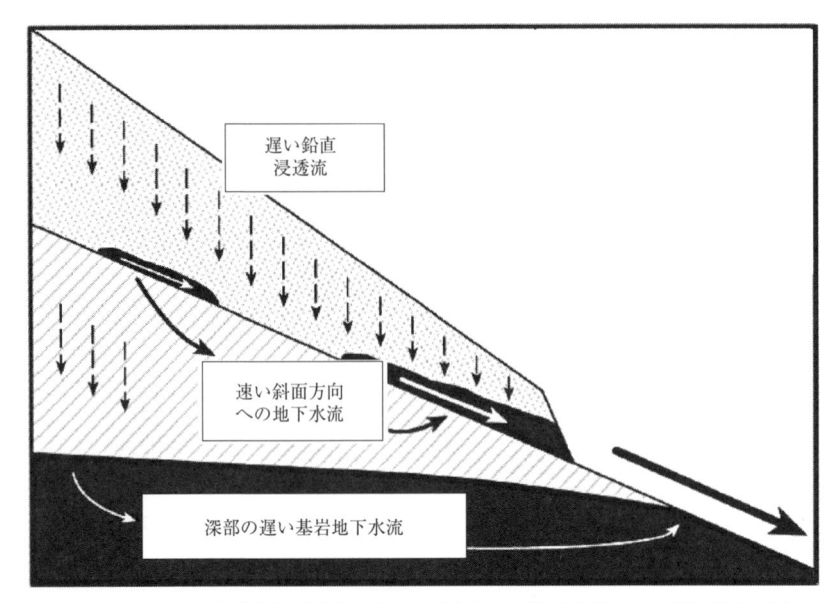

図2-20 遅い鉛直不飽和浸透流と速い斜面方向への地下水流からなる流出概念図
Montgomery and Dietrich. (2002) を一部改変

本章4-7の竜ノ口山斜面での観測結果にもよくあてはまるし，マレーシアの熱帯雨林におおわれた堆積岩の小流域でも，Noguchi et al. (1997) の観測よって見いだされている．前項でのMcDonnell (1990) の説明では，鉛直浸透過程はパイプ状水みちを通るバイパス流に担われるとされていたが，こうした流速の大きな流れは，斜面方向にさえ存在すれば，鉛直方向には存在しなくても，洪水流出を説明できることが明らかになったのである．

4-10 人工林荒廃にともなう地表面流発生

CB1の人工降雨実験では，土壌層を通過するメカニズムによる古い水での素早い降雨流出応答に対して，非常に明快な実証的説明が加えられた．その一方，すでに，1970年代の桐生試験地でのライシメータ観測でも，地表面流の発生が観測されており，場所毎に，あるいは降雨条件毎に，流出メカニズムは異なるのだという感覚も消えない．さまざまなメカニズムが並立することは，現場で当然

のことではあるのだが，現場条件とメカニズムの対応が一般性を持って整理されることが，降雨流出に関する研究ではなかなか難しい．

とりわけ，日本では近年，「管理放棄された人工林」が大きな面積を占め，今後，これをどのように取り扱ってゆくのかが社会的な問題となってきている．そこでは，とくにヒノキ林において，表層土壌が侵食されて根が土壌から浮き出したような林分，あるいは，そこまでゆかなくても，密植されたまま間伐されずに成長したために地表面が真っ暗で下層植生がなく裸地化した林分があちこちに見られ，洪水流出を大きくしているのではないかと推測された．そこで，筑波大学の恩田裕一ら(2008)は2003年から他大学の研究者とともにプロジェクトを立ち上げ，日本各地で，これらの林分を対象とした水・土砂流出に関する観測研究に取り組んだ．

研究によると，ホートン型地表面流は確かに発生するが，それにはいくつかのメカニズムが関与しているようであった．林内においては林外に比べ降雨の空間分布が不均質になり，雨水がひとところに集中すること，雨滴が裸地化した土壌表面に与える衝撃で土壌の目詰まりを起こしたり，菌糸などによって土壌が水をはじく撥水性を持つこと，土壌表層の落葉や土などが樹木細根で緊縛されてマット状になること，などにより，土壌の透水性が大きいのに雨水が土壌層に浸透してゆかずに，地表面流が発生することが明らかになった．

恩田らのプロジェクトでは，どのくらいの量が地表面流として流れるのかに関しても，幅0.5 m×長さ2 mの小区画から8 m×25 mの大区画での地表面流出量の測定が行われた．空間不均質性により，スケールによって生じる現象が変わってくる可能性が想定されたからである．実際，小区画と大区画とでは，後者の地表面流出量は前者よりも少なく，斜面の一部で発生する地表面流は斜面方向に流下する過程で一部が土壌中に浸透することがわかった．また，管理放棄された人工林と広葉樹林の流域で洪水流出量を比較すると，総降雨量が50 mm程度までの小規模降雨では，人工林での洪水流出量が大きい傾向が顕著であったが，総降雨量200 mmを越えるような大規模降雨ではそのような傾向は見られず，植生以外の要因が流出量の大小を決めていることも示唆された(五味ら，2008)．

恩田らの研究は，管理放棄された人工林では地表面流が出やすくなることに焦点があてられ，その通りの結果が得られてはいる．しかし，それが洪水流出の主役であるとは言えないことも明確にされた．斜面上のプロットでは，下層植生や

落葉層を持つ広葉樹林などであっても地表面流が出る場合があり，土壌表面が裸地化された人工林では，地表面流がより大きいと認められる。しかし，それは，斜面下部までそのまま地表面流として流下するのではなく，一部は地中に浸透することもわかってきた。また，総量の大きな大規模降雨になると，洪水流出量の大小は，こうした地表面状態の差を反映したものではなくなることも明らかになった。地表面流は確かに発生するのだが，それは地中の流出メカニズムと交流しており，その全体のシステムが洪水流出を産み出すのだと考えられる。大規模降雨に対する洪水流出応答には，とくにこの観点が重要であり，通常の森林流域はもちろん，管理放棄された人工林流域ですら，地表面流発生が主役と考えるべきではない（小松ら，2013）。なお，花崗岩のはげ山の斜面には土壌そのものが形成されないので，降雨時には基岩風化によって生成された土粒子をともなう地表面流が洪水流出メカニズムの中心になる（福嶌，1987）。はげ山の流出メカニズムについては再度本章 3-2 で説明を加えるが，流出メカニズムの森林土壌層との違いに十分に注意して頂きたい。

4-11　湿潤変動帯の斜面における流出メカニズムのまとめ

　Hillslope hydrology の観測研究を概観してきたが，図 2-8 に示すような大陸と変動帯との地勢の違いが流出メカニズムに大きな違いを与えると著者は考えている。その中で，湿潤変動帯での急斜面での流出メカニズムについては，自然条件が場所毎に異なっていて量的に同じとは言えないが，質的には，かなり一般性を持った理解ができるように思われる。

　森林の地表面に落ちた雨水の大部分は土壌に浸透するが，一部分地表面流として流れる。地表面流の一部は，斜面下端まで流れる間に透水性の大きい土壌間隙（吸引力を持つ土壌間隙ではあるが，比較的大きな間隙）やマクロポアー（吸引力を持たない巨大な間隙）を伝わって地中にはいるものもあるが，残りはそのまま渓流に流れ込み，これは洪水流の一部を構成する。小規模の降雨ではこうした地表面流が洪水流の主体になるので，地表面状態の差がハイドログラフに現れやすいであろう。

　地中にはいった水の行方はどうなるのだろうか。マクロポアー内部の水は，周囲が不飽和帯であれば，吸引力によって間隙に吸い込まれるであろうが，マクロ

ポアー内の水量が多ければ吸引が追いつかず，パイプの中をそのまま流れるだろう (Beven and Germann, 2013)。また，周囲が地下水帯であれば，圧力がかかって間隙内の水はマクロポアー内に流れ込むので，マクロポアーは目詰まりしない限り，水を速やかに排水する水みちとして機能する。したがって，土壌層内の水移動は，不飽和帯では通常の土壌の細かい間隙に吸引されながらの浸透流動が，飽和帯では流れやすい大きな間隙に集まるような移動が主体となると考えられる。ただし，雨水の一部は地表面流と同様，マクロポアーのみを伝わって流れ，新しい水がそのまま洪水流として渓流に到達する。それゆえ，Mosley (1979) の指摘した洪水流出経路 (本章4-8) も否定されるわけではなく，洪水流出水は新しい水と古い水の複雑な組み合わせになる (Iwasaki et al., 2015)。このような複雑さはあるにしても，CB1 での人工降雨実験で明らかになった，鉛直不飽和浸透流とマクロポアー内を速やかに流れる斜面方向の地下水流との組み合わせ (図2-20) は，湿潤変動帯の斜面で基本となるメジャーな流出メカニズムであると考えられる。

　洪水流出量と基底流出量の配分は地質によって大きく異なり，花崗岩流域などでは，風化基岩内での水貯留が基底流出量を大きくしているようである (小杉, 2007)。したがって，土壌層内にはいった雨水が基岩に相当量浸透する地質構造の流域とそれほど浸透しない流域とがあるわけである。実際，CB1 でも，定常時に20%程度の雨水が基岩浸透していた。こういうバリエーションはあるにしても，CB1 で見い出された流出メカニズムは，土壌層が降雨の流出への配分に主要な役割を果たしている。この点は確認できるように思われる。

　これまで流出メカニズムに関する観測研究の流れを紹介してきたが，海外の研究と日本の研究を比較すると，前者は1980年代以降，新しい水・古い水という観点からの水流出経路の追跡が大きなウェートを占めてきたように思われる。一方，日本の研究では，流出メカニズムから降雨流出応答関係をどうしたら合理的に説明できるか，という課題にまず焦点が当てられたように思われる。つまり，山地斜面・小流域というスケールでの降雨流出応答が1950年代から雨水流モデル等の形で一般化されてきたが，そのモデルの仮定が斜面内部の流出メカニズムと必ずしも整合的ではない。これをどう説明するかが，1980年代の課題として大きかったように思われる。これに対する現地観測面からの取り組みとしては，鈴木雅一をはじめとする日本の研究 (太田, 1983；窪田ら, 1987；谷, 1997) が世界に先駆けていた。図2-20に示すようなわかりやすい流出メカニズムの概念図

は海外の研究（Montgomery and Dietrich, 2002）で示されたが，どちらかと言えば個別現象の観測による「記述的な」理解または地理学的な視点が主となっていて，降雨流出応答関係をいかに説明するか，という「理工学的な」流出モデルの視点とのつながりには重点が置かれていなかったように，著者はみている．

　現在では，雨水がどこをどのくらいの時間をかけて流出してくるのか，という研究が斜面水文学研究では統合されて進行している（McGuire and McDonnell, 2010；Katsuyama et al., 2010）が，こうした微細な空間スケールの流出メカニズムの積み上げと斜面スケール以上の流出応答関係の間に横たわるギャップは，現在も大きな課題として残されている（谷ら，2014；谷，2015b；McDonnell and Beven, 2014）．この課題は，「流域条件の流出に及ぼす影響の評価」という水文学の中心テーマを明らかにするうえで，避けて通れない重要性を持つ．そこで，この課題の中で，著者が主にたずさわってきた「土壌層の流出平準化機能」の評価に関する研究について，次の第3章では詳しく解説してゆきたい．

第3章

斜面における流出平準化機能

1　準定常性変換システムの基礎

1-1　降雨流出応答関係に見る動的平衡

　日本のような湿潤変動帯の山地河川では，ある程度大きな降雨があったときには流出強度が急激に大きくなり，ピーク流出強度に達して降雨が止むと数時間で低下する洪水流出の応答が現れる。その後は，減衰がさらに緩やかになって変化の少ない基底流出に落ち着いてゆく。そういう時間変化を繰り返しているわけである（図2-1）。このような降雨流出に対して，水文学では，ひと雨に対する洪水流出応答を短期流出，いくつもの洪水流出とそれをつなぐ基底流出の全体にわたる応答変化を長期流出と呼んで，そのモデルによる再現や流域条件の影響評価に取り組んできた。

　けれども時間スケールをやや長めにとってながめてみると，雨の多い年も少ない年もあるが，平年値で見ると定常状態とも考えられる。例えば京大桐生試験地では，年降雨量が 1650 mm，森林からの年蒸発散量が 750 mm くらいなので，両者の差の 900 mm が年流出量として出てくるという，定常性があるともみえる。そう考えると，降雨，蒸発散，流出を，長年にわたる平均値とその偏差とみなすこともできるのではないか。こういう見方は水文学では乏しかったかもしれないが，新しい鳥瞰図的な視点を提供するように思われる。変化があっても平年値の周りに落ち着くのであれば，本書では，その現象が動的平衡にあるとみなすことにする。もちろん，ある流域には，自然または人為によるさまざまな流域条件の変化が起こるのだが，その変化の前提として，気象や水文条件において平年値は一応想定できる。近年の気候温暖化などで，徐々にこの平年値そのものが徐々にシフトしてゆくことも考えなければならないが，それでも平年値を持つ動的平衡は，そのシフト変化を考えるうえでも，出発点として重要とみなければならない。深刻な環境問題は，平年値のシフトによると捉えることができるからである。

　動的平衡においては，平年値の周りに季節変化や極端な異常値を含む偏差が生じる。けれども，菅原のタンクモデルを初めとするこれまでの流出解析分野の研究から，入力となる降雨・蒸発散と出力である流出との応答関係は規則的であって，同じパラメータを持つ流出モデルで再現できることがわかっている。言い換

えれば，この降雨・蒸発散と流出との応答関係を創り出す変換システムそのものは安定しており，時間的に変動しない。入力条件が変化するから変換システムの応答である出力が変わるだけだと見ることができる。流出モデルは，こうした規則的で安定した変換システムの数量的な表現だということになる。したがって，この変換安定性が保証される「予測の頑健性 (robustness)」は，規模の大きな豪雨時の流出を過大あるいは過小評価することなく予測する治水目的においてとくに重視しなければならない（日本学術会議，2011）。

さてこの安定した流出変換システムには，定常状態を刻々わたり歩くような性質，すなわち準定常状態の性格が基礎に備わっていることに，新たに注目したい。変換システムの構造が安定していることと，それが準定常状態の変換システムであることとは別であり，一段のタンクモデルは準定常の性質を持つが，菅原 (1972) のタンクモデルは一段ではなく多段であるため変換システムとしては安定していても準定常変換システムではない。したがって，降雨流出応答関係は恒に準定常で近似されるというわけではないが，流出減衰過程などにおいて基礎に備わっているような性質なのである。

なかなかわかりにくい問題だと著者も認識しているので，本章ではまず従来から準定常性があると認められてきた流出の減衰過程から考察を始め，その性質が維持される時間変化と破壊される時間変化の区別に基づいて，洪水流出の基底流出からの分離過程を説明する。さらに，山地斜面の複雑な流出場がこうした準定常性変換システムを構成して規則的な降雨流出応答を産み出す根拠は，現在の地形や土壌の条件を見ているだけでは理解できないという問題点を提起する。その理解のためには，山岳隆起や地形・土壌層の発達過程といった，より長い超長期にわたる地盤変動とのかかわりを検討すべきなのである。こうした水文学と地形学に関する学際的な観点からの研究の進展はまだまだこれからであるが，本章では，今著者が考えているところを大胆に書いてみたいと思う。

1-2 流出減衰過程の準定常性

田上山での鈴木のグループの観測を引用して紹介したように（第2章4），洪水流出にしても基底流出にしても，斜面土壌層の役割が流出メカニズムにおいて重要である。もちろん，洪水流出には地表面流が，基底流出には基岩地下水からの

流出が加わることが多い。そして，洪水流出の全流出に占めるウェートは地表面の下層植生が多いか裸地状態かなどによって（恩田，2008），あるいは基岩の風化が進んでいるかどうかによって（Katsura et al., 2009）異なってくる。とはいえ，「いろいろな経路がある」という外見以前に，土壌層が洪水流出・基底流出を通じた流出全体のいずれをも産み出すのにかかわっていることは確かであり，その基本的理解が流出応答システムにおける根幹となる。そこで，まず，土壌層を対象として，そこでの水の流出メカニズムに焦点をあてる。そもそも，土壌層という空間は「ひとつの場」であるが，土壌間隙径の多様性の故に，降雨中や直後には洪水流出を，無降雨時には基底流出を産み出すことができる（第2章2-4）。この土壌層の興味深い性質が降雨流出応答理解においてキーポイントになる。

窪田ら（1983）の観測（第2章4-5）などからわかるように，土壌層内では，傾斜方向への流れが生じていて斜面上部から下端にかけて徐々に湿潤になる水分分布を創り出している。それにともない流出強度はゆっくり減衰してゆくが，この減衰過程は古くから流域固有の特性と考えられており（例えば石原ら，1962），先行する降雨条件が多様であってもほぼ同じような減衰に収束してくる。この性質は，流出の減衰過程が準定常状態で近似されることに基づく。重要なポイントなので，これについてまず解説しよう。

斜面土壌層からの基底流出を取り上げる。その減衰は蒸発散量の影響によって変化するのだが，さしあたり冬季を想定して蒸発散がないと仮定する。降雨も蒸発散もないので，土壌層の中の水は重力を受けて静止平衡状態に向かって徐々に移動する。なおすでに説明したように（第2章2-2），静止平衡状態は，圧力水頭と位置水頭の合計である水理水頭がいたるところで等しくなって，水の動きが生じない状態である。減衰過程は静止平衡状態ではないので水理水頭勾配が存在して水移動が生じ，結果的に，斜面下端付近で土壌層からの排水の形で流出を産み出すわけである。

土壌層における圧力水頭や体積含水率の空間分布を詳しく見てゆくため，斜面末端付近から斜面上部にさかのぼってゆくことを考えよう。土壌層の境界である尾根と地表面では，降雨も蒸発散もないので出入りする流量がゼロで，斜面下方に向かう流量は，斜面末端部の土壌層底面から斜面上部の地表面にかけて徐々に少なくなってゆく。土壌が均質ではなく，パイプ状の水みちなども含んでいるならば，ダルシーの法則は成り立たず，断面積あたりの流出強度が水理水頭勾配に

比例することにはならない（第2章2-2）。しかし，その場合でも，水移動は水理水頭の大小によってコントロールされている。水理水頭は標高で表される位置水頭と圧力水頭の和であるから，土壌の物理性が不均質な空間分布を持っていても，またパイプ状水みちがあったとしても，圧力水頭の空間分布は，斜面下端での流出量を土壌層全体から絞り出すようになっていなければならない。

　さて，ここでの減衰過程では地表面での水の出入りがないから，土壌から絞り出される湧水，すなわち下端流出量は徐々に減少してゆく。もし流出量を減らさないようにするとすればどうしたら良いだろうか。それには，地表面に流出で減った分だけの水を地表面から補給してやれば良い。下端流出量を斜面の面積で割った強度の降雨が続いていれば定常状態が維持され，流出量は減ることはない。オレゴンのCB1の人工降雨実験を先に引用したが（第2章4-9），その場合は1日周期の変動があったので若干複雑だったけれども，降雨が一定強度であれば，流出量は減衰も増加もせず一定になるだろう。定常状態なので，降雨強度は下端からの流出量を斜面面積で割った流出強度と等しくなる。

　減衰過程の場合と定常状態の場合とでは，圧力水頭の地表面付近での値を比較すると明らかに後者が大きくなるが，斜面下端の土壌層底面に近づくほど両者の差がなくなってくるだろう。定常状態と減衰過程における，一定強度の降雨があるかないかという地表面境界条件の違いは，地表面付近の圧力水頭の差異を産み出すが，その結果は，畢竟，斜面の下端の流出強度における減衰か定常かという，その時間変化に反映されるわけである。距離的に離れた地表面の境界条件が斜面末端の流量の運命を決めていることになり，土壌層全体が水を含んだスポンジのような水理学的連続体として機能していることが理解できる。図3-1は，飽和不飽和浸透流計算によって定常状態と減衰過程の圧力水頭の分布を比較した例である。後者（減衰過程）は前者（定常状態）に比べ，地表面付近での圧力水頭が低く，水分量が小さくなっているが，斜面下部の土壌層底面での圧力水頭の差はほとんどないことが確認できよう。なお，こうした減衰過程と定常状態の圧力水頭や体積含水率の空間分布の類似性は，第2章2-7紹介したTOPMODELの基本的な前提ともなっている（Beven and Kirkby, 1979）。こうした減衰過程における定常状態と類似した状態は準定常状態（quasi steady state）と呼ばれており（Beven and Freer, 2001），詳しく説明してゆこう。

1 準定常性変換システムの基礎　117

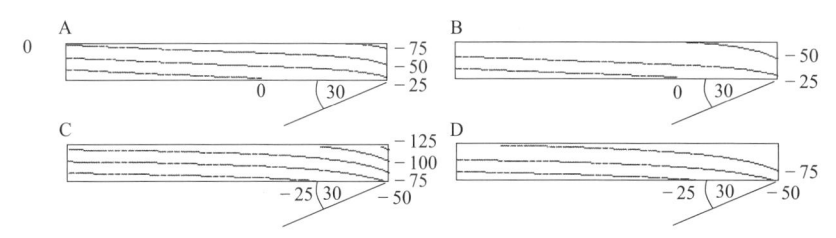

```
     A                                      B
0 ┌─────────────────────┐ −75         ┌─────────────────────┐ −50
  │                     │ −50         │                     │ −25
  └─────────────────────┘ −25         └─────────────────────┘
                 0  30                              0  30

     C                                      D
  ┌─────────────────────┐ −125        ┌─────────────────────┐ −75
  │                     │ −100        │                     │ −50
  │                     │ −75         └─────────────────────┘
  └─────────────────────┘ −50                  −25  30
              −25  30
```

図 3-1　飽和不飽和浸透流計算によって得られた，長さ 10 m，厚さ 1 m，傾斜角 30°の斜面土層における減衰過程 (A, C) と定常状態 (B, D) の圧力水頭等値線 (cm) の比較例

減衰過程は，降雨強度 2.25 mm h^{-1} による定常状態を初期条件として，蒸発散なしで流出させ，流出強度が A は 1.35 mm h^{-1}，C は 0.0225 mm h^{-1} になった場合の圧力水頭分布を示す。また，B は降雨強度が 1.35 mm h^{-1}，D は 0.0225 mm h^{-1} である場合の定常状態の圧力水頭分布を示す。なお，飽和透水係数 K_s = 0.0025 cm/s，間隙径の標準偏差 σ = 1.4，圧力水頭のメジアン ψ_m = −84.46 cm と仮定した。パラメータの意味については，本章 4-2 を参照のこと。

1-3　準定常変換システムとその近似としての準定常「性」変換システム

さて，土壌層全体の貯留量を求めるため，定常状態での体積含水率を土壌層全体で積分してみよう。その貯留量は，定常流出強度 (単位面積あたり) によって増加する一対一の関係を持つ。これは定常状態であるかぎり，壁に孔の開けられた菅原 (1972) のタンクモデル (第 2 章 1-2) を構成するひとつのタンクの場合と同じ関係であって，流量貯留の関数関係が異なるだけである。その関係は，タンクモデルなら折れ線で表されるし，第 2 章 3-5 で紹介した貯留関数法に用いられる指数関数式

$$S = kq^p \tag{2-7}$$

も関数関係のひとつである。当然，流出強度増加に対する貯留量増加は関数関係によって量的に変化し，菅原タンクモデル (図 2-2) であれば孔の大きさとその底面からの高さに，貯留関数法であればパラメータ p と k が両者の関係にかかわる。土壌層でも同様の関数関係が存在するが，土壌層の厚さや地形条件，土壌物理性などによって，その関係もより複雑になるはずである。繰り返しになるが，定常状態では，土壌層もひとつのタンクや貯留関数と同じく，貯留と流出強度が一対一の正の関数関係 (一方が大きくなれば他方も大きくなる関係) を持つことで共通していることを確認したい。

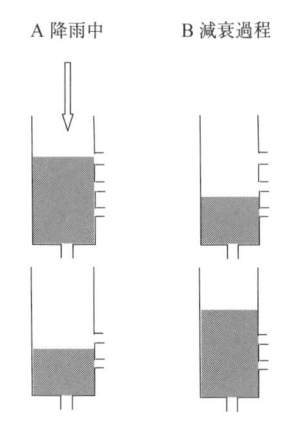

118　第3章　斜面における流出平準化機能

図 3-2　降雨中と減衰過程における貯留量の分布の違い
降雨中と減衰過程における貯留量の合計が同じであっても，二段タンクモデルで示されているように，貯留量が一段目に多いか二段目に多いかで流出強度は異なる。

　いま，底面に孔の開けられたひとつのタンクを考え，q を孔からの流出，S を貯留量を表す水深として両者には一対一関係があるとする。その関係式は何でも良いとし，このタンクを，以後一段タンクモデルと呼ぶことにする。この一段タンクモデルと菅原の直列多段のタンクモデルとは大きな違いがある。一段タンクモデルでは，定常状態であろうと減衰過程であろうと，あるいは，上から降雨がはいってこようが蒸発散で水が出てゆこうが，流出強度と貯留量の一対一の関係が維持される。このいつでも定常状態が成り立っているかのような性質は，定常状態を「わたり歩く」というように見えるので準定常状態と表現できる（増田，2010）。そこで入力である降雨の時間変化を出力である流出の時間変化に変換するシステムのうち，一段タンクモデルで表現できるものを準定常変換システムと呼ぶことにする。

　一方，菅原のタンクモデルは変換システムではあるが準定常変換システムではない。簡単のため，直列二段のタンクモデルを考えると，一段目のタンクに貯留量が多い場合と二段目のタンクの貯留量が多い場合とでは，両者のタンク貯留量の合計が同じでも流出強度は異なり，一段目のタンクに貯留量が多い場合の流出強度が大きい（図 3-2）。これによって，降雨直後に洪水流出量がまず速やかに増加減少し，その後遅れて基底流出が増加減少するという，降雨流出応答関係における時間変化の重なり合いの特徴を表現しているわけである。言い換えると，降雨があるとまず流出強度の方が貯留量よりも先に大きくなり，同じ流出強度に対して増加過程の貯留量よりも減少過程が大きくなる，ヒステリシスが見られるの

である。多段タンクモデルは，両者に一対一の関係が存在せず，準定常変換システムではないわけである。

多段のタンクモデルにさえヒステリシスが存在するわけだから，自然状態の土壌層は複雑な流出メカニズムを反映して，ヒステリシスを持っていて当然である。しかし，多段タンクモデルもそうなのであるが，土壌層もまた，減衰過程においては準定常変換システムに近い性質が見られる。その特徴は，一対一の流量貯留関係であるが，その関係は，貯留が定常状態のそれに比べて「空間的に偏らない」とういう性質に根ざしたものである。つまり，一段タンクモデルが準定常変換システムであるのは，タンクの中に貯まった水量は流出強度を決める唯一の条件として機能し，流量貯留関係が定常状態と減衰過程でまったく同じであることに基づいている。

二段タンクモデルでもあっても，定常状態はもちろん存在するが，降雨が与えられている場合，一段目の貯留量が二段目よりもが先に大きくなることで，定常状態と比べ一段目に偏った貯留分布が生じる（図3-2）。土壌層の場合は，第2章2-5で述べたように，地表面付近の貯留量が流出強度よりも先に大きくなる偏りが生じてしまう。しかし，減衰過程においては，二段タンクモデルの場合でも降雨が終わってしばらく時間が経過すると，両段のタンクとも徐々に貯留量が減ってゆくことで，また，土壌層内の貯留水の場合は全体にわたって減ってゆくことで，準定常変換システムである一段タンクモデルに「近似されるような」流量貯留関係が維持される。一段タンクモデルの場合は，減衰過程と定常状態とで同一の流量貯留の一対一関係が厳密に維持されるのに対し，多段タンクや土壌層では，近似的に見られるわけである。

土壌層の場合，減衰過程と定常状態とでは，図3-1に示した通り，圧力水頭の分布は，下端流出強度が両者で等しいとき，斜面からの湧水出口（すなわち，末端の底面）付近ではほぼ同じであり，そこから離れるほど差が生じてくる。地表面付近では，体積含水率の値が減衰過程では，降雨による水補給を受けないので，定常状態よりも小さくなる。そこで，定常状態であるか減衰過程であるかは，そのときの斜面面積あたりの流出に相当する強度の降雨が地表面に補給されているかどうかによる。すなわち，入口の違いが出口の時間変化を支配しており，土壌層全体が水理学的連続体となっていて，貯留量の空間的な偏りが大きくはなく，近似的に準定常的な変換システムとなるわけである。

減衰過程を定常状態に変える場合，そのために補給する降雨の強度は斜面の単位流域面積あたりの流出強度に等しい。そこで，流出強度が大きければ土壌層の出口から遠い部分での圧力水頭や体積含水率において減衰過程と定常状態との差が大きくなるが，その強度が小さい場合はその差も小さい。したがって，ひと雨が終わってしばらく時間が経ち流出強度が小さくなってくれば，ひと雨の降雨の規模や時間変動によらず，定常状態とほとんど差がない圧力水頭・含水率の分布になる。一段タンクモデルの定常状態をわたり歩くような準定常変換システムで近似されるので，本書では，土壌層の場合は準定常「性」変換システムと呼ぶことにする。従前より，流出量の減衰過程は降雨の影響を受けない流域固有の特性としてみなされてきた（例えば石原ら，1962）が，それはこうした近似的な準定常状態が実現されているからである。一段タンクモデルを準定常変換システムであるから，「性」がはいるかはいらないかでややこしいかもしれないが，類似性と違いに注意していただきたい。

　また，流出強度が大きいときは，減衰過程と定常状態における出口から遠い部分の圧力水頭・含水率の差が大きいと述べたが，そうであっても，その減衰直前がより大きな流出強度での定常状態であれば，準定常状態で近似されることは同じである。確かに，実際に起こる降雨は強度が激しく変動し，その非定常性によって土壌層内の圧力水頭分布が複雑に変動するので，実際の降雨直後の減衰初期は，準定常状態で近似できるとは言えない。にもかかわらず，積算降雨量が十分大きく土壌層全体が湿潤化して水理学的連続体として機能するような場合にあっては，降雨強度の時間平均を取ると，その平均降雨強度を単位面積あたりの平均流出強度とする定常状態の周りでの偏差として変動しているようになってくると考えられる。

　結局，減衰過程では土壌層全体が水理学的な連続性が保たれ，出口よりも離れた部分での降雨による補給がないことが，出口に伝わって流出強度が徐々に減少しており，流量と貯留に一対一に近い準定常性変換システムが維持されることになる。多くの流出モデルが洪水流出応答関係を一段タンクモデルで表現し，観測流出量の変動を経験的によく再現してきたこと（例えば木村，1961；福嶌・鈴木，1985）は，洪水流出応答関係が準定常性変換システムで説明できることを強く示唆している。なお，木村（1961）の貯留関数法は流量と貯留関係のヒステリシスの存在を認め，1〜2時間程度の遅れ時間を導入しているが，その程度の操作で

ヒステリシスが消えること自体，準定常性変換システムが一般的に適用できることを意味していると著者は考えている。

1-4 蒸発散の減衰過程への影響

次に減衰過程において蒸発散のある場合を考えよう。土壌層が準定常性変換システムであれば水理学的連続性があるため，一段タンクモデルの貯留水から蒸発させるのと同じように，土壌層下端からの流出強度は，蒸発散のない場合に比べてより急勾配をもって減衰するようになる（坪山・三森，1989）。しかし，それはいつまでも維持することはできない。

地表面の境界条件として大気側から一定強度の強い蒸発量が要求されている場合，蒸発による深部から表面に向かう鉛直方向の水の流れ q_z は，ダルシーの法則

$$q_z = -K\left(\frac{d\psi}{dz}+1\right) \tag{3-1}$$

によって生じ，地表面の体積含水率が減少してゆく。土壌間隙からの排水は間隙径の大きい吸引力の小さい間隙から先に起こり，水の通しにくい細かい間隙だけに水が残されるから，含水率減少は不飽和透水係数 K の急激な低下を招く（第2章2-5）。そうすると，上式の K のごく小さい値で大気側が要求する蒸発強度を維持するには，水理水頭勾配 $d\psi/dz$ が非常に大きくなる必要があり，下側から上側に向けて ψ の値が急勾配で低くならなければならない。拡散項 $d\psi/dz$ の絶対値が非常に大きくなって，重力による移流項である (3-1) 式の「1」による下向きへの移動に打ち克ち，上向きの流れを維持するわけである。とはいえ，地表面の含水率低下には当然限界があり拡散項を無限に大きくすることはできないから，いずれ，液体水の動きはほとんど生じなくなる。結局，地表面付近に乾燥層が生じて蒸発が地表面から下がって土壌内で起こらざるを得ない。そうなれば，土壌内の水蒸気の輸送が蒸発を制限して，一定強度の蒸発が維持できず抑制がかかってくる（鈴木ら，1980）。

このような強い蒸発が大気側から要求されて表面付近だけが極端に乾燥すると，降雨開始時に地表面付近だけが湿るのと同じような局所的な変化が逆に乾燥

側に向かって生じ，土壌層における貯留量の減少が地表面付近でローカルに起こることになり，水理学的連続体がそこで事実上遮断されて機能しなくなる。その偏った貯留分布のため，蒸発の影響は土壌層からの流出水の減衰に及ばなくなってしまう。蒸発の影響が流出強度をより速かに減衰させるという結果になるのではなく，境界条件が維持できずに蒸発強度の方がむしろ減少せざるを得なくなるわけである。

　しかし，植生は根を土壌内に伸して乾燥期間には土壌深部の水を使って蒸散を維持することができる (Tanaka et al., 2004)。第1章2-2で述べたように，樹木のように長生きの植生はその生存戦略の関係で蒸散維持傾向が著しい（谷，2012a）。100年の寿命期間には異常乾燥年が含まれる可能性が高いから，そういうときも枯れないように事前にコストをかけて根を深く伸し，用意周到にも来るべき乾燥に備えているわけである。そのため，土壌層深くから水分を吸収することが可能になり，土壌層の貯留水の減少は表面付近だけに偏らず，結果的に水理学的連続体を維持しやすくなる。

　こうした森林がある場合の蒸発散の維持傾向が意識されたわけではないが，鈴木 (1984b) は，鉛直方向に平均化された圧力水頭（および体積含水率）を用いて斜面方向への一次元の飽和不飽和浸透流の近似計算を行い，蒸発散の流出減衰過程に及ぼす影響を解析している。鉛直方向に体積含水率を平均化することは，乾燥層によって蒸発が抑制される現象を出現させない操作をしていることを意味しており，結果的に，森林が一定の蒸発散を継続させている場合の流出減衰を見ていることになっている。

　鈴木の計算によって推定される蒸発散の流出減衰に及ぼす効果は，花崗岩山地の京大桐生試験地流域で観測された基底流出の減衰曲線をよく説明する（図3-3）。すなわち，夏に見られる大きい蒸発強度を与えてやると，減衰曲線が蒸発強度の小さい冬と比べて減衰曲線は速やかに低下するが，これは小流域の観測結果と傾向がよく一致したのである。この計算では，飽和透水係数としてマサ土の標準的な値 3×10^{-3} cm s^{-1} が与えられているので，説得性のある結果だと判断できる。

　計算結果を検証した花崗岩山地では，その後の研究で，土壌層の下にある風化基岩もまた基底流出を産み出すのに大きな役割を持つことがわかってきている (Kosugi et al., 2006)。したがって，鈴木 (1984b) の計算結果の通りの土壌層からの

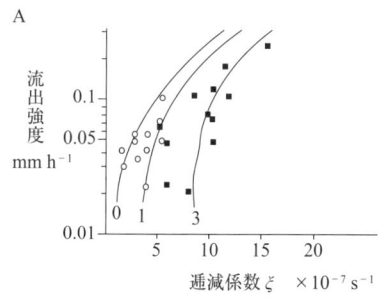

1 準定常性変換システムの基礎　123

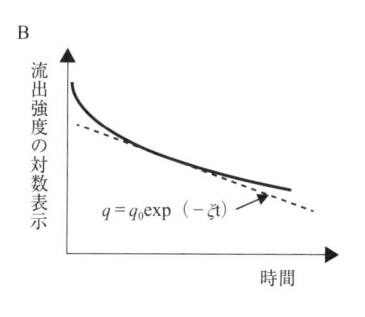

図 3-3 桐生試験地流域の流出量と基底流出の逓減係数の関係における観測値と飽和不飽和浸透流による計算値との比較 (A) と逓減係数の説明図 (B)

鈴木 (1984b) を一部改変。

　基底流出の減衰過程（実線）はBに示すように片対数表示では一般に，時間とともに徐々に緩やかになる下に凸の曲線を描く。そこで，流出曲線を接線（破線）で近似すると，直線上では，片対数表示なので，q_0 であった流出強度が時間 t 後に $q = q_0 \exp(-\xi t)$ になる。ここでは ξ は逓減係数呼ばれ，流出量が小さくなると値が小さくなって，片対数表示であっても，減衰が時間とともに緩やかになってゆく。しかし，蒸発散があると，減衰勾配が大きくなり，同じ流出強度であっても逓減係数が大きくなる。この傾向は，桐生試験地の流出観測値にもみられ，図Aのように，夏季（■）は冬季（○）よりも蒸発散強度が大きいので，逓減係数が大きくなる。厚さの一定の斜面土壌層で飽和不飽和浸透流計算を行うと，図の実線のように，やはり，蒸発強度が大きいほど逓減係数が大きくなる結果となり，観測結果をよく説明する。

　流出だけで基底流出の減衰特性が起こっているというわけではない。実際は，土壌層は風化基岩と圧力水頭において連続していると推測され，その連続体が蒸発散の影響を減衰過程における基底流出量に伝えているのではないかと考えられる。にもかかわらず，この計算から，土壌層が水理学的連続体として機能し，蒸発散強度の変化を基底流出の減衰曲線に伝達していることは，十分に理解できる。基底流出の経路がどこにあり，そこをどのような時間をかけて雨水が流れてくるか，という課題とは関係を持ちながら，かつ独立して，降雨や蒸発散の変化が流出にどう伝わるのか，これは降雨流出応答関係の課題として重要である。その意味で，鈴木の蒸発散の流出減衰への影響研究は先駆的で重要な意義を持つものだと言えよう。

1-5　定常状態における土壌層の圧力水頭分布

　すでに本章 1-2, 1-3 で説明したように，土壌層からの流出量の減衰が続いているときには，そのときの土壌層内の圧力水頭および体積含水率の空間分布は，同じ流出強度での定常状態の空間分布で近似され，準定常性変換システムとなっ

ている．そこで，定常状態での流出強度に対する土壌層内の圧力水頭の空間分布を詳しく理解しておくことが，今後，降雨がある場合の流出応答関係を検討するうえで重要である．なお，ここでは，簡単のために二次元斜面を考え，勾配や土壌厚さが一定，土壌物理性も均質であると仮定する．また，定常流出量は斜面の水平長で除し，単位面積あたりの水高で表す．定常状態であるため，斜面流域面積あたりの流出強度は降雨強度に一致することになる．

図3-4の左側は，定常状態条件での圧力水頭と水理水頭の空間分布を飽和不飽和浸透流計算によって求めたものである (Tani, 2008)．水理水頭は圧力水頭に位置水頭を加えたもので，その等量線に沿っては水移動がなく，それに直角の流線方向へ水が流れることになる．なお，斜面の水平長は 10 m，土壌層厚さは 1 m，傾斜角は 30° としている．また，土壌の物理性は本章4-2で後述する小杉式 (3-12, 3-13 式) を用いることとし，飽和透水係数は 2.5×10^{-3} cm s^{-1}，土壌の飽和体積含水率と残留体積含水率は 0.6445 と 0.4290，間隙径分布を対数正規分布で表現した場合のメジアン（中央値）に相当する圧力水頭と間隙径の標準偏差は −84.46 cm と 1.4 としている．A は，流出強度 0.045 mm h^{-1}，B と C は 4.5 mm h^{-1} とするが，C は A, B と異なり，パイプ状の水みちが発達していて，地下水が高速で効率的に排水される場合を想定している．C ではその計算を行うため，不飽和から飽和に変化した時点で，飽和透水係数が 100 倍大きい 0.25 cm s^{-1} になると仮定している．この仮定は Tani (2008) が，Mohanty et al. (1997) の農地での測定結果を引用して導入したものであり，マクロポアーが地下水では土壌水と違って有効に機能するとの第2章2-2で説明した性質に基づいている．

さて，図3-4（左側）を見ると，圧力水頭と水理水頭の分布には明確な特徴が認められる．A の場合，圧力水頭は土壌層底面に近づくほど大きくなっているが，水理水頭は斜面方向に流線があることを示している．定常流出強度が小さいため地下水面は見られず，不飽和の流れがあるのみである．B は，地下水面が上端付近から発生し，地表まで上昇して飽和地表面流が発生している．A と同じように斜面方向への流れが生じているが，圧力水頭が一定で，流れが鉛直方向に向かう部分も上端付近に存在する．C は，パイプ状水みちを通じた効率的排水によって地下水面の上昇が抑えられ，全体にわたって流れが鉛直方向に向かう傾向が顕著である．このような圧力及び水理水頭分布の特徴は広く認められるので，以下（本

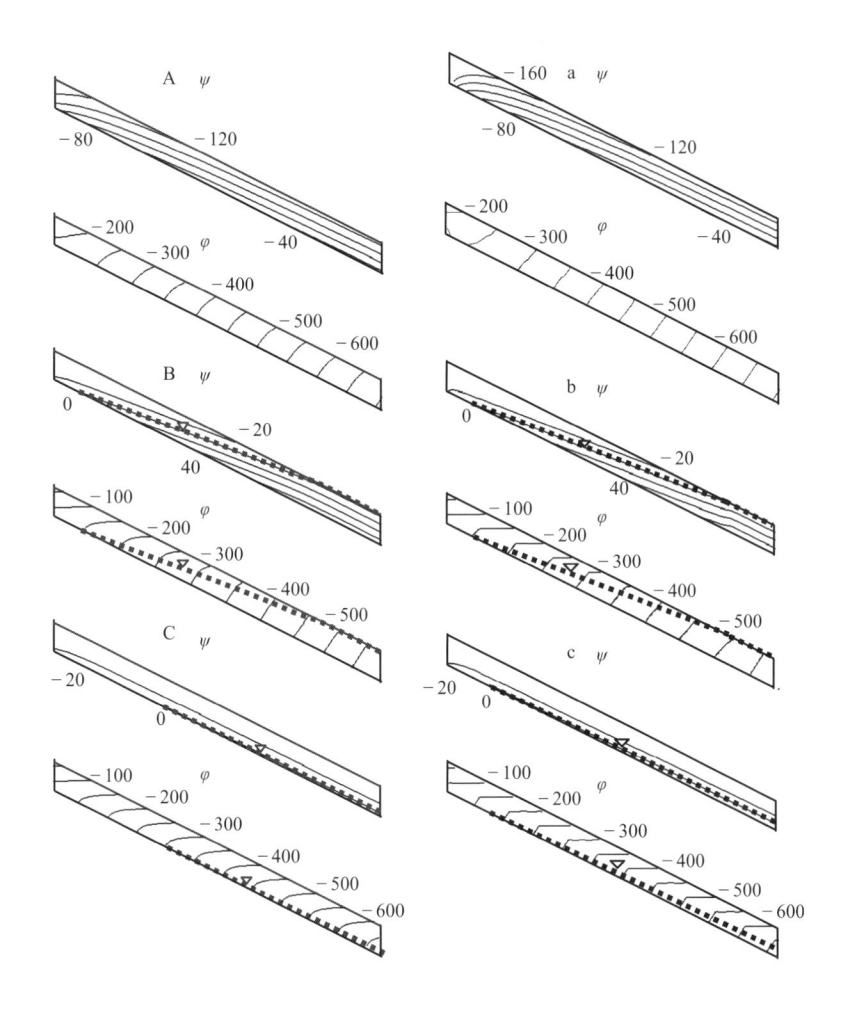

図 3-4 均質な斜面土壌層の定常状態における圧力水頭 (ψ) と水理水頭 (φ) の空間分布

Tani (2008) による。

　左側は，飽和不飽和浸透流の計算値，右側は，本章1-7において説明するⅠ，Ｕ，Ｓ領域に区分した近似値。

　斜面の水平長は 10 m，土壌層厚さは 1 m，傾斜角は 30°，飽和透水係数は 2.5×10^{-3} cm s^{-1}，土壌の飽和体積含水率 θ_s と残留体積含水率 θ_r は 0.6445 と 0.4290，間隙径分布を対数正規分布で表現した場合のメジアンに相当する圧力水頭 ψ_m と間隙径の標準偏差 σ は -84.46 cm と 1.4 とする（本章 4-2 参照）。A は，流量 0.045 mm h^{-1}，B と C は 4.5 mm h^{-1} であるが，C は A，B と異なり，パイプ状の水みちが発達していて，地下水が高速で排水される場合を想定し，飽和透水係数が 100 倍大きい 0.25 cm s^{-1} になると仮定している。

章1-6, 7) で示すような近似をすることで，流出強度や斜面地形，土壌物理性などの水頭分布特性への影響を見通しよく整理することができる．飽和不飽和浸透流の水理学的な性質を理解するうえで重要な点なので，詳しく説明してゆきたい．

1-6 定常状態の圧力水頭分布の水理学的解析

無限に広い均質な土壌など実際にはもちろんあり得ないが，説明のためこれを仮定する（図3-5）(Tani, 2014)．左右方向の右向きに x 軸，奥行き方向に y 軸，鉛直上向きに z 軸を取り，y 軸方向の流れは考えないものとして x-z の二次元平面に強度一定の鉛直下向きの流れがあるとする．この定常な流れをもたらすためには，圧力水頭の値はいたるところ一定で，その不飽和透水係数が流れの強度 f に等しくなっていなければならない．そこで，この一定の圧力水頭 ψ_f は次式で定義される．

$$K(\psi = \psi_f) = f \tag{3-2}$$

このとき，鉛直方向のダルシーの法則 (3-1) 式において括弧内の第1項で表される拡散項はゼロで，重力による移流項である第2項だけで流れが生じており，これによって定常条件が満足されている．いま，そこへ右下がりに傾斜した不透水の棒を挿入すると，鉛直下方への流れは棒に遮断されて曲がり，棒の上側に沿う流れが発生する．この棒には上端だけがあってこれを二次元座標の原点に置き，棒の右側は無限に長いとすれば，この棒に沿う流れは鉛直上方からの水を受けて棒の上端から x 方向にゆくに従い発達してゆく．ただ，棒から鉛直上方に十分離れたところでは，棒が挿入された影響が及ばないので，相変わらず強度 f の鉛直下向きの流れが残る．

棒に沿う流れの幅は，上端付近に限っては急に大きくなるが，その右下がりの勾配（傾斜角 ω）が大きければ，急勾配のため拡散に比して重力による移流の影響が大きいので，流れの勾配は徐々に平行になってくる（図3-5）．また，流れが発達するに連れて流れの幅が大きくなって，上方からの鉛直浸透流によるその幅の増加割合が無視できるほど小さくなると，流線の勾配は棒の傾斜にほぼ平行になり，地下水流の近似法のひとつである拡張 (extended) Dupuit-Forchheimer 近似 (Beven, 1981) による表現がこうした飽和不飽和浸透流においても適用できるよ

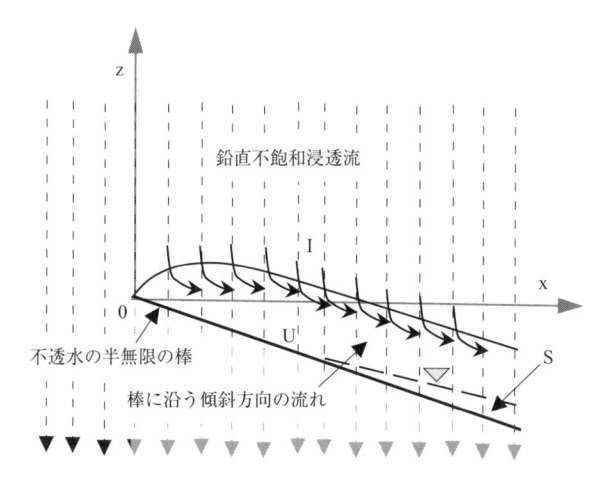

図 3-5 無限に広い土壌に定常な鉛直不飽和浸透流があり，そこへ傾斜した不透水の半無限の棒を置いた場合に，棒に沿う流れの発達を示す概念図

Tani (2014) を一部改変。
I, U, S の記号は領域区分を表す。本章 1-7 参照。

うになる。

この傾斜した棒に沿う流れの鉛直断面における上端は鉛直下向きの浸透流の継続している領域に接している。ゆえに，その境界点における圧力水頭は ψ_f になっていなければならない。また，その鉛直断面において境界点の z 座標を z_f とすると下側の地点 z における圧力水頭 ψ は，流線がほぼ傾斜方向であるから，下記のように近似できる。詳細は Box1 と図 B-1 を参照願いたい。

$$\psi = \psi_f + (z_f - z)\cos^2\omega \tag{3-3}$$

したがって，棒に沿う流れはまず不飽和浸透流として発達を始め，さらに斜面下方へ発達して初めて地下水が現れることになる。地下水が初めて現れる地点での棒に沿う流れの鉛直幅 h_d は，(3-3) 式の ψ にゼロを代入した場合における，z_f に相当する地点の棒からの高さであるから，

$$h_d = -\psi_f/\cos^2\omega \tag{3-4}$$

と与えられる。なお，不飽和透水係数 K は ψ が低いほど（絶対値が大きいほど）小

さくなるので、ψ_f は f が小さいほど低下し、h_d は大きくなる。そのため、f が小さくなると、棒に沿う不飽和浸透流が厚くなって地下水が現れるのは斜面下方になる。逆に、f が大きければ ψ_f はゼロに近づき、棒に沿う不飽和の流れの厚さがうすくなるため上端近くですぐに地下水面が現れることになる。

1-7 定常状態における圧力水頭分布の領域区分

　無限に広い土壌に不透水の棒を挿入した場合の定常状態における圧力水頭の空間分布は、上記の検討から、大きく2つの領域に区分されることがわかる。その値が一定で重力による鉛直下方への流れが生じている領域、不透水の底面に沿って斜面方向への流れが生じて発達している領域である。前者の領域では土壌水の不飽和鉛直浸透流が生じており、I 領域と名づける。一方、後者では斜面上端から発生する土壌水の不飽和浸透流の領域と、途中から加わる地下水の飽和流の領域がさらに区別できるので、それぞれ、U 領域、S 領域と名づける (Tani, 2008)。図 3-5 の概念図には、その領域区分が記入されている。

　図 3-4 のような斜面土壌層では厚さがもちろん無限ではなく、地表面境界によって土壌層が切断された形になる。だが、定常な鉛直浸透流の代わりに地表面境界条件として一定強度の降雨が与えられるとみれば、図 3-5 に示す 3 領域の区分は可能である。土壌層の厚さを一定として領域の区分を検討すると、図 3-6 のような定性的な分類分けができる。すなわち、斜面土壌層におけるある鉛直断面を考えると、この断面での斜面方向への流れの総量は、I 領域が斜面方向の流れに貢献しないから、U・S 領域内の流れを合計したものになる。そして、その U 領域の上端の圧力水頭は I 領域に接する場合には ψ_f になる。しかし、地表面境界によって流れがさえぎられたら、I 領域はその断面に存在できず、U または S 領域が直接地表面に接してしまうことになる。そこで、(3-4) 式による流れの幅と土壌層の厚さ D との比較から、

$$\alpha = -D\cos^2\omega/\psi_f \tag{3-5}$$

で定義される指標 α が 1 より大きいか小さいかで、図 3-6 に示すように領域の分布構造が区分される。なお、S 領域が地表面に接するまで斜面方向への流れが発達したとき（すなわち地下水面が地表まで上昇したとき）はそれより斜面下方では

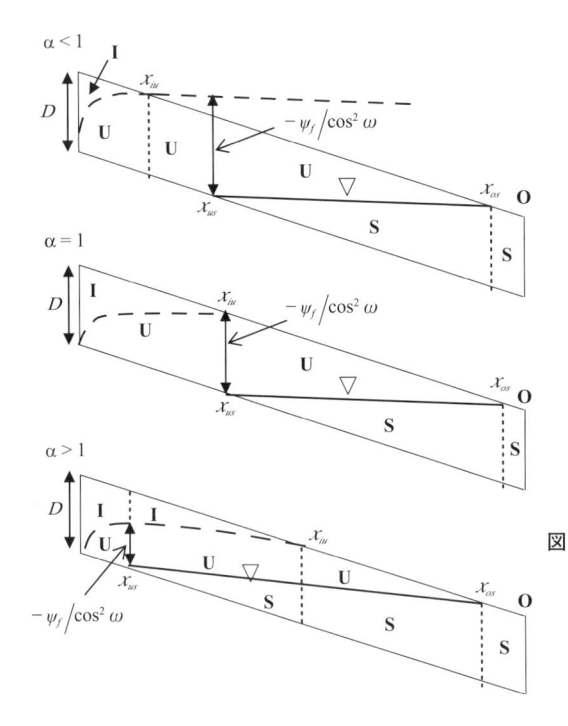

図3-6 均質な傾斜土壌層における、I, U, S領域の分布構造の $\alpha = -D\cos^2\omega/\psi_f$ による分類を表す概念図
Tani (2008) による。
O は飽和地表面流発生域を示す。

土壌層内部ですべての傾斜方向の流れを受け持つことはできなくなって、飽和地表面流が発生する。以上のような近似によって計算した圧力水頭と水理水頭の分布を図3-4の右側に示す。Richards式による飽和不飽和浸透流の計算結果（左側）をよく近似していることがわかるであろう。

次に、近似された定常状態における土壌層内の圧力水頭の分布を求めてみよう。任意の鉛直断面を取ると、そこでのU, S領域の流線は斜面方向を向いているから、その断面の上側地点 z の圧力水頭 ψ は、底面の z 座標を z_b とすると、

$$\psi = \psi_b - (z - z_b)\cos^2\omega \tag{3-6}$$

と表される（Box1参照）。ここで、ψ_b は底面の圧力水頭の値である。一方、その鉛直断面を通過する斜面方向への流れの強度は、定常状態であるから、その地点より斜面上部側に降っている雨の合計供給量、すなわち降雨強度×斜面水平長の値に等しい。そこで、この水収支関係から唯一の未知数である底面の ψ_b の値が求められる。なお、繰り返し計算を行う必要があるが、コンピューターで容易に

数値解が得られる。この結果から，定常状態の土壌層内の圧力水頭の分布が，近似ではあるが，Richards 式を解かないでも簡単に求められることになる。当然，どの範囲の流線が鉛直下向きであるのか（I 領域），斜面方向へ向いているのか（U，S 領域），地下水面や地表面流はどの地点で発生するのかなど，土壌層内の水理学的構造も量的に明確になる。

　ところで，この定常状態における土壌層の圧力水頭の空間分布を求める手法は，雨水流モデルに関して説明したように（第 2 章 1-3），末石（1955）の開発した流れの上流側から水収支によって下流へ向けて計算するキネマティックウェーブモデルの計算手法とよく似ている。また，ゼロ次谷流域の圧力水頭の水平分布を推定した窪田ら（1987）のモデル（第 2 章 4-5）と同様のアルゴリズムを用いれば，単純な傾斜土壌層からゼロ次谷流域の複雑地形条件にも拡張できる。ただ，次の相違点には注意が必要である。窪田（1987）や鈴木（1984b）のモデル（本章 1-4）は，斜面方向への流れが斜面土壌層の鉛直断面全体で生じていると仮定しているが，このような取り扱いは妥当ではなく，断面の I 領域は傾斜方向への流れに寄与しないことを考慮しなければならない。実際は，拡張 Dupuit-Forchheimer 近似から得られる鉛直分布を持つ U，S 両領域のみが斜面方向への流れに寄与するのである。図 3-7 は，横軸に降雨強度 f（＝定常流出強度）を，縦軸に斜面の尾根からの水平座標 x を取り，I，U，S 領域がどのように土壌層内に分布するかを示したものである（Tani, 2008）。それぞれの曲線は，領域区分の境界を表すもので，x_{iu} は斜面方向への流れの発達によって I 領域が地表面に押し上げられて消滅する地点を，x_{us} は地下水である S 領域が発生する地点を，x_{so} は地下水面が地表に達して土壌層が飽和し，飽和地表面流が発生する地点を示している。用いられたパラメータは図 3-4 と同じであるが，土壌物理性が均質な場合 b とパイプ状水みちで地下水が速やかに排水される地下水面の上昇が抑制される場合 c を示している。図 3-4 の A と B の土壌層は図 3-7 の b に描かれた縦棒 A と B に，図 3-4 の C は図 3-7 の c に描かれた縦棒 C に対応している。なお，各領域の区分に関する数式表現については，Box2 に詳述している。

　図 3-7 の 4.5 mm h^{-1} の降雨によって流出が生じているような B の場合は，図 3-4 の B における圧力水頭の分布が反映された領域区分を示している。両者を比べてみてほしい。まず，水平長 10 m の斜面土壌層上端付近では斜面下方に向けて，U 領域の発達とともに I 領域が地表面付近に押し上げられて x_{iu} で消滅すること

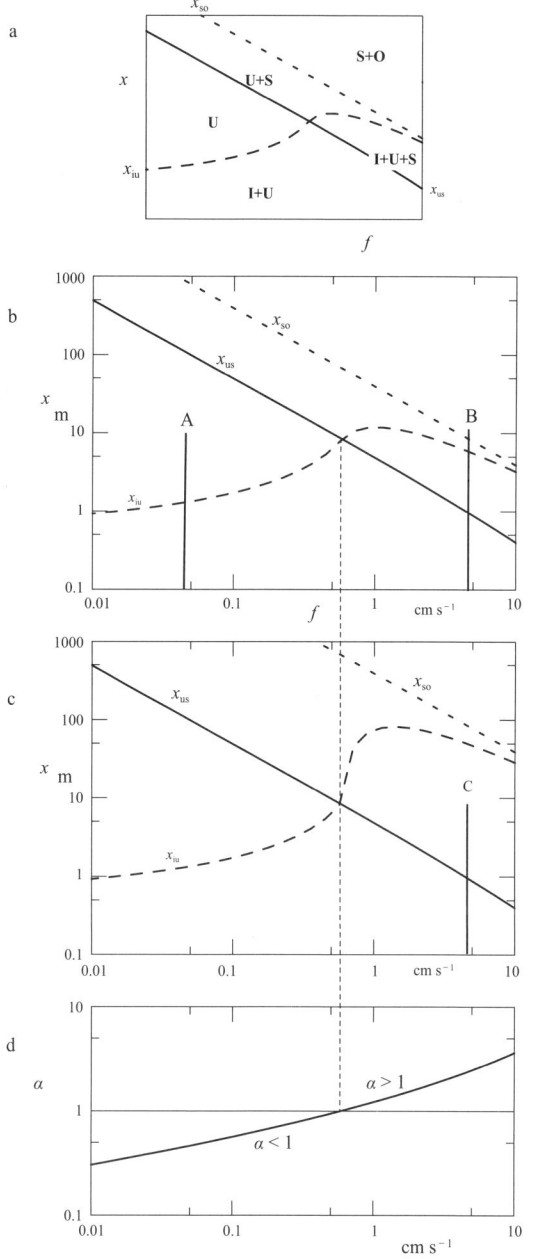

図 3-7 斜面土壌層内の I, U, S 領域を区分する指標, x_{iu}, x_{us}, x_{so} が, 定常降雨強度 f に応じてどのように変化するのかを示す計算例

Tani (2008) を一部改変。a は, b, c の図の見方を示すもので, 定常流出強度 f が与えられた土壌層における水平位置 x の鉛直断面において, I, U, S 領域のどの領域が存在するのかを表す。例えば, I+U と書かれたところには, I と U 領域しか存在せず, S 領域は存在しない。b は計算に用いられたパラメータが図 3-4 の A, B と同じであるが, c は図 3-4 の C と同じで, 飽和透水係数を 100 倍大きくしている。

図の b と c に描かれた縦棒は, 降雨強度 f に対する水平位置 x の鉛直断面にどの領域が存在するかを示している。例えば A は, 上端近くのみは地表面側に I 領域があるが (底面側は U 領域), 斜面全体がほとんど U 領域でおおわれていて, 不飽和浸透流が卓越していることを表し (図 3-4 の A 参照), B は, 上端近くで S 領域が発生し, 地表面から深さ方向に I, U, S の 3 領域が存在するが, やがて斜面下端に近づくと I 領域, U 領域の順に地表に追いやられて消滅し, 飽和地表面流が発生することを表す (図 3-4 の B 参照)。また, C は, パイプ状水みちの効果が大きいので, I 領域は追いやられることなく存在できることになる (図 3-4 の C 参照)。

d は α の値を示しており, x 座標にそって斜面下方に進んだとき, $\alpha<1$ であれば I 領域の消滅が先であるが, $\alpha>1$ であれば S 領域の発生が先になる。この構造の分類は, 図 3-6 の概念図に対応するものである。

がわかる。S 領域発生地点 x_{us} は斜面上端近くにあり，I 領域と S 領域に挟まれた U 領域の厚さはうすい。下端付近では，x_{so} で飽和地表面流が発生している。

　図 3-7 の B を横軸に平行に左側へ移動させると，定常流出強度が小さくなる場合の領域区分の変化が示される。流出強度が小さくなると，当然ながら飽和地表面流の発生点 x_{so} は一方的に斜面下方へ移ってゆき，水平長 10 m の斜面ではそれが発生しなくなる。注意すべきは，U 領域の上側の I 領域が消滅する位置 x_{iu} は，流出強度が小さくなると初めは x_{so} とともに斜面下方に移動するが，さらに流出強度が小さくなると逆転して斜面上方に移動することである。これは流出強度が小さくなると，I 領域の圧力水頭の値 ψ_f が低下する（絶対値が大きくなる）ため，U 領域の厚さが拡大し，I 領域は上方に追いやられ，斜面上部だけにしか現れなくなることが原因である。実際，図 3-4 の A の流出強度 0.045 mm h^{-1} のときには，斜面上端に I 領域があるのみで，土壌層はほとんど U 領域におおわれている。

　ここでは，定常状態の斜面土壌層の圧力水頭分布を調べ，それが I 領域の鉛直下向きの不飽和浸透流と U，S 領域の斜面方向への飽和不飽和浸透流を創り出していることを述べてきた。こうした定常状態の圧力水頭の分布構造は，本章 1-2 の図 3-1 において説明したように，減衰過程においても近似的に維持される。土壌層が水理学的連続体を為すことによって，降雨供給があれば定常状態で流出強度は変化しないが，それがない場合には，定常状態の水分布構造をわたり歩くような形で流出強度が減衰してゆく。この減衰の時間変化は，準定常変換システムである一段タンクモデルで近似される。したがって，斜面土壌層は，減衰過程において準定常性変換システムとして機能することになる。なお，蒸発散があっても，本章 1-4 で示したように乾燥層ができて水理学的連続体の連続性が見かけ上遮断されてしまうのではない限り，準定常性変換システムは維持されると考えられる。しかしながら，減衰過程が継続した後，新しい降雨があると次項で説明するように，その時点でこの準定常性変換システムは一旦破壊される。そして，雨が続くと再構築され，雨が止むと新たな減衰過程が始まるのである。

1-8　降雨入力による準定常性の破壊と再生

　基底流出による減衰過程の後に降雨があると，地表面付近が急に湿潤化する。

そのプロセスはすでに第2章2-5でも述べたところであるが，はっきりした不連続面としてのウェッティングフロントが形成されるのはなぜかを考えてみる。いま，基底流出期間の減衰過程での流域面積あたりの流出強度の常識的な範囲を考えると，日本ではおおむね $10^{-1} \sim 10^{-2}$ mm h^{-1} のオーダーになる。もしその流出強度で定常状態であったとすると，この値はそのときに地表面に供給されている降雨強度に等しくなければならないから，それは通常の降雨強度（おおむね 1 mm h^{-1} 以上）よりもかなり小さい。もちろん斜面下端に近づくとより湿潤になるとしても，通常は蒸発散による体積含水率減少があるので，地表面付近の土壌の不飽和透水係数は，無降雨時には，降雨強度に比べてかなり小さいことが普通である。この上下間の圧力水頭の大きな差が明確な不連続面の形成の前提条件になる。言い換えれば，降雨が一旦止んで，数時間後に降雨が始まるような場合は，土壌が湿潤なままであるため，明確なウェッティングフロントは形成されない。

そこでまず，基底流出の減衰期間がかなり長く続いて土壌が乾燥した後の降雨を想定しよう。地表面境界を考え，鉛直方向のダルシーの法則である次式

$$q_z = -K\left(\frac{d\psi}{dz}+1\right) \tag{3-1}$$

の q_z に降雨強度 f を入れると，不飽和透水係数 K は f よりもずっと小さく，かっこ内の第1項で表される拡散項が大きくならなければならない。つまり，体積含水率の小さい深層部と降雨を受けて湿潤になった地表付近の間の圧力水頭が急勾配を為し不連続面が作られる。急勾配になることで K の小さい値をカバーして降雨強度を鉛直下方向に運ぼうとするわけである。この不連続面すなわちウェッティングフロントと土壌層の下端からの基底流出を産み出している湿潤部分とが，間に体積含水率の小さい部分をはさんでいるため，降雨開始の影響は乾燥部分で遮断され，事実上流出に伝わらない。もちろんこの状態であっても，Richards 式が成り立っている以上，数学的には圧力水頭が連続性を保っているのではあるが，不飽和透水係数の圧力水頭・体積含水率に対する変化が非常に急激であるため，非線形性が強くて実質的に見かけ上水理学的連続体とならないということになる。

したがって，ウェッティングフロントの上側だけで体積含水率が増加して貯留量の偏りが生じ，準定常性変換システムが破壊されるわけである。その状態は土

壌層に乾燥部分が残っている限り続くが，土壌層全体が湿潤になると水理学的連続体が再構築され，新たな準定常性変換システムが創出される。

1-9 パイプ状水みちの介在の降雨流出応答に及ぼす影響

　降雨中における斜面土壌層内の圧力水頭・水理水頭の分布を検討するため，図3-4を再度参照願いたい。4.5 mm h^{-1}の場合のBとCでは，前者は均質な土壌物理性で計算しているが，後者は飽和透水係数を100倍大きくした条件での計算結果である。圧力水頭・水理水頭の空間分布特性は両者でかなり異なっている。前者は地下水面が上昇して飽和地表面流が発生しているが，後者は大きな飽和透水係数のために，地下水面の上昇は抑制され，流線が鉛直下向きであるI領域が広く土壌層をおおっている。こうした飽和透水係数が大きくなる条件は，拡大率が100倍と仮定している具体的な値を問題にしなければ，森林土壌では十分に妥当なものとみられる。第2章4-6で引用した大手ら(1989)が行った大型土壌サンプルでの飽和及び不飽和の透水試験でも明らかであるが，森林土壌の場合，負の圧力水頭を持つ土壌水が圧力エネルギーを持つ地下水に変わり，不飽和透水係数から飽和透水係数に変化するときに，急にその値が大きくなる傾向が見られる。この森林土壌の性質は，圧力水頭がゼロに近い飽和間近の体積含水率が間隙率よりもかなり小さいことに対応する。つまり，森林土壌にはマクロポアーが多く含まれているため，土壌の保水性を表す水分特性曲線に明確な毛管水縁が見られないことに照応するのである。

　さらに，第2章4-9で紹介したCoos Bay試験地のCB1での人工降雨実験は，ゼロ次谷流域で行われており，土壌と基岩の境界付近における斜面方向の地下水流の流速が周囲の土壌サンプルの飽和透水係数のオーダーよりも10^{4}倍も大きい結果が得られている(Anderson et al., 1997)。水が集中する凹地形の部分では，土壌層が均質に近い場合は当然地下水面が上昇するはずである。しかし，マクロポアーというよりはさらに水を通しやすい連続した排水構造が発達して，地下水面上昇が抑制されてしまう。個々の場所毎にさまざまであって，排水構造が普遍的なものかどうかについては，さらなる調査も必要ではあるが，図3-4のCのような飽和透水係数の拡大条件も，Bの均質な条件と比べても野外に普通に見られる構造だと考えられる。

Bの場合とCの場合では，土壌層の役割に大きな違いがあることを強調したい。Bでは，土壌層は飽和しているので，洪水流出水の成分の多くは降雨水そのままでいわゆる「新しい水」であろう（第2章4-8）。また，飽和した部分における降雨の時間変化から流出の時間変化への変換には，地表面の流れを制御する地表面の摩擦が影響するはずである。例えば，地表面が下草や落葉でおおわれているか，裸地であるかなどが問題になる。とくに都市化流域であれば舗装により摩擦は小さくなり，きわめて速やかに洪水流出のピークが生じることになる（立川ら，2009）。一方，Cでは，土壌層はCB1で示されているように，洪水流出が土壌内の鉛直不飽和浸透流として栓流に近い押し出し流によって担われる。そのため，降雨前に土壌に保持されていた，いわゆる「古い水」が洪水流出水の主成分になるし，降雨波形の流出波形への変換には土壌物理性が大きな役割を果たすと推測される（谷，2013）。

Freeze (1971) が発表した飽和不飽和浸透流シミュレーションにさかのぼれば，洪水流出応答関係の速やかさが地中流によって説明できないのは，均質土壌が前提とされていたからであろう。均質であれば飽和地表面流が発生して新しく降ってきた雨水が洪水流出水を占めるはずなのに，洪水流出水の成分が古い水であることとのパラドクスが問題とされてきたわけである（第2章4-8）。しかし，CB1の人工降雨実験とトレーサーによる水分子移動速度の追跡によって，押し出し的な不飽和鉛直浸透流と高速の斜面方向への地下水流の組み合わせが確認された（Anderson et al., 1997）。少なくとも，このような構造ができていれば，土壌層は準定常性変換システムとなることによって，その内部の水理学的連続体から基底流出応答と同時に洪水流出応答をも産み出すことができる。以上のように，土壌層の不均質性が流出応答において重要な役割を演じるわけである。

1-10 準定常変換システムに基づく流出平準化指標

さて，図3-4のCの場合，不飽和鉛直浸透が卓越しているので，すでに第2章2-5で示された下記の式により，降雨強度変化にともなって生じる圧力水頭変化が鉛直下方に伝わる。

$$v \equiv \frac{dz}{dt} = \frac{f_2 - f_1}{\theta_2 - \theta_1} = \frac{K_2 - K_1}{\theta_2 - \theta_1} = \frac{dK}{d\theta} \tag{2-5}$$

つまり，θ_1 と θ_2 の値が接近しているほど伝播速度 v は大きくなってゆくことになる。もしも両者の値が等しいときには栓流となって，水道管などの管水路のようにところてんを押し出すような動きになり，一瞬にして土壌層底面に強度変化が伝わってしまうことになる。こうした栓流の場合は，降雨波形変化は遅れず土壌層内をそのまま形を変えず伝わってゆくわけで，波形がならされることはない。土壌層の中で θ_1 と θ_2 に差があれば土壌層内を圧力水頭変動が伝わるのに貯留変動をともなうため，遅れが生じて波形がならされる。そこでこの波形変換は流出平準化機能として評価できる。なお本書では，この流出波形をならす機能を，洪水流出を小さくすること洪水流出緩和機能とは区別して用いていることに留意願いたい。

不飽和鉛直浸透過程においては，このように体積含水率変動を通じて圧力水頭が遅れて伝わってゆくわけであるが，この過程に限らず，一般に土壌層の貯留量の変動があれば時間変化の遅れが生じ，波形がならされることになる。この性質は，準定常変換システムである一段タンクモデルが明確に示す特徴であり，準定常「性」変換システムである土壌層にも同様な性質が現れる。そこで，準定常変換システムである一段タンクモデルにおいて，流量貯留関係と降雨流出波形変換の平準化について数式に基づき確認しておきたい。簡単のために蒸発散がないとすれば，一段タンクモデルの水収支式は，貯留量を S，降雨強度を f，単位流域面積あたりの流出強度を q とするとき次のように表される。

$$\frac{dS}{dt} = f - q \tag{3-7}$$

流出が速やかに増加減少するかどうかを表す流出強度の変化速度は dq/dt で表されるので，この式を変形すると，

$$\frac{dq}{dt} = \frac{f - q}{dS/dq} \tag{3-8}$$

が得られる（谷，2013）。この式から，流出強度 q は，降雨強度 f が q を上回ると

きは増加，下回るとき減少し，q の上昇や下降の速度である dq/dt は，定常状態における貯留量の流出強度変化に対する微分係数 dS/dq が大きいほど小さくなる，すなわち流出強度の時間変動が緩やかになることが理解できる (Meadows, 2009)。そこで，Tani (2013) は，この微分係数を流出平準化指標 (Index of runoff buffering potential) と定義した。

いま，流出強度と貯留関係式が貯留関数法 (第 2 章 3-5) で示された

$$S = kq^p \tag{2-7}$$

で表される場合は，

$$\frac{dS}{dq} = kpq^{p-1} \tag{3-9}$$

だから，p の値が一定のときは k が大きいほど q の変動が緩やかになる。いずれにせよ重要なのは，準定常変換システムにおいては，貯留変動が大きい場合に流出変動が平準化されることである。

図 3-8 は，一定の降雨強度 1 mm h^{-1} が長く続いて定常状態後になった後，降雨強度が 1 mm h^{-1} を平均としてその周りで変動があり，さらに降雨が止んだ場合，一段タンクモデルからの流出強度の変動がパラメータによってどう変わるかを示したものである (谷, 2013)。p の値を 0.3 で一定として k の値の影響を見ると，その値が大きいときに貯留変動の微分係数が大きくなって，流出量の総量は同じでも，時間変動の遅れが大きく，変動がならされることが示されている。実際の降雨強度は激しく時間変動し非定常性が強いので，こうした時間遅れ・変動の平準化は，流出ピークを低くするようにはたらく。非定常な変動の平準化が定常状態の流量貯留関係を基礎として表現されるという，興味深い結果となる。やや飛躍した比喩に見えるかもしれないが，舗装されていないでこぼこ道を走行する自動車は，準定常変換システムである空気のはいったタイヤによって非定常な上下運動が平準化されるのも同様である。タイヤがパンクしてしまうとそこでの体積の時間変動が起こらず，道の凹凸による上下運動がそのまま車内に伝わってしまう。こうしたクッションの比喩からもわかるように，洪水流出緩和機能における森林流域の都市化流域との違いは，もちろん洪水流出の総量の違いにもよるが，降雨流出波形変換過程において，土壌層内の水貯留が大きく変動することに基づ

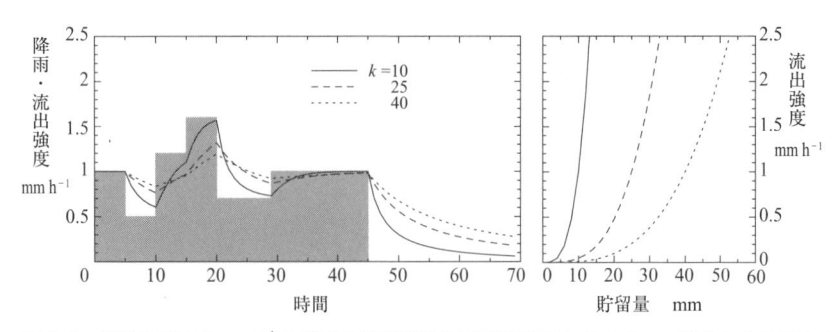

図 3-8 平均強度 1.0 mm h^{-1} の降雨の時間変動と降雨終了にともなう，一段タンクモデルからの流出強度（左図），および定常状態における流量貯留関係（右図）

谷 (2013) を一部改変

右図の各曲線は，流出時間変動の各曲線 (2-7 式) の k の値に対応する．なお，$p=0.3$ である．

く降雨強度の時間変動の平準化の役割も大きいのである．

2　降雨流出応答特性の準定常性

2-1　準定常性変換システムの拡大と固定

　降雨が始まりしばらく継続すると，地表面付近に形成されるウェッティングフロントは鉛直下方に進んでゆき，湿潤部が拡大してゆく．これは，竜ノ口山南谷流域内の試験斜面での観測（図 2-16）において見られた通りである．ただし，降雨開始時点の斜面の圧力水頭・体積含水率分布は，降雨前の基底流出期間における斜面方向の水移動によって，斜面下部の谷側が上部尾根側に比べて体積含水率が大きくなっている．そこで，斜面上部におけるウェッティングフロントの伝播速度 v は，前項に再掲された (2-5) 式において θ_1 の値が大きいため，斜面上部よりも早くなる．したがって，ウェッティングフロントの土壌層底面への到着による鉛直断面全体の湿潤化は，斜面下部が上部より早くなり，下端付近から洪水流出寄与域となり洪水流出が増加を始めるだろう（Katsura et al., 2014）．現実の斜面では，土壌層の厚さが一様ではなく，土壌物理性も不均質なので，鉛直断面が湿潤になる地点が島状に分布することも考えられる．いずれにしても，この土壌層の鉛直断面が湿潤になった部分がつながることで水理学的連続体が構成され，

洪水流出が産み出されることになる (Hopp and McDonnell, 2009)。降雨継続により斜面下端で流出を産み出していた部分と上部の湿潤部分がつながれば，下端からの流出強度がどんどん増加してゆく。竜ノ口山試験地の斜面での観測結果 (第2章4-7) やCB1での人工降雨実験 (第2章4-9) では，そうした地下の洪水流出寄与域の拡大が見られ，流出規模が飛躍的に増大することになる。さらに，土壌層は斜面全体にわたって広く湿潤化してゆき，最終的には新たに降ってくる雨量のすべてが洪水流出量になるような状況に到達する。もっとも，CB1の場合は，深部への浸透がずっと継続し，流出強度は降雨強度の80%に達するところまでで終わっている。けれども，降雨の日変動が遅れて流出変動に伝わり，斜面全体の土壌層が水理学的につながっていることは示されている。こうして，土壌層の圧力水頭分布が定常状態に近くなって降雨強度毎の定常状態をわたり歩くような状態に達し，準定常性変換システムが新たな降雨で再び成立することになる。

竜ノ口山の試験斜面では，自然降雨の降ったり止んだりの繰り返しに応じて土壌層鉛直断面の湿潤化が斜面上部に向かって進み，洪水流出量の割合がどんどん大きくなってゆく傾向が見られた (図2-16)。かつてHewlett and Hibbert (1966) の提唱した流出寄与域変動 (図2-4) は，このような形で準定常性変換システムの拡大によって進むとみられる。ただ，拡大して行く遷移過程と拡大してしまった後とではようすが異なる。つまり，あちらこちらにできた湿潤になった島がつながるプロセスについては，降雨毎に異なると考えなければならない。もし，斜面における地形や植生や土壌などの条件に変化がなかったとしても，複数の降雨事象において，降雨開始前の圧力水頭分布が全く同じで，降雨の時間変化とその強度もまったく同じであったと仮定しない限り，流出寄与域の拡大してゆく過程は，降雨事象毎に同じにはならないだろう。降雨流出応答関係もその拡大過程の多様性の影響を受けてしまう。しかし，寄与域が流域全体に拡大してしまった後なら，寄与域は固定されてしまうから，降雨流出応答関係は単純化する。最近，2011年の紀伊半島豪雨を例に，立川ら (2014) は，大規模降雨の場合は中小規模降雨よりも流出機構が単純化され，流出モデルによるハイドログラフ再現性が高いとしているが，これは，流出寄与域が大規模降雨になったときに固定される性格を反映していると推測される。

洪水流出寄与域の拡大とその固定がはっきりと見られる事例として，竜ノ口山試験地の南谷と北谷における，1976年9月の総量375 mmの台風時の規模の大

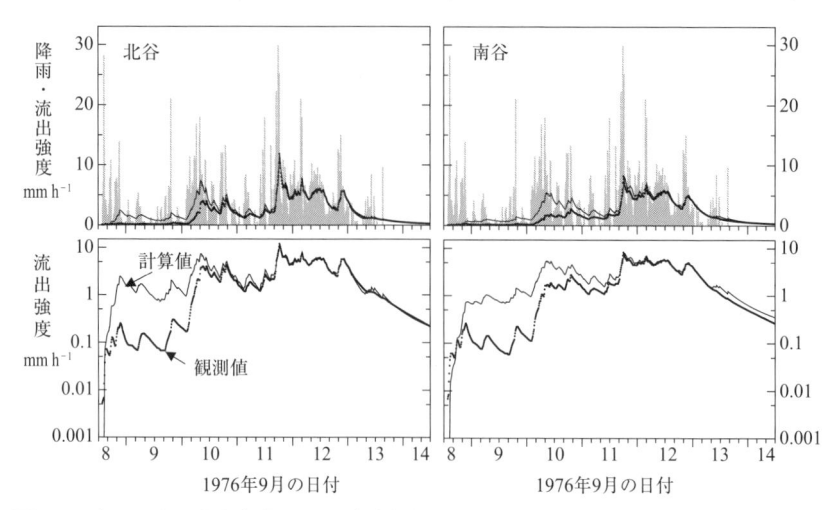

図 3-9 竜ノ口山北谷と南谷の 1976 年台風 17 号による大雨時における降雨と流出の時間変化の観測値と一段タンクモデルによる計算値の比較

谷 (2013) を一部改変.

上図の棒グラフは 10 分毎の降雨記録を 1 時間あたりの強度に換算して表示しており，10 分ごとの流出面積当たりの水高で表示した流出強度と量的に比較ができる．また，下図は，流出強度を対数表示にして，量的に小さい前半における観測値と計算値が比較しやすくしている．

きい降雨流出応答を挙げておこう．寄与域変化の観測流出強度に及ぼす影響を検出するために，降雨開始の当初からすべての降雨が洪水に寄与すると仮定した場合の流出強度を流出モデルで計算した結果を図 3-9 に示す (谷，2013)．流出モデルとしては準定常変換システムである単純な一段タンクモデルを用い，流量貯留関係には，前項でも引用した貯留関数の (2-7) 式を採用した．降雨が始まってしばらくは流域が乾燥していることを反映し，観測結果は計算結果よりもはるかに小さくなる．そこで p の値は 0.3 で一定とし，10 分単位のデータを用いて降雨が十分湿潤になってからの k の最適値を探索したところ，南谷が 40，北谷が 25 のときに，この降雨の後半部分のハイドログラフをよく再現することができた． k の値が大きい南谷は北谷よりも dS/dq の値が大きくなり，一段タンクモデルの流出緩和で説明したように，流出変化がならされてピーク流出量も低くなっている．なお，この傾向は第 2 章 4-7 において紹介した竜ノ口山の別の出水の結果 (図 2-16) とも照応するものである．

さてこのハイドログラフの観測値と計算値の比較を片対数グラフ表示で行って

みると（図3-9下図），降雨開始直後の9月8日は，計算結果が緩やかに上昇するのに観測結果は3つの小さいピークを持つ細かい変動が見られる。しかし，9月9日になると，両者のハイドログラフは計算値が10倍程度大きいが，ほぼ平行に変動している。また，9月10日になると，降雨継続によって，観測ハイドログラフが計算ハイドログラフのオーダーに追いつくように増加し，おおむね両者が一致するようになってくる。片対数で表示して平行とは，両者が一定の比を保って変動することを意味しているので，詳細な観測をせずにメカニズムを説明するのは大胆ではあるが，いちおう，次のような解釈ができるだろう。

　まず9月8日には，渓流河道周辺に降った雨がそのまま，あるいは流域内の透水性のきわめて低い区域に降った雨が地表面流となって素早く流れ，小さく鋭いピークを作る。計算に用いている一段タンクモデルは，降雨前には貯留量ゼロであるが降った雨は最初からすべて流出すると仮定して，言い換えれば，流域斜面全体が準定常状態変換システムになっていることを前提にして計算しているので，局所的な速やかな流出は産み出すことができず，降雨開始直後は緩やかな流出上昇となっている。

　その後に観測結果が計算結果よりも小さいが平行になる時期が現れるということは，観測での土壌層が計算での土壌層全体に近い準定常性変換システムになっているが，それを産み出す面積が斜面全体よりも小さいことを示唆している。土壌層の下部など斜面下端部分と水理学的につながった部分でのみ洪水流出が産み出されるがその部分の面積があまり拡大変化せずに固定され，その降雨波形から流出波形への変換が土壌層全体にこの水理学的連続性が形成された場合と類似する結果になったのではないか，と考えられる。さらに進んで，9月10日の降雨期間には観測ハイドログラフに降雨変動に対する細かいピークは見られず，計算値よりも急勾配で流出強度が増加している。これは，水理学的に連続した部分がまさにこの期間に拡大してゆく遷移状態にあるためだと推測される。

　同じような遷移状態の流出変化は，米国CB1のゼロ次谷流域での人工降雨実験においてもその降雨開始後の3日間に見られる（図2-18）。すなわち，人工降雨強度の日変動に対する流出変動はなく，徐々に流出強度が大きくなってゆく。5月30日になって初めて日変動に対応してやや遅れながら変動を繰り返すようになっており，準定常性変換システムが成立したことを示唆している。CB1においては，すでに第2章4-9に述べたように，鉛直不飽和浸透流によってウェッ

ティングフロントが下降して鉛直断面全体が湿潤になって後に，パイプ状水みちを通じた高速の斜面方向への地下水流が生じるメカニズムが明らかになっている．したがって，この流出強度が増加してゆく遷移期間には，土壌層鉛直断面の地表から底面までが湿潤になった領域が徐々にゼロ次谷流域全域に広がっているのだと考えられる．

　以上の結果は大胆な推測も含まれてはいるが，次のような降雨期間の定性的なプロセスがあることは指摘できよう．すなわち，降雨前の流出減衰過程に見られた準定常性変換システムは，新たな降雨によって貯留量の偏りによって破壊されてしまう．その偏りは，土壌表面にウェッティングフロントが生じること，また，それが土壌層底面まで下降し全体が湿潤になる鉛直断面が島状に発生することによる．しかし，この湿潤部はおおむね斜面下部から上部に拡大し，準定常性変換システムが再生して行く．降雨が終了すると，流域全体に拡大した場合はもちろん，途中までしか拡大しなかった場合であっても，徐々に圧力水頭の分布がならされてゆき，流域全体の土壌層が準定常性変換システムとなって，流出量が減衰してゆくことになるのであろう．

2-2　土壌層と風化基岩層における準定常性変換システムの多様性

　第2章4-7で紹介した竜ノ口山試験地の観測試験斜面においては，50 cm 程度のうすい土壌層において，鉛直不飽和浸透流とマクロポアーを通過する斜面方向の地下水流による効率的な排水の組み合わせによって洪水流出が産み出されると考えられた (Tani, 1997)．また，この斜面は流紋岩地質で，それが含まれる南谷流域や隣接の北谷流域の一般的な斜面よりもずっと短く急であった．両流域の多くを占める古生層堆積岩の斜面で実施されたボーリングでは，表土 30～40 cm の下側5mが粘土状の礫混じり土，その下側 10 m が風化した軟岩，その下側でようやく部分的に風化した新鮮な中硬岩となっていて，試験斜面よりは土壌・風化基岩から成る透水層は一般に厚い．これまで，降雨流出応答関係に対して土壌層の役割が重要と何度も述べてきたが，堆積岩の斜面は，不透水または難透水の基岩層の上に土壌層が存在するというような簡単な構造をしていないようである．

　このように，試験斜面と南谷・北谷両流域の平均的な斜面とは，地下の構造が

異なっている．けれども，総流出量や洪水ハイドログラフは，両流域は試験斜面と類似した特徴も持ち合わせている．つまり，土壌層の厚い多くの堆積岩斜面を含む南谷全体でも土壌層が湿潤になってしまうと，流域面積あたりの洪水流出量が両者とも，与えられた降雨量とほとんど同じになってしまう．また，このように湿潤になったときには，図2-16に示したように，洪水流出のピークは試験斜面，北谷，南谷の順に緩やかになるが，洪水流出の総量が同じでピークに差が現れるということからは，流出メカニズムが質的に異なるわけではなく，降雨波形の流出への変換，すなわち平準化が量的にみて異なるだけだということを示唆している．堆積岩の土壌層と風化基岩層からなる地下構造全体がひとつの準定常性変換システムになってしまうようにみえるのだ．

さて，前項で，竜ノ口山の北谷・南谷においては，観測と計算の流出量が平行になる期間が現れると述べた（図3-9）．これは，水理学的連続体が局所的であっても斜面全体にわたっていても，主に鉛直不飽和浸透流で波形変換が行われ，その寄与面積だけが異なると考えると説明しやすい．そうではなく，波形変換が斜面方向への地下水流によって担われるとすれば，湿潤になった寄与域が拡大するとともに寄与域の距離が伸びて行き，変換の性質が変化するはずだからである．間隙の吸引力によって水が移動する不飽和浸透流に比べて，斜面方向は圧力によって移動する地下水流であるため，CB1のようにパイプ状水みちを高速で伝わる可能性がある（第2章4-9）．したがって，前項でも述べたように，水移動が行われる水理学的連続体の空間的なサイズと波形変換とが単純に対応するわけではない．

実際，辻村（2006）のトレーサーを用いた観測研究によれば，流紋岩地質の流域において総降雨量が100 mmを越える事象では，基岩内の地下水ネットワークが水理学的に連続して基岩内に以前から貯留されていた古い水が押し出されて速やかな洪水流出を産み出す傾向が見られた．その一方，基岩が風化している花崗岩山地の桐生試験地では厚い風化基岩の透水性の大きさが確認されており（Katsura et al., 2009），その結果は基底流出量が大きい傾向として現れている（Katsuyama et al., 2008）．したがって，河川流況が地質によって異なる（志水，1980）原因は，基岩内に雨水の多くが深く浸透するかどうかという単純なことではなく，そこに形成される準定常性変換システムの水理学的な性格の差異に基づいている可能性が大きい．この性格は，前項で述べた洪水流出の波形変換を左右

するだけではなく，洪水流出と基底流出の配分にもかかわっているのかもしれない。

こうした観点から，小杉賢一朗のグループが花崗岩山地の六甲山で展開している，西おたふく山試験地流域の流出量と地下水面変動の観測結果は非常に興味深いものである。Kosugi et al. (2011) によれば，その流域からの流出量の長期変化には，3つの異なる遅れ時間を持つ流出成分が分離でき，ピークも別々の時点に現れる。その結果として，田上山地の桐生試験地流域よりもさらに高い基底流出量が維持されている。これらの3つの流出成分の変動は，多数のボーリングから得られる地下水面変動の観測結果と比較すると，それぞれ，土壌層の地下水，流域上部にある風化基岩内地下水，下部にある風化基岩内地下水の時間変動に対応していた。土壌層の地下水は洪水流出に相当するものであるが，後者の2つの地下水は，断層によって区切られているようであった。著者が本書で説明してきた準定常性変換システムとして機能する水理学的連続体の観点から見ると，こうした連続体が土壌層にひとつと風化基岩層にふたつ存在しているのではないかと推測される。

なお，土壌層と風化基岩層がまとまった水理学的連続体として機能することは，基底流出期間においては，当然のことと思われる。降雨期間中には，土壌層内に発生する斜面方向の地下水流が洪水流出を産み出すとしても，もし土壌層底面が不透水であるなら，降雨後数日経過すると，図 3-4 に示したような斜面方向の不飽和浸透流が基底流出を創り出すはずである。しかし，桐生試験地の斜面で観測された結果 (Kosugi et al., 2006) は，降雨が終わって時間が経って基底流出期間になっても，鉛直下向きの風化基岩へ浸透流が続くことを示している。その理由は，実際には風化基岩が透水性であるため，鉛直下向きの不飽和浸透流の強度が低下してしまうと，土壌層と風化基岩とは水理学的に区別のない連続体として基底流出量を産み出すようになってゆくからだと考えられる。

このように，土壌層と風化基岩層では，複数の水理学的連続体を構成し，それらが降雨変動に応じて一体化するような場合もあって，多様な降雨流出応答関係を創り出している可能性が高い。ただ，地下構造はきわめて不均質であるので，時間変動の異なる多数の連続体がばらばらに存在するのではないかと思われるのに，水位の時間変動が同様であるような連続体にまとまるのはなぜなのか，逆に六甲の例のように，複数の連続体の異なる時間変動がまとまることなく保存され，

流出の時間変動に伝えられるのはなぜなのか。つまり，地下水や流出の時間変動がひとつとかふたつとかになる根拠はどこにあるのか，興味深い課題である。これに対する答えはまだ得られておらず，観測研究に基づく今後の検討を待たなければならない。

2-3 HYCYMODELによる流出特性比較

　これまで，土壌層や風化基岩層が水理学的連続体を為し，準定常性変換システムとして機能することによって降雨流出応答関係を産み出していることを，主に観測結果に基づいて説明してきた。ここでは，そのメカニズムを比較的よく反映している流出モデルとして，HYCYMODELの考え方を紹介しておきたい。これまでの流出メカニズムの説明と合わせて検討することで，流出モデルの仮定との対応や不一致の両方が理解しやすくなると考えられる。

　HYCYMODEL は，福嶌・鈴木(1985)によって，田上山の桐生試験地流域の長期にわたる観測流出量の変化を，そこで行われている詳細な観測をベースにして説明することをねらって開発された。モデルにおける蒸発散に関係する部分を省略した図 3-10 を参照しつつ，流出計算部分を説明しよう。なお，タンクの形が下にすぼまった形をしているのは非線形性を表しており，流量貯留関係(2-7式) $S=kq^p$ の p が 1 より小さく，両者が比例関係にないことを表現している。ずんどうのタンク S_2 は流量貯留関係が比例関係になる。

　さて，モデルは図 3-10 において流路と表示されたいつでも洪水流出に寄与する部分と斜面部分に分かれ，前者はタンク S_1 で表され，流路の流域全体に占める面積率は一定とする。後者の斜面部分では，降雨は土壌層を表すタンク S_2 にはいるが，そのタンクの底面からの排水は渓流に流出するのではなくはもうひとつのタンク S_4 の入力になる。タンク S_4 からの排水は基底流出になる。土壌層は厚さが一様ではなく，対数正規分布を持っていると仮定しているので，タンク S_2 の貯留量が降雨によって増加すると，それに応じて飽和する土壌層が増えてゆく。その飽和した土壌層では新たな降雨は浸透できず地表面流出になると考え，その飽和した面積の流域全体に対する割合を降雨強度に掛けて洪水流出への有効降雨強度を計算する。この洪水流出が地表面流であるとの仮定については，次項 2-4 で考察する。

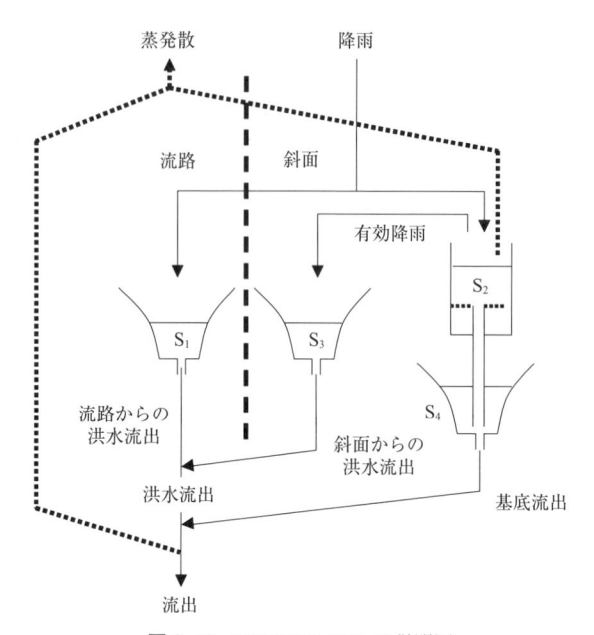

図3-10 HYCYMODELの説明図
福嶌・鈴木（1985）を一部改変

　次に，その有効降雨をタンクS_3に入れて波形変化の遅れを作り，その排水によって斜面からの洪水流出を得る。これを流路からの洪水流出と合わせて流域からの洪水流出強度とし，タンクS_4からの基底流出強度と合わせて全流出強度を求める。この手順を繰り返すことで流出計算を行う。HYCYMODELは，桐生試験地流域の10年間の継続観測の結果に適用され，流出量をきわめてきれいに再現することができた（福嶌・鈴木，1985）。さらに福嶌（1987）は，花崗岩の田上山地のはげ山の小流域およびその緑化後の森林成立にともなう小流域の流出特性変化を説明することに利用している。これに近い発想であるが，著者ら（Tani et al., 2012）は，花崗岩の他に堆積岩山地にも拡張し，7箇所の小流域データを用いて地質と人為による森林利用の流出影響を検討した。ここでは，後者の結果の概要を記しておく。

　7流域の1年間の計算流出量を観測流出量と比較した結果を図3-11に示す。地質による違いは，花崗岩が中古生層の堆積岩流域に比べて基底流出量が大きく，流況が安定していることはすでに第2章3-3で説明し，図2-9に示したところ

流出強度 mm h⁻¹

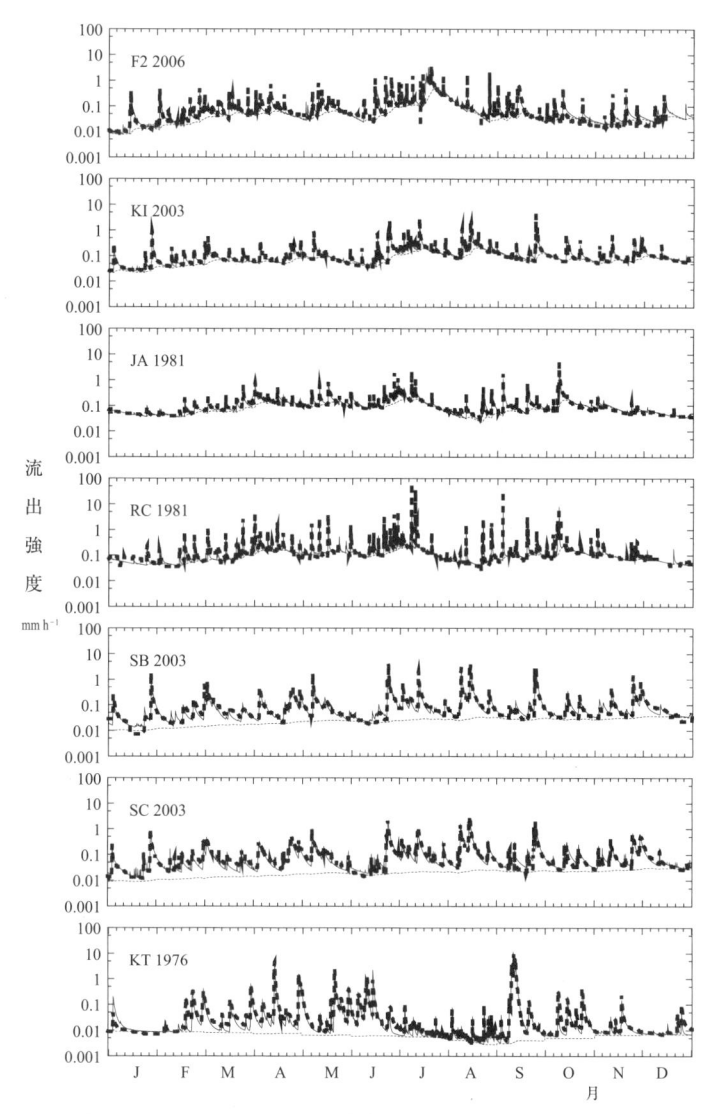

図 3-11 HYCYMODEL の花崗岩, 堆積岩の流域への適用結果
Tani et al. (2012) を一部改変
　F2：不動寺二次谷（はげ山経験のない成熟林），KI：桐生（1900 年頃緑化，現在ヒノキ人工林），JA：若女（1935 年頃緑化，貧弱な森林），RC：若女裸地谷（JA 隣接のはげ山），以上は花崗岩。SB：信楽 B（ヒノキ人工林），SC：信楽 C（ヒノキ人工林），TK：竜ノ口山北谷（広葉樹二次林），以上は堆積岩。数字は年。太い点線は観測値，実線は計算値，細い点線は S_4 から流出する基底流出の計算値を表す。

図 3-12 若女裸地谷試験地
凹地には堆積土砂と植生が存在するが,勾配の急な斜面は土壌層も植生もほとんど見られないはげ山状態になっている。

である。HYCYMODEL のパラメータとしては,花崗岩の小流域において堆積岩の小流域よりも土壌層が厚くなるようにすること,および,タンク S_2 から S_4 への排水量を大きくすることを通じて,両者の地質の差が表現されている。

花崗岩の 4 流域の中には,はげ山 (若女裸地谷) も含まれているが (図 3-12),それでも,他の流域と比べて基底流出量が少なくはない。モデル上土壌層が森林流域よりもやや少ない程度の値を S_2 のパラメータに与えていて,はげ山において土壌層がほとんど失われている事実と矛盾しているようにみえる。これについては,生態系が成立していないので土壌層はないが,風化した基岩の表面上にうすい土層があって (内田ら,1999),土壌層に相当する貯留の役割をある程度担っているのだとの解釈を与えたい。また,はげ山流域の蒸発散量は,年間の流域水収支の検討から隣接の森林流域に比べ約 55％の 450 mm 程度であった。植生がほとんどないので蒸発散量が少ないのは当然であるが,一部緩傾斜部に堆積して

いる土砂に成育しているごく貧弱な植生以外にも，うすい土層が蒸発までの間雨水を貯留するはたらきをしていると見られる．実際，内田太郎ら (1999) は，裸地谷では 10 cm 程度の厚さの土層が基岩表面をおおっており，表面 5 cm の土サンプルでは飽和透水係数が $0.1\ \mathrm{cm\ s^{-1}}$ もあって森林土壌に匹敵すると述べている．そのため，ホートン型地表面流は発生しないで雨水はその層に浸透するが，地下水があふれて飽和地表面流が生じるようである．この土層はわずか 10 cm の間に急激に固さを増して風化基岩に連結しており，パイプ状の水みちは存在しない．それゆえ，Freeze (1971) の行った均質な土上層の実験と同様，飽和地表面流が発生するのだと解釈できる．はげ山は，森林斜面と流出メカニズムが異なるのは言うまでもないが，同じ花崗岩山地でも中国の荒廃地ではメカニズムが異なっている (木本ら, 1998)．宅造された都市化斜面で雨水浸透が極端に小さくなりホートン型の地表面流が洪水流出を産み出すメカニズムとの区別も重要であり，決してこれらを同一視してはならない．

　こうした地表面流の発生と蒸発散量の少なさを反映して，はげ山流域では，森林流域に比べて基底流出の総量は同じ程度でかつ洪水流出の総量はたいへん大きいということになる．さらに波形変換の遅れが小さいためにきわめて鋭い洪水流出ピークが出現する．はげ山の若女裸地谷 (RC) と緑化後の若女試験地 (JA) は隣接していて降雨量は同じとみて良いので，図 3-11 において 1981 年のハイドログラフを直接比較することができる．図から両者の流出特性の違いがよくわかるであろう．このようにして，HYCYMODEL によって，このはげ山をも含む花崗岩 4 つと堆積岩 3 つの年間流出量が再現されたのである．花崗岩小流域では，はげ山になった経験のない成熟した森林が主体となっている不動寺試験地二次谷 (F2) も含まれているが，はげ山後に緑化された流域と意外に流出特性に大きな差がなかった．はげ山が緑化されると土壌層におおわれてくる．そのため，降雨時に飽和地表面流でなく地下水流が斜面方向への流れを担うようになって，洪水流出量は大きく緩和されるが，その後の変化は緩慢になってゆくようである (福嶌, 1987)．

　堆積岩の 3 流域のうち，田上山に隣接する中生層の信楽試験地 (滋賀県森林センター) の 2 流域では花崗岩と反対に洪水流出量が大きく基底流出量が小さいようなパラメータとなっている．さらに少雨気候条件下の岡山にある竜ノ口山北谷では，その傾向がより極端になっている．しかし，洪水流出の降雨に対する波形

変換を表現するタンク S_3 のパラメータは，地質による差が小さかった。もちろんはげ山だけは波形変換の遅れが小さく非常にピークを大きくするのだが，花崗岩の3流域と竜ノ口山北谷が同じような傾向で，信楽の2流域がやや洪水流出のピークを小さくするようなパラメータの値が得られている。

　小流域の流出特性はバリエーションがあり，Tani et al. (2012) の行ったわずか7流域の比較で，流域諸条件の影響を一般的に説明することは無理であることは言うまでもない。パラメータの値も最適化を行って求めてはいるが，正しい唯一の値であるとは限らない。これまで多数の山地流域の流出特性比較で，地質の効果だけは検出されている（図2-9）が，地質が類似した流域でその他の流域条件の影響が検出できるかどうかは，検討が試みられている段階である（内田ら，2013）。今後は，従来の分布型流出モデルの仮定にとらわれるのではなく，広く流出メカニズムの観測結果を整理したうえで，さらに多数のデータから因果関係を抽出する比較水文学研究を続ける必要がある。次項においては，本書で継続的に説明してきた準定常性変換システムとの対比を行って，現時点において検討可能な問題点をさらに考察してみたい。

2-4　HYCYMODELと準定常性変換システムとの対応

　前項でHYCYMODELの計算プロセスと観測への適用結果を説明したが，これまで本書で説明してきた準定常性変換システムと流出メカニズムに照らしてかなり良い対応が見受けられる。まず，斜面と区別される流路部分であるが，河道内部とその近くで地下水面が高い部分への降雨，浸透性の低い林道や人・獣の通る小道などが想定されるが，森林斜面で発生するホートン型地表面流の一部はこの範疇にはいるのではないかと考えられる。例えば，夏の夕立のような土壌が乾燥していた後に総量50 mmに満たない短時間の強雨があった場合，斜面の多くの部分では，雨水は土壌に吸収されてウェッティングフロントを形成するが深部まで鉛直断面の全体が湿潤化するに至らず，準定常性変換システムが成立しない。しかし，森林斜面であっても，第2章4-10で述べたように，地表面流はローカルには発生して発生場所によって土壌に浸透してしまうものも渓流河道に達するものもあり（恩田，2008），河道に達した場合は鋭い流出ピークを形成すると考えられる。なお，流域に都市化部分が含まれていたなら，HYCYMODELではこれ

も流路部分として表現することとなろう．舗装や下水管により，六甲都賀川の急増水による不幸な水難事故で如実に示されたように（立川ら，2009），降雨強度に流域面積をかけた流出強度に近いきわめて鋭い洪水流出が生じるからである．

　森林流域なら，降雨継続によってこうした速い流れは局所的なので相対的にそのウェートが小さくなる．この点は，HYCYMODEL では流路の面積割合が一定とされ，斜面部の流出の割合が増えてくることで表現されている．モデルにおける斜面のアルゴリズムは，土壌層深部（本章 2-2 で述べたように風化基岩を含む場合もあるだろう）まで湿潤化した場所が流域に広がってゆき，準定常性変換システムとなって洪水流出に寄与するようになることを反映している．ただし，福嶌・鈴木（1985）によるオリジナルの説明では，窪田ら（1983）の桐生試験地内部での土壌層厚さの調査を基に，その分布が対数正規分布に近いことに基づき各土壌層断面が飽和して洪水流出寄与域となると考えている．この計算手順は，形式的に，洪水流出を産み出す準定常性変換システムへの移行においても適用できる．形式的にという意味は，流出メカニズムとしては，前者が土壌層の飽和による飽和地表面流発生を意味しているのに対し，後者が土壌層鉛直断面全体の湿潤化による鉛直不飽和浸透流の地下水流へ水理学的連結という点で異なるのだけれども，その鉛直断面が洪水流出寄与域になるかどうかは，降り始めからの積算雨量が土壌層厚さの分布によって決まる量を上回るかどうかによる点が共通しているからである．

　ところで，HYCYMODEL では，タンク S_3 の流量貯留関係

$$S = kq^p \tag{2-7}$$

の p を 0.6 としており，これは雨水流モデルで地表面流に用いられた開水路の運動則であるマニング式（1-4-2）を根拠としている．したがって，斜面方向への流れがパイプ状水みちを流れるとすれば，この点は変わってくる可能性がある．水道管のような管水路であれば，やはりマニング式の適用が可能であるが，パイプの空間分布は不均質であること，また湿潤な土壌層における鉛直浸透過程においても降雨流出の波形変換の遅れが生じることから，必ずしも $p=0.6$ にはならないだろう．実際，竜ノ口山の 2 流域の洪水流出再現（図 3-9）においては，本章 2-1 で述べたように，$p=0.3$ が与えられた．この点については，本章 4-8 でさらに検討を加える．

次に基底流出を産み出すプロセスであるが，HYCYMODELでは，洪水流出のそれとは別のS_4での変換システムとして考えられている。しかし，流出メカニズムについての窪田ら(1983)の観測などでは，土壌層が洪水流出も基底流出も創り出すと考えられ，実際，飽和不飽和浸透流計算でもそうなるだろうとの説明を本章1-7で行った。また本章2-2では，土壌層と風化基岩層が水理学的連続性を持つひとつの準定常性変換システムにまとまり，基底流出を産み出す可能性も指摘した。こうした結果からみて，HYCYMODELにおけるタンクS_1，S_2，S_4が地下のどの構造と対応しているというわけにはゆかず，土壌層と風化基岩層相互のかかわりについてのさらなる観測研究が必要である。ただ，花崗岩斜面における流出メカニズムの観点から若干の考察は可能である。

すなわち，前項では，はげ山流域へのHYCYMODEL適用において，土壌層がほとんどないのにそれが存在しているかのようなS_2のパラメータを与えている点に関して，風化基岩上に形成されているうすい土層の役割が大きいことを述べた。はげ山が緑化された後にも，この土層が残され，流出に影響を及ぼすであろう。Katsura et al. (2006)による桐生試験地内での測定によれば，風化基岩表層の飽和透水係数は1×10^{-4} cm s^{-1}程度で，降雨強度の単位に換算すると3.6 mm h^{-1}に相当するため，この表層も土壌層と一体となって流出にかかわっていると考えなければならない。はげ山緑化後も植生の貧弱な若女，ヒノキ人工林の桐生，はげ山経験がなく成熟林である不動寺二次谷での流出特性に大きな差がないこと(図3-11)からみても，風化基岩表層の役割は重要と考えられる。まだまだ調べるべき流出メカニズムが残されているが，明確に言えることは，タンクS_3が担当している洪水流出を産み出す準定常正変換システムが，はげ山では飽和地表面流であるのに，緑化直後であっても，それは土壌層内の鉛直不飽和浸透流と斜面方向の地下水流よって産み出されるように変化することである。そうであるからこそ，はげ山が緑化されると急激に洪水流出のピークが低下する(福嶌, 1987)のだと考えられる。

以上のように，HYCYMODELには流出メカニズムとの類似点や相違点がいろいろ含まれる。そのうえで，一段タンクモデルにおける準定常変換システムを複数組み合わせることで，洪水流出と基底流出を創り出している土壌層と風化基岩層からなる流出メカニズムをおおむね反映できているということは重要である。実際には，本章1-8で解説したように，降雨開始時点でのウェッティングフロ

ント形成により貯留の偏りが生じ，流出減衰時に近似されていた流量貯留の一対一関係が一時的に破壊される．流出減衰時には，土壌層と基岩層は水理学的に一体となって準定常性変換システムを構成していたものが，地表面付近の湿潤化で切断されるわけである．しかし，渓流近くの降雨前から湿潤であったところや土壌層のうすいところで乾燥部分がなくなり，準定常性システムが再生されて，その後降雨増加とともに洪水流出寄与域が拡大する．この過程がHYCYMODELでは，タンクS_2の貯留増加による洪水流出と基底流出への雨水配分増大に置き換えられていると考えられる．

これまで，洪水流出を産み出す準定常性システムが土壌層であると説明してきたが，実際にはより複雑で，はげ山とのつながりで説明したように，風化の著しい基岩表層が関与していると言わなければならない．また竜ノ口山試験地の流域においては，堆積岩の部分には深い土壌層と風化基岩層があり，うすい土壌層しかない流紋岩の観測斜面とは地下構造に大きな違いがあるのに，どちらも大量の洪水流出を産み出す点で共通し，基底流出量が多い花崗岩山地とは降雨流出関係がまったく異なる観測結果を指摘した（本章2-2）．ここでも，土壌層と風化基岩層全体が基底流出と洪水流出の全体に関与している可能性が高い．したがって，CB1から得られた概念図（図2-20）のような，土壌層と風化基岩の境界にパイプ状水みちが存在して高速の地下水流が生じるという簡単な構造と比べて，実際はさらに複雑であろう．すなわち，土壌層と風化基岩の中の地下水面が上昇するに従い，圧力エネルギーがかかることで不均質に分布しているマクロポアー内に間隙水が押し出されて排水路として機能してゆくようなメカニズムが想定される．

ここでも重要なことは，地表からの雨水は鉛直不飽和浸透として地下水に供給され，その地下水の斜面方向への流れと水理学的に一体化し準定常性変換システムが形成されて洪水流出が生じるということである．飽和透水係数の大きさは地表面に向けて大きくなるため，深い層の飽和による圧力エネルギーの発生（負圧から正圧への変化）がより浅層の斜面方向の流れを産み出すTransmissivity feedbackと呼ばれる，地表面での飽和地表面流発生と似たメカニズムもあるから（Bishop et al., 2011），結局，マクロポアーを含む不均質な土壌層と風化基岩の間隙構造が，飽和地表面流の発生を抑制して準定常性変換システムを支えるのだと考えられる．こうした観点から見ると，少なくとも，HYCYMODELのようなタンクの形式を持つ集中型モデルが流出メカニズムを反映しておらず，雨水流モデ

ルのような斜面方向流の水理学的追跡に基づく分布型モデルが物理性をふまえているなどとは，とうてい言えるものではない（谷，2015b）。

ところで，第2章2-7で説明したTOPMODEL（Beven and Kirkby, 1979）は，土壌層の貯留状態に基づいて降雨の洪水流出量への配分を決めることにおいて，HYCYMODELと似ている。ただし，HYCYMODELが土壌層の厚さの対数正規分布を仮定しているだけでその水平的なつながりを考慮していないのに対し，TOMPMODELでは流域内の地表面地形に基づく地点毎の集水性が洪水流出発生に関与すると仮定している。この仮定に基づいて，これまで降雨前後の洪水流出寄与域の時間変動が地形図上に頻繁に描かれ（例えば田齊ら，2004），これが数値地形図を活用できる観点から大きな長所とされてきた。TOPMODELの仮定している表面地形が洪水流出メカニズムとして支配的になるとの見方は，土壌層が均質である限り，Freeze（1971）のシミュレーションで示された飽和地表面流が主体となる計算結果から見て妥当と言える。本書では，しかし，はげ山であればこの飽和地表面流が確かに現れるが，森林と土壌層でおおわれた日本のような急斜面では，パイプ状水みちを含む不均質な構造が準定常性システムとして機能して洪水流出を産み出すという考えを繰り返し述べてきた。そうであれば，洪水流出の波形変換に表面地形を反映させることが物理的意味を持つと断定することもまた，雨水流モデルの場合と同様，適切ではないと言うべきであろう。すでに説明したように，鉛直不飽和浸透流とパイプ状水みち内の高速の地下水流の全体が洪水流出の波形変換を担うと考えられるからである。では，なぜそういう空間的な不均質性がもたらされるのか，節を改めてさらに考察してゆきたい。

3 不均質な流出場の発達過程

3-1 均質な人工土層と不均質な自然土壌層

降雨に対する洪水流出の速やかな応答，その成分が古い水を含むことについては，土壌層が準定常性変換システムを形成し，さらにその地下水がパイプ状水みちによって効率的に排水されることから説明できると述べてきた（本章1-9）。しかし，土壌層が均質ではなくこうした構造を取るとしたらそれはなぜなのか，ま

たこういう構造が一般的かどうかについてはふれていない。実際，基岩と土壌から成る山地の地下構造に関する情報はきわめて不十分で，これを把握して降雨流出応答に及ぼす影響を解明するには今後の詳細な調査研究が必要である。しかし，これまでに行われた多彩な研究を分析してみることから，土壌層の構造の特徴について指摘できる点も多い。逆に，ただ観測を展開してみたとしても，仮に分析が十分でないならば個別の結果が増えるだけで一般的な見解につながらないおそれもある。そこで，本章では，なぜ土壌層がこうした不均質な構造を持つようになるのかを，これまでの研究を整理することから洞察してゆきたい。

第3章冒頭において，気象条件の時間変動を平均値とその偏差とみる見方を述べ，「降雨・蒸発散と流出との応答関係を創り出すシステムは安定しており，時間的に変動しない。入力条件が変化するからシステムの応答である出力が変わるだけだ」との考え方を示した。降雨や蒸発散の入力条件が時間変化していても，流出を創り出す流出場は時間変化しないということであるが，それは降雨流出を見ている時間スケールでの話であって，より長い千年などの長時間スケールでは，流出場である土壌層は変化していると考えなければならない。空間的な不均質性は，その時間変化の中で形成されたものと考えられるから，問題は，その変化過程でどのような特徴を持った不均質性が形成されるのかというところにある。

ここで，こうした流出場の時間変化に関する著者の経験をひとつ紹介する。斜面での流出メカニズムや土壌崩壊のメカニズムを探るため，これまでにも，人工降雨装置と傾斜土層を用いた実験が行われてきた。著者も林業試験場関西支場（現森林総合研究所関西支所）でこうした実験を行った。傾斜実験槽に土壌を均質に詰め人工降雨実験を時々行っていたが，半年間放置した後，土壌層全体のスケールでの平均的な飽和透水係数を推定するため，上端に一定の水位を与え，斜面傾斜に平行な水面を持つ定常な地下水流を作る実験を行った（図2-5参照）。その結果，地下水流の水深と流出強度には直線関係が見られ，ダルシーの法則の適用性や土壌がほぼ均質であることが確認された。しかしながら，その直線を水深の小さい側に外挿したところ，水深ゼロに相当する場合になっても流出強度がゼロにならず，いくらかの水が流れていることがわかった（谷・阿部, 1987）。このことは，半年の間に地下侵食によって水みちが形成され，土壌と実験槽底面の境界に沿って水が流れるようになったことを示している。実験槽に人手で土を詰める時点では均質であったとしても，時間が経過すれば，そのヒストリーを反映した変化が

生じる．ましてや，自然斜面上の土壌層は百年千年かけて発達してくるので，その流出場の不均質性の性質を理解するためには，その発達過程を問題にしなければならないのである．

　地殻変動帯にある日本においては，プレートテクトニクスの外力を受けて山岳が隆起している．そのため位置エネルギーが継続的に高くなってゆくが，風化により岩盤の強度が低下するので無限に標高が高くなることはもちろんあり得ず，基岩が細かく破壊され，生成された砂礫は重力による侵食・運搬作用を受けて海へ向かって移動してゆく．隆起が侵食を上回ればその差によって山は高く成長してゆくが，逆に侵食が隆起を上回れば，山は低くなって準平原に向かう．現在の日本の山地では，場所により隆起・侵食の速度はさまざまながらおおむね$0.1 \sim 1 \, \text{mm y}^{-1}$で同じオーダーになり（梅田ら，2005），両者が競争し合っているとみられる．

　さてその砂礫の移動は，風化岩盤がそのまま崩壊する場合や土粒子まで風化してから侵食されたり崩壊したりする場合があって，移動形態は，基質である岩盤の強度，隆起速度，豪雨頻度などによってさまざまである．ただ，湿潤気候下にあって台風も襲来する日本においては，頻度の差はあれ大規模豪雨が発生しない地域はほとんどないから，侵食崩壊を免れることはできない．年平均降水量には場所による多少があるとはいえ，少ない場所で雨水侵食が少ないということにはなりにくく，相対的に小規模の豪雨で侵食が発生する．これは「雨慣れ」と呼ばれ，その理由も検討されてきた（飯田，2000）．一方，岩盤強度は地質によって異なり，降雨条件が同じであっても，花崗岩山地では渓流が細かく山体を刻み，谷密度（単位面積あたりの河道の数）が大きくなって斜面も短くなりやすいのに対して，堆積岩では山体の解析が遅く斜面が比較的長い．また，地質がほぼ同じであっても，隆起速度の大小も谷密度に影響を与え，隆起速度が大きいと山体解析が進みにくい．そうした例は，滋賀県で隣接している花崗岩の田上山地と堆積岩の信楽山地で対比的に見られる（水山ら，1975）．また，六甲山は隆起速度が大きいため（梅田ら，2005），同じ花崗岩の田上山よりも谷密度が小さく，斜面は傾斜が急でかつ長い．

　こうした山岳隆起と侵食過程の長期間にわたる経緯は，現在の地形の特徴を理解するうえで重要であるが，ごく短期の降雨流出応答関係の特性にも反映されているとみられる（中北・杉谷，2010）．人間が均質に土を詰めて造った傾斜土層に

降雨を与えた場合，それは均質な土壌物理条件を Richards 式に入れて飽和不飽和浸透流で計算した結果に当然合致する。しかるに自然斜面の土壌層はまったく異なる長いヒストリーをかけて発達してきたわけであるから，飽和不飽和浸透流の基本的な性格は維持されてはいても，均質土壌での計算結果と合致しないことがむしろ当然なのである。

3-2 はげ山の土粒子移動のメカニズム

　本書で何度も紹介してきた花崗岩の田上山は，かつて，はげ山として有名であった（千葉，1973）。その有名であった理由は，瀬田川が琵琶湖から出て峡谷にはいる南郷付近において，田上山を源流に持つ大戸川が合流していて瀬田川に毎年土砂を流出させていたことによっている。琵琶湖周辺と摂津河内との間には，淀川上下流の治水での利害対立関係があったので瀬田川浚渫が長く問題となり（例えば池田，2004），注目度が高かったのである。そこで，江戸時代において，田上山のはげ山斜面へのマツの植栽などが実施されていたのであるが，流失して成功しなかったとされる（日本砂防史編集委員会，1981）。明治時代になって舟運が重視されたこともあり，緑化工事の技術改良が進み，当時開発された積苗工（本章3-3）が継続的に行われてゆくことで，徐々に緑化が成功してゆく。例えば，桐生試験地のある一丈野国有林では，1898 年以来に積苗工が実施されて，現在はヒノキを主とする森林に戻っている。緑化が成功しにくかったところも 1960 年頃の燃料革命によって植生が生活に利用されなくなると，ようやく貧弱な植生でおおわれるようになった（福嶌ら，1972）。

　さて，建設省琵琶湖工事事務所（現国土交通省琵琶湖河川事務所）では，はげ山緑化の効果を検証するため，京都大学農学部砂防学研究室（現農学研究科山地保全学分野・森林水文学分野）と共同で，長期にわたって斜面や小流域での調査を行ってきた。その綿密な調査の成果はたいへん貴重なもので，大津市羽栗在住の故北川益三郎の丹念な測定努力に負うところが大きかった。鈴木・福嶌（1989）によって成果がまとめられているので紹介したい。

　まず滝ヶ谷試験地では，はげ山斜面に 10 m × 10 m の区画を取り，2 m 間隔の格子の交点において鉄杭を風化基岩に深く突き刺し，地表面から出ている杭の長さを毎月測定して地盤変動を推定することから，侵食量が求められた。それによ

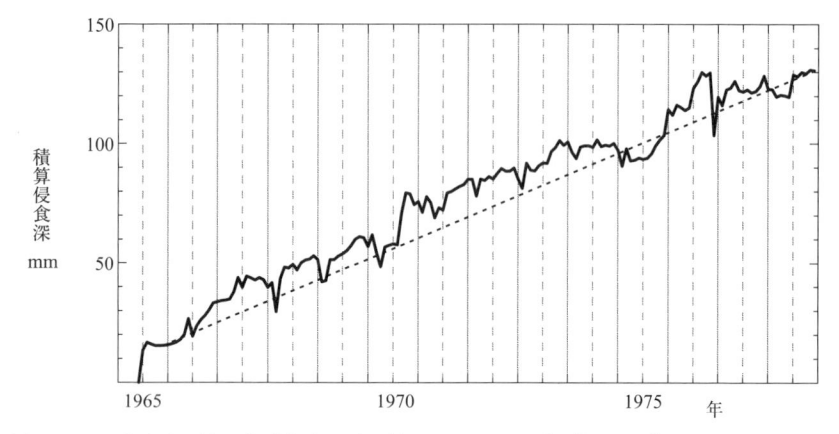

図 3-13 田上山地の滝ヶ谷試験地はげ山斜面プロット P1（面積 110 m²）における積算侵食量

武居ら（1979）に基づき図化。
斜面基岩に差し込まれた 42 本の鉄杭の地表面の低下を毎月測定して平均し、積算侵食深が計算された。下に凸になっている期間は、地表面が盛り上がった結果を示しており、春先の凍結融解による土粒子の浮き上がりによるものである。1965 年 11 月から 78 年 11 月までの積算侵食深を期間 13 年で割ると年平均侵食深は 8.9 mm で、毎年ほぼ同程度の土粒子が流失してゆくことがわかる。図の点線は 8.9 mm / 年の勾配を持つ直線を示す。

ると、冬季 2 月頃に斜面の風化基岩上のうすい土層で凍結が起こり、土粒子が霜柱によって持ち上げられその後霜柱が融解することで、その土粒子がふんわりと着地し、土粒子間のすきまが大きくなって斜面表面が盛り上がる。図 3-13 に示す結果では、積算侵食量がいったん春先に減少するかのような傾向を見せているが、これは表面の盛り上がりで鉄杭の露出している長さが短く測定されたためである。その後降雨時に飽和地表面流が発生し（本章 2-3）、それにより水と土粒子とが一体化して集合流動（小さな土石流と見て良い）となって斜面下端に流出する。その結果、10 cm 程度のうすい土層の厚さは詳細に見ると季節変化する。すなわち春先に表面が緩んで浮き上がり、土粒子はその後夏から秋にかけての降雨時にリル（侵食によって生じる細い溝）を通過して渓流に押し出される。しかし、その減った分だけその年のうちに風化基岩から土層が形成され、表面から底面まで徐々に固くなるような土層が翌年も同じように存在し続けることになる（内田ら、1999）。こうして斜面からその面積に約 5 から 10 mm の深さを掛けた量に相当する土砂が毎年渓流へほぼコンスタントに供給されることになる（鈴木・福嶌、1989）。

このはげ山の侵食速度は山岳隆起の速度が 0.1〜1 mm y^{-1} であるの比べ 1 オーダー大きく，尾根の標高が 100 年で 1 m 近く低くなることを示唆している。下川（1996）は，その流出土砂量が 75 年に 1 回，約 70 cm の厚さの表層崩壊が発生したことに匹敵し，森林斜面ではその厚さの崩壊の繰り返し周期は 250 年以上なので，はげ山が森林斜面よりも 3.6 倍土砂流出量が大きいと試算している。しかし，多数の斜面を含む流域を対象としたとき，はげ山の土砂流出は斜面全体にわたっているのに，1 回の豪雨で森林斜面の崩壊発生は面積率でたかだか数％程度なので（林，1985），はげ山と森林斜面の長期間における流出土砂量の差異はもっと大きいであろう。日本のような湿潤変動帯では，森林があって初めて地盤が長期安定し，隆起速度と侵食速度が同じオーダーでほぼつり合ったような動的平衡状態が実現するわけである。

　斜面から流出した土粒子のその後の渓流での移動経緯については，本章 2-3 で HYCYMODEL を適用した RC 流域をその内部に含む若女裸地谷試験地流域で行われた調査結果が貴重な情報を提供する。この試験地は，緑化工事の重要性を広く社会に理解してもらうため，国土交通省があえて工事をせずにはげ山状態を維持してきた小区域に位置している。一般に，緑化工事の際には，はげ山時代に渓流に堆積していた土砂の再侵食を防止するため，ごく低い堰堤（谷止工と呼ばれる）が作られる。裸地谷にも過去に積苗工が施工された経緯があり，石積みの谷止工が存在する。そこで，鈴木雅一らは，谷止工の上流側の堆積土砂を測量することにより，その季節変化を把握した（図 3-14）（Suzuki and Fukushima, 1985）。その結果，夏から秋にかけてはげ山斜面から流出してきた土粒子は一時的に渓流に堆積するが，冬から早春にかけての期間以外には凍結融解が起こらないため，斜面からの土粒子の流出はほとんど生じない。斜面に一次的にとどまっていた侵食される可能性のある土粒子は夏頃までにすでに渓流に出てしまった後だからである。そのため，秋には斜面からほぼ水だけが渓流に流出してくることになり，今度は，渓流に堆積していた土粒子が侵食される。谷止工は確かに以前から堆積していた土砂の再侵食は止めているのだが，源流の斜面が緑化されずはげ山のままなので，新たに供給される土砂を 1 年以内に下流へ送ってしまうことになる。このような経過をたどり，斜面で生成された土粒子が渓流に移動してゆくため，斜面から渓流河道まで，土粒子が同じ位置に数ヶ月以上とどまることができない。

　結局のところはげ山の斜面と河道では，植生が侵入できないことによって土が

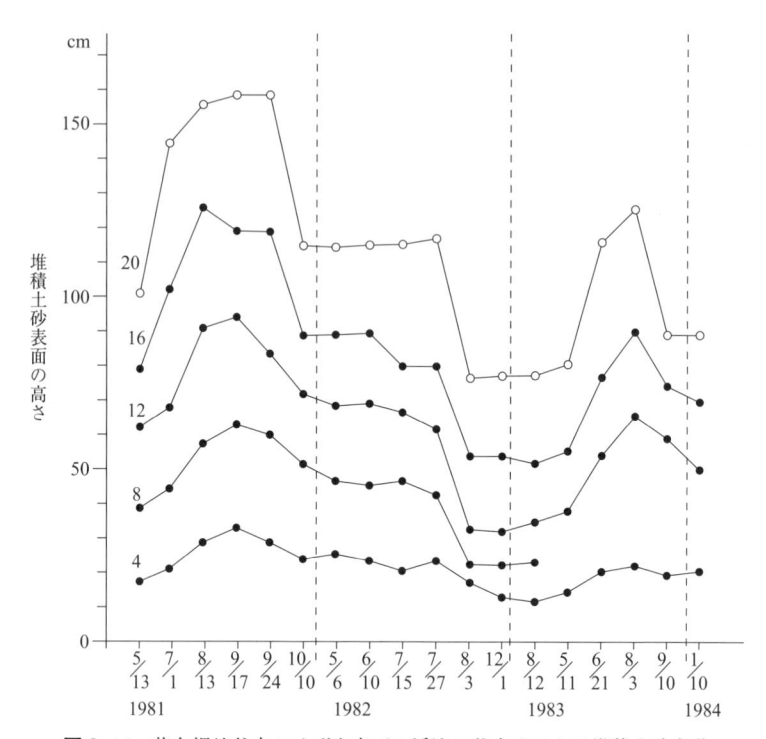

図 3-14 若女裸地谷内のはげ山直下の渓流の谷止めによる堆積土砂変動
Suzuki and Fukushima (1985) を一部改変。
図中の数字は谷止めからの上流側の水平距離 (m) で，鉄棒が設置され，その位置での堆積土砂表面の季節変動が谷止め堰堤の上端面を基準とした高さ (cm) で示されている。縦の点線は 1 年の区切りで（横軸が等間隔でないことに注意），夏から秋にかけて土砂が増加し翌年春にかけて侵食されるようすがわかる。なお，1982 年は斜面からの土粒子供給が少なく，1981，83 年に比して季節変動の傾向が弱くなっている。

どんどん入れ替わりながら下流へ運ばれてゆき，河道の一区間においては荒廃した動的平衡が維持されるわけである。森林のある場合に比べ，土の移動がきわめて高速であることに注意したい。

3-3 はげ山と里山に見る相互作用のデリケートな差

このようにはげ山では，土は 1 年未満で移動するため，植生が成長する時間が与えられない。そのため，江戸時代に行われた斜面に苗木を植えるような単純な方法では緑化は成功せず，積苗工という技巧的な工法が明治になって開発されて

初めて緑化が可能になった (図3-15)。この緑化工法は次のようなものである (日本砂防史編集委員会, 1981)。まず斜面の風化基岩表面を切り込んで平らな面を作りその上に盛り土をして地盤とする。表面に芝を張って盛り土が侵食されないようにし、クロマツと肥料木のヒメヤシャブシを植えて根の補強力によって盛り土が崩れてしまわないようにする。同時に平坦面と平坦面の間に残された風化基岩表面を藁でおおい、凍結融解で生成される土粒子が侵食されないようにする。こうしたコストのかかる土木工事をしなければ、裸地状態の荒廃した動的平衡を脱することはできないのである。土粒子が侵食されずにひとつところに安定に維持されるためには、植物の生き残り成長しようとする生命力に頼る他はない。それなのに、単純に植物の生命力だけに頼っていては土粒子移動が速すぎて止めることができなかった。それほど侵食力が大きいと言えるわけである。

このように、はげ山に戻ってしまうか緑化が進行するかは、植物の生命力と侵食力の競争による微妙なバランスがかかわっている。田上山では、緑化促進に施肥の影響が調べられてきたが (安田, 2010)、積苗工の施工された後、植生が侵食に耐えてゆけるかどうかは、その成長速度が侵食速度に打ち克てるかどうかにかかっている。また、南西に向いている斜面は、北向きなどの斜面に比べて西日があたって乾燥しやすく、一般に緑化が成功しにくい。はげ山では花崗岩の一部が風化されずに岩塊の形で裸出する光景が見られるが (図3-12)、そういう岩盤の斜面上部側は土砂が1年以上ひっかかってとどまり、クロマツなどが生える場合もある。さまざまな微妙な条件がはげ山からの緑化開始の可否に影響する。

お金をかけて技巧的な積苗工をしなければ植生回復ができないはげ山は、人間の森林利用、それも、樹木と落葉落枝を徹底的に木材・燃料・肥料として利用する生活によって成立したものである (千葉, 1973)。しかし、中古生層の堆積岩の山では植生が土壌層とともに失われたはげ山状態には至らず、継続的に里山として利用されてきた。もちろん土壌はやせ、植生が貧弱にはなった (太田, 2012) が、森林利用ができなくなったはげ山とは異なる。この差異は、風化によって生成される土粒子の粘着力が基岩の種類によって異なることに基づく (松倉, 2002)。確かに、どのような土壌であっても、すべりに抵抗する力が豪雨時の地下水面上昇による浮力発生によって減少するのは同様である。ところが、マサと呼ばれる花崗岩などの砂質土壌では表面張力による粘着力が細粒分の多い土壌に比べて小さいため、粘着力を発揮していた植物の根が腐朽してしまうと、地下水面上昇に対

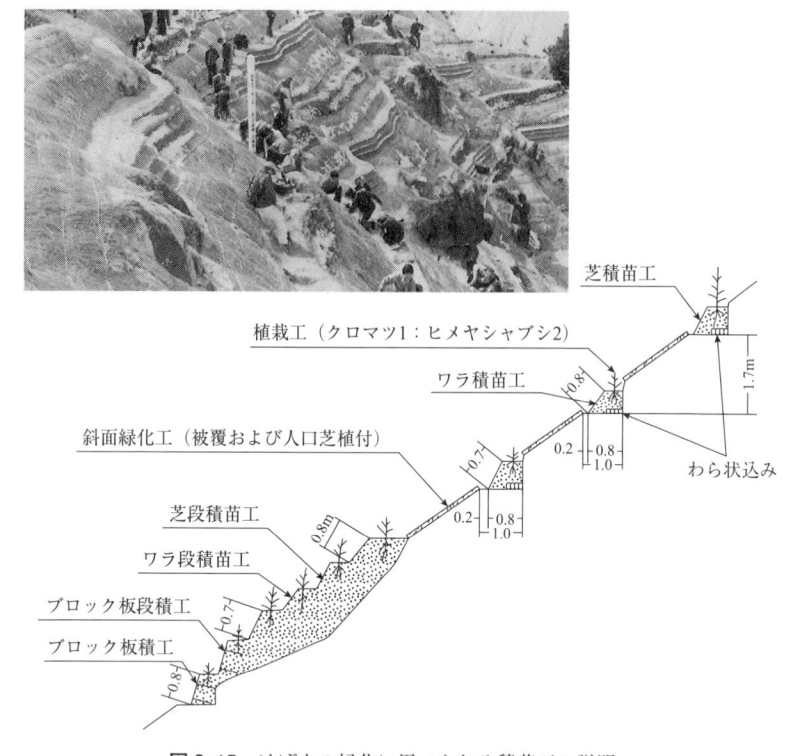

162　第3章　斜面における流出平準化機能

図 3-15　はげ山の緑化に用いられる積苗工の説明
ふるさとの田上山を緑に編集委員会 (1985) を一部改変。
写真は毎年行われていた小学生による山腹斜面植樹会のようす (1976年2月)。児童の立っているところが盛土の上端面である。

して抵抗できなくなる (丸井, 1981)。そのため, 花崗岩山地では, 人間利用によって土壌層が失われてしまった部分が集落から奥へと不可逆的に広がってゆく。こうしたはげ山の形成過程は塚本 (2001) によって詳細に考察されているが, 人間による森林利用という攪乱原因が同じようにはたらいても, 基岩の違いによって大きな結果の差を産み出すことがわかる。まさに, 無機物である水・土の移動と森林生態系と人間活動とのデリケートな相互作用がはたらいている実情を強く感じざるを得ない。

3-4　土壌層の発達・崩壊と樹木根のはたらき

　はげ山においては，植生が土壌とともにいつまでも成立せず，荒廃した動的平衡が保たれることを述べてきたが，山腹崩壊跡地は，植生がなくなった裸地という点では同じかもしれないが，緑化復旧過程がはげ山と異なる。表層崩壊と呼ばれる土壌層の崩壊の場合，風化基岩の表面が裸出してしまうのではなく，土壌層の相対的に深い部分が斜面上に残される場合も多い。その場合は緑化復旧しやすいことが推測されるが，風化基岩表面まで崩壊してしまった場合でも，周囲には崩壊しなかった森林に取り囲まれているため，周囲の森林の境界付近から土壌や植生の種子が供給されて緑化が始まり，自然に森林に復旧する（松本ら，1995）。

　ひと山の斜面全体に植生と土壌が失われてしまったはげ山は，積苗工を施工しないかぎりいつまでも緑化しない。これに対し，かなり大きな深層崩壊であってさえ，普通は森林に戻ってゆく。そうでなければ，紀伊半島のような深層崩壊が多い山地は，数千年の間に崩壊した場所がどんどん増え，荒廃裸地だらけになってしまうだろう。確かに常願寺川源流の立山カルデラのような火山性の巨大崩壊地では土砂の動きが大きくて植生が侵入できない。そういう自然に発生した巨大崩壊地や人間活動によって形成されたはげ山に比べると，表層崩壊，深層崩壊を問わず，通常は，緑化と侵食の競争の結果，裸地に戻るよりも緑化される側に傾いてゆくわけである。この傾向は畢竟，生命力のレジリエンス（回復力）に基づくわけであるが，気候が温暖多雨であること，基岩から土粒子が毎年生成されることで安定大陸に比して土壌が栄養塩に富んでいることなど（Ohte and Asano, 1997），豊穣な自然環境が生命力を支えていることは強調しておきたい。

　こうした土壌層の発達過程は，崩壊の再発生期間の予測などの観点から，飯田（1996）や De Rose（2009）によって研究されてきているが，これらは，下川悦郎が行った先駆的な実証研究が土台となっている。すなわち，下川（1983）は，崩壊発生した微地形，崩壊発生後の植生の遷移過程，土壌層の厚さなどを丁寧に調査して，崩壊と土壌層の発達の繰り返しがあることを証明した。これによって，土壌層のいわゆる表層崩壊とその後の土壌層の発達は，図 3-16，17 に示すように植生との密接なかかわりを持って進行していることが明らかになってきた。

　そこで，土壌層の発達と崩壊を詳しく検討したい。まず，土壌層の崩壊発生の基礎である斜面安定について説明する（小橋，1975）。斜面上の土壌層内の各小区

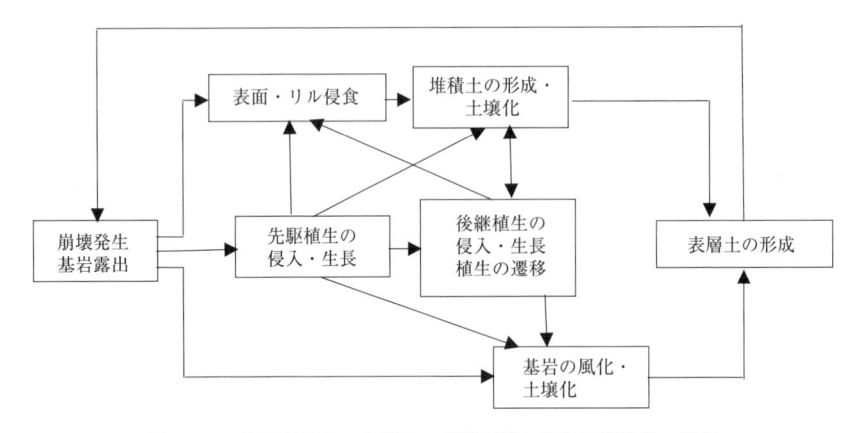

164   第3章   斜面における流出平準化機能

図 3-16   崩壊発生後の土壌層の発達過程と植生回復過程の関係

下川 (1983) による。

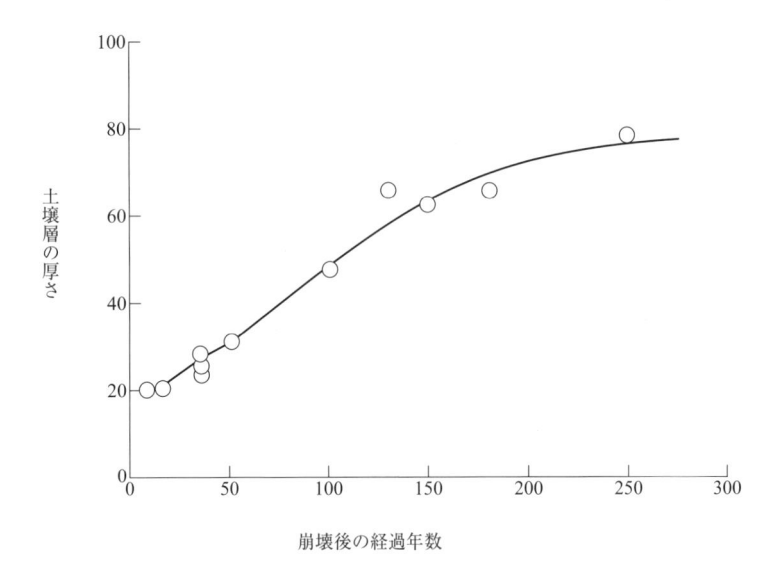

図 3-17   崩壊発生後の土壌層の厚さの発達

下川 (1983) を一部改変。

鹿児島県紫尾山系にある深層風化した花崗閃緑岩の試験地における発生年代の異なる 11 カ所の崩壊地調査に基づく。なお，崩壊後の経過年数は 50-60 年までは先駆樹種の樹齢により決定されたが，それ以後は植生が遷移するため，後継樹種として広く分布するスダジイを指標にし，先駆樹種からの侵入遅れ (15-20 年) を考慮して決定された (下川，1983)。

域には，重力に由来する土壌を傾斜方向にすべらせようとする剪断力がはたらいているので，すべり落ちない場合は土壌の剪断抵抗力がそれよりも上回っていることになる。その抵抗力は，その小区域に荷重がかかるほどそれに比例して大きくなる土粒子相互の噛み合わせによる摩擦力と，荷重にはよらず土粒子を互いに結びつける糊の役割をする粘着力の合計で表される。豪雨によって地下水面が上昇すると，水の重量だけ剪断力が増加する一方，地下水面の下側は，圧力エネルギーに由来する浮力がはたらき，摩擦抵抗力が荷重によって増加するのに浮力の分だけ逆に減少する。さらに土壌水では表面張力によるエネルギー低下が粘着力の増分としてはたらいていたものが，地下水になると圧力エネルギーによって浮力が発生することで，粘着力も小さくなる（丸井，1981）。そのために剪断抵抗力が低下して安定が失われ，崩壊発生に至るわけである。

　ところで，時間とともに土壌層が発達するということは層が厚くなってゆくことであるが，荷重が増加すると，すべらせようとする剪断力と土粒子相互の噛み合わせによる抵抗力がいずれもが増えてゆく。しかし抵抗力の一部を為す粘着力は増えてゆかないために，土壌層が厚くなると剪断抵抗力の剪断力に対する比（安全率と呼ばれる）は小さくなる。そこで豪雨時に，地下水が発生して浮力がはたらき粘着力も低下することにより，厚い土壌層ほど斜面安定条件が崩れやすくなる。これまでの多くの研究（例えば阿部，1997）によると，樹木の根によるすべりへの抵抗は加重によって増加しない粘着力における増加分として表されることがわかっている。そのことはまた，樹木が生えていたとしても土壌層が厚いほど崩壊は発生しやすくなる傾向は変わらないことをも意味している。

　北原曜（2010）は樹木の根の引き抜き試験を中心とした精力的なフィールド実験と調査を行い，鉛直方向の根の強さが強調されてきた従来の見解に対して，異なる根の効果を明らかにした。土壌層の発達に関して重要なポイントなので詳述したい。樹木の根は細かく枝分かれしているが，崩壊跡地のへりには細い根がそぎ落とされた「ゴボウ根」や太い根が大きな外力によって先端部で破断されているところが観察される。その露出した根は水平に向かうものの割合が多く，根が引き抜かれつつ先端部で破断されたと推測される。こうした観察を基に，樹木の根を土壌から引き抜くことで，それに対する抵抗力測定を実施した。引き抜き試験では，根そのものの破断に対する抵抗力と根のまわりの土壌との摩擦力の両方がはたらく。しかるに，室内で根を単純に引っ張る引張試験の結果と現場での引

き抜き抵抗力とが相関が強いこと，土質によって引き抜き抵抗力に差がないことから，根そのものの破断に対する抵抗力が樹種や太さによって異なり，その違いが粘着力増分に影響を及ぼすことが明らかになった。加えて，土壌層内に根がどの程度存在するかの調査を行い，両者から土壌層における粘着力の増加の水平分布図を作成した。その結果，生えている樹木と樹木の中間の部分でその効果が最低になることが明確に示された（阿辻，2014）。

従来から土壌層内の傾斜方向に垂直に差し込まれた根の崩壊防止効果が指摘されてきたが（塚本，1987），北原の研究によって，土壌層内で水平に差し込まれた根の補強効果も大きいことがわかってきた。土壌層は土粒子の集まりなので斜面上のどこでも破断の可能性があるわけであり，実際に必ずいつかはどこかの面にそって破断して崩壊を起こす。その発生後は安定条件が変化して，いつか次に発生する崩壊まで土壌層が発達するということであるから，土壌が樹木の根と無関係に集合していてそのひとかたまりがすべるというわけではない。したがって，すでに小橋（1976）が指摘していたように，土粒子がばらばらにならずに三次元的に一体化させることが根のはたらきとして重要ということになる。そして，根が水平にしか広がらない樹種に崩壊防止効果がないというような表現は正しいとは言えないこと，根が切れやすい樹種は崩壊防止効果が比較的弱い傾向があることが指摘できる。

図3-18は，北原（2010）が推定した直径10 mmの根の引き抜き抵抗力の樹種比較であるが，ケヤキやスギやヒノキがナラ類と同様に引っ張りに対して強いことがわかる。また，下川（1983）の調査によると，崩壊後にはクロマツ，ヤシャブシなどの陽樹がパイオニアとしてまず侵入して土壌層が安定し，そのもとで陰樹が15年程度遅れて侵入して成長し，65-70年程度経過すると陽樹が枯死してゆくようである。この結果と図3-18を合わせて見ると，マツ類や窒素固定を行うヤシャブシやマメ科植物などの陽樹は比較的引き抜き抵抗力が弱いことがわかる。崩壊が起こって初めて植生遷移がふり出しに戻って子孫が残せるような因果関係があるわけで，著者は陽樹のニッチ確保の生存戦略として，根がわざと切れやすく進化してきたのではないか，と想像している。

こうして土壌層は10年から100年年単位の長い時間スケールで樹木成長や植物遷移をともなって発達してゆくが，樹木が成長して根による粘着力増加が進んでゆけば，土壌層が厚くなることによる安全率低下を補償することができて崩壊

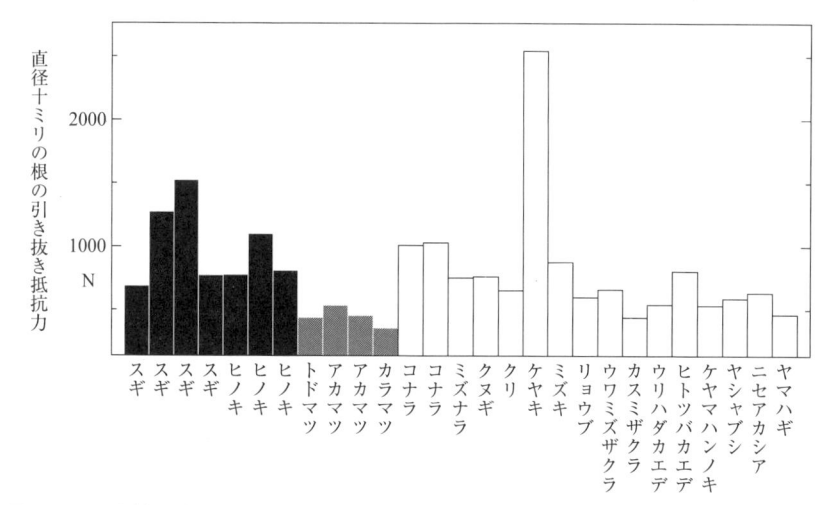

図3-18 引き抜き試験から推定された直径10 mmの根の引き抜き抵抗力（単位はニュートン）の樹種間比較

北原（2010）に基づき作成．

根の引き抜き試験で得られた引き抜き抵抗力は直径と良い相関があるので，その相関式を用いて根の直径10 mmの場合の引き抜き抵抗力が計算された値（北原, 2010）を示す．

は発生しない．しかし，すでに述べたように土壌層がどこまでも厚くなってゆくことはできない．タイミングとしては，豪雨による地下水面の上昇があると，地表面から深くなるにつれて根の密度は小さくなるから，地下水面上昇によってある深さで剪断力が抵抗力を上回る（丸井, 1981）．水平に広がっている多数の根が引き抜きに抵抗するとしても（北原, 2010），それは抵抗力を増やすという意味であるから限界があり，崩壊発生に至る．

このことから，植生の根による粘着力の補強効果に加え，地下水面の上昇を抑制することが崩壊発生時期を遅らせ，土壌発達を継続させるのに効果を発揮することがわかる．本書で繰り返し説明してきたように，土壌層の不均質構造が重要な役割を持つのである．すなわち，森林土壌にはマクロポアーが含まれるため，飽和透水係数が圧力水頭の値がゼロ近くの不飽和透水係数より非常に大きくなること（大手ら, 1989），パイプ状水みちによる高速の地下水流が見られること（Anderson et al., 1997）などがかかわる．これらの要因が地下水面上昇を抑制することで，均質な土壌層に比べて土壌層の安全率が高まるわけである．それゆえ，パイプ状水みちが突然ふさがるようなことがあると地下水面が上昇しても崩壊が

発生しやすくなるので，それに焦点をあてた実験も行われてきた（堤ら，2005）。ということは，逆説的ではあるが，土壌層が豪雨時に崩壊せず厚さを増してゆくプロセスが持続するためには，根の粘着力補強だけでは十分でなく，不均質性に基づく地下水の効率的な排水による地下水面の上昇抑制が機能し続けていなければならないことがわかる。

パイプ上の水みちはどのように形成されるのかについては，新藤（1993）や武居（1981）が指摘する地下侵食，すなわち，細かい土粒子の地下水による移動現象が重要なメカニズムになると考えられる。崩壊後のうすい土壌層を想定すると，侵入した植生の根によって粘着力が増加する部分とそれ以外の侵食抵抗力の弱い部分が分かれてしまう。そのため，後者の部分の細かい土粒子が降雨時に発生する地下水の流れによって輸送され，これが繰り返されて地下侵食が進んで，水みちが形成されるのではなかろうか。こうした植生と地下侵食の相互作用についての実証は今後の課題である。

3-5　ゼロ次谷での雨水集中と土壌層の発達・崩壊

土壌層のいわゆる表層崩壊は，斜面のどこでも同じような確率で発生するというわけではなく，塚本良則（1973）によれば，それは凹地形で水が集まりやすい山ひだで起こりやすく，ゼロ次谷と名づけられた。そこで，尾根の張り出しに囲まれて中央部が凹地形になっているゼロ次谷流域での土壌層の生成・移動・発達・崩壊を考えてゆきたい。

一般に山地流域は，雨水侵食によって削られた水路網と斜面から成る凹凸の激しい地形を持っている。成層火山は，上から次々に降ってくる新しい噴出物に対して侵食が追いつかず，富士山のように地形に凹凸が少ない優美な景観が形成される。火山以外は山体隆起と侵食の時間が十分に長いので，基岩がどんどん削られて複雑な水路網を作ってゆく。しかし，将来は別として現在は基岩表面が凹地形にはなっていてもまだ岩盤の削り込みが小さい急勾配斜面の一部とみなされる場所が存在する。この凹地を尾根で囲む集水域がゼロ次谷流域である。土壌層の崩壊はこうしたゼロ次谷流域を中心に発生し，流域地形の発達を促進していると考えられている（塚本・野口，1979）。したがって，ゼロ次谷流域の地形そのものが徐々に変化してゆくとみられるが，ここでは，土壌層の崩壊と発達の周期は長

くとも数千年とみられるので（飯田，1996），崩壊から崩壊までの1回の土壌発達過程では地形が変化しないと仮定して，以下考えてゆく．

さて，土壌層の移動は崩壊によるものばかりではない．風化基岩から生成された土壌層は重力によってゆっくりと移動する．これはクリープまたは匍行と呼ばれ，土壌の移動において重要な役割を果たしている．クリープについては実測例が乏しかったが，園田美恵子（2000）は，スギ・ヒノキ人工林でおおわれた風化花崗岩斜面において厚さ60 cm程度の土壌層のクリープを測定して，多くの貴重な知見を見いだした．すなわち，クリープの動きは，表層10 cmのA層では1年に10 mm程度，その下側のB層では数mmであり，前者でははげ山で説明した凍結融解過程が関係し，後者は降雨が多く土壌層が飽和に近い状態の時に生じるようであった．また，土壌の乾燥湿潤による収縮や膨潤のメカニズムが，斜面下部への変位や上部側へ逆向きの変位などの複雑な動きに関与しているらしいことなどもわかってきた（園田・奥西，2005）．

園田の研究でも尾根型の斜面での動きがやや大きかったようであるが，ゼロ次谷流域を囲む尾根線に近い場所では，むしろ崩壊よりもこうした緩慢な移動によって土壌層の厚さが決まってくる（Heimsath et al., 1999）．したがって，ゼロ次谷流域では，クリープと崩壊が相互に関係しながら土壌層を発達させ，かつ流域外に土砂を運んでいることになる．そこで，さらにこのプロセスについて考えよう．なおここでは，土の移動量の表現について，風化基岩の削剥量を単位とする．すなわち，ゼロ次谷流域からの流出土砂量は，その面積で平均した土粒子生成量にともなう岩盤低下の高さを単位として表すことにする．流出強度を降雨強度の単位で表現するのと同様の扱いであるが，削剥される基岩の密度（例えば$2.6 \mathrm{g\ cm}^{-3}$）と流出土砂の密度（例えば$1.8 \mathrm{g\ cm}^{-3}$）のような差が生じることには注意したい．

田上山での鈴木・福嶌（1989）の調査で明らかにされたように，はげ山の斜面では1年に5〜10 mmの速度で風化基岩から土粒子が生成され（本章3-2），その年の内に侵食される．しかし，土壌層がおおっている場合はその土粒子生成速度はゆっくりになる．地形学の分野では，宇宙線生成核種を用いた調査によって，数百〜数千年スケールでの流域平均の土粒子生成速度や斜面からの土粒子生成速度が計量できるようになってきた（松四ら，2007）．例えば，米国西海岸の地殻変動帯に含まれるサンフランシスコ近郊の中生層の緩やかな山地でのHeimsath et

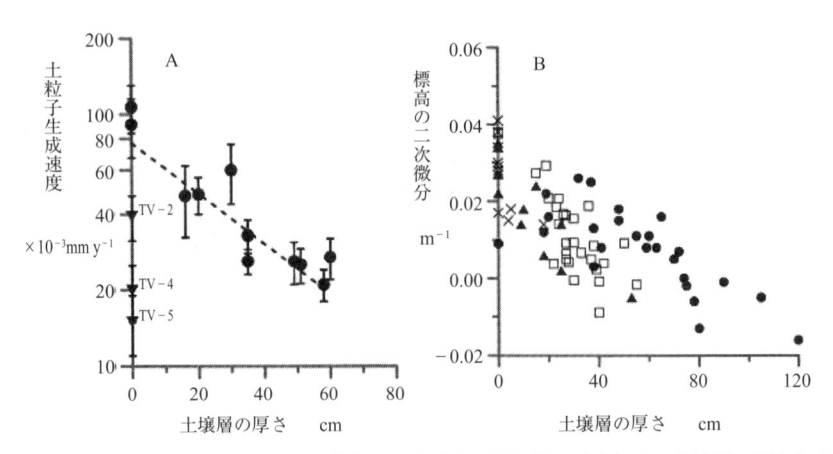

170　第 3 章　斜面における流出平準化機能

図 3-19　米国カリフォルニア州堆積岩山地試験地の尾根線に近くおける土壌層の厚さと土粒子生成速度の関係 (A) および土壌層の厚さと標高の二次微分との関係 (B)
Heimsath et al. (1999) を一部改変．
A における▼は露出した基岩のサンプルを示す．B における記号は，それぞれ異なる尾根線で測定されたデータを示す．

al. (1999) の調査によると，ゼロ次谷を囲む尾根での土粒子生成速度は，土層がかぶっていない場所で年に 0.1 mm，土壌層厚さが 60 cm あると 0.03 mm くらいで，層が厚いほど小さくなる傾向があった (図 3-19A)。また，風化基岩から生成された土粒子は土壌層に加えられるが，重力により風化基岩の表面に沿って斜面方向に引っ張られクリープの形でゆっくり移動してゆく。その移動速度は勾配が大きいほど大きくなる。生成速度と移動速度のバランスにおいて前者が小さければ，尾根では土壌層は形成されず基岩が裸出してしまう。逆の場合は，尾根も含めて土壌層が斜面をおおっているという通常のゼロ次谷の外観が成立するが，傾斜方向に向かって勾配が急になるような凸地形が極端になるほど（すなわち，標高の 2 次微分の絶対値が大きいほど），土壌層の厚さがうすくなることが予想される。こうした分布は拡散方程式から予想される結果であって，Heimsath の調査地でこの傾向が確認された (図 3-19B)。日本でも比叡山の花崗岩斜面でこうした傾向が見いだされてきている (Matsushi and Matsuzaki, 2014)。

　ところが，尾根線に近い凸状の地形をもつ場所以外では，斜面の勾配が変化せずに平滑になっているか，斜面下方に向かって緩くなるような凹地形になっているので，上方から土壌層がクリープによって移動してくる速度が下方へ移動して

ゆく速度に等しいかまたはより大きくなる。さらに風化基岩から生成される土粒子量も加わるから、その場所での土壌層鉛直断面での土の収支計算をすると、土壌層はどんどん厚くなってしまう。が、先に説明した斜面安定のバランスからどこまでも厚くなることはできず、その土壌層は崩壊せざるを得ない。結局、ゼロ次谷流域では、それを囲む尾根から土壌層がクリープで移動し、それが蓄積する凹地形の部分で崩壊することで、生成された土粒子を流域外の下流へ運搬していることになる。ゼロ次谷流域内の凹地における崩壊発生の必然性が理解できよう。

はげ山の場合と比較すると、生成された土粒子が下流に運搬されてゆくことは同じである。しかし、はげ山では1年未満で移動してゆくことによって土壌層は斜面上に形成されないが、森林でおおわれた斜面では、土壌層が形成され、クリープと崩壊の組み合わせで移動するという違いが生じる。その違いは植生の根のはたらきに、すなわち根が傾斜方向への剪断力に抵抗して粘着力増分としてはたらいていることによる。本章3-4で説明したように、崩壊は、剪断力が剪断抵抗力を上回ることで、根が引き抜かれ破断されて発生する。これに対してクリープでは、根の粘着力補強が加わって一体化した土壌層が植物を載せたままゆっくりずり落ちてゆくため、崩壊と違って裸地は発生しない。

はげ山では本章3-2で示すような10 cm 程度のうすい土層が基岩上に存在するが、この層もクリープ移動をすると考えなければならない。土層が底面ほど堅くなって風化基岩に接続しているので(内田ら、1999)、根がなくても粘着力が大きくて土層全体がすべり落ちることはない。しかし、長期にわたる土壌層形成がないので地下侵食による水みちは形成されない。それゆえ、降雨時に地下水面が上昇して飽和地表面流が発生し、凍結融解で浮き上がった表面の土粒子は、1年単位で流出してしまう。結局、流された表面付近に匹敵する厚さだけ風化基岩から新たに生成されて、土層の厚さが動的平衡を保っているのである。

森林斜面の場合、崩壊発生と次の崩壊発生の百年を超える期間は、クリープによるゆっくりした移動量を凹地で受け止め、そこでの土壌層の厚さを増すことで移動が阻止されるため、下流への土砂流出はきわめて小さくなる。はげ山に積苗工を施して緑化した場合は、田上山における緑化した斜面や小流域との比較によると、はげ山時代に1年に5から10 mm程度あった侵食量が1/1000のオーダーまで低下する(鈴木・福嶌、1989)。風化基岩からの土粒子生成速度は土壌層がかぶることで減少するが、そこにとどまることで大きくなった土塊は崩壊発生時に

一気に下流に移動する．結局，流域からの長期間での流出量を制限するのは風化基岩からの土粒子生成速度である．それゆえ，はげ山の 1／1000 が森林斜面からの土砂流出量とみなしたとしたら，それは明らかに森林の土砂流出防止効果を過大に評価することになる．例えば，土粒子生成速度がはげ山で 1 年に 5 mm であったものが，土壌層がかぶることで 0.5 mm に減少し，流域からは毎年土砂流出量が 1／1000 の 0.005 mm になったと仮定する．そうすると，毎年の土粒子生産量のうち差し引き 0.495 mm 分は斜面の凹地形部分に蓄積してゆくことになる．この土壌層が数百年に 1 回発生する崩壊時に一気に破壊され，その土砂が土石流などの形で下流へ輸送される．結局，崩壊からその次の崩壊までの数百年間を考えたとき，斜面から下流へ運ばれる土砂量は，土粒子生成速度に依存することになり，森林のある場合がはげ山よりも 1／10 のオーダーになることが長期間でみた森林の効果ということになる．

　また，松四ら (2014) の阿武隈，六甲，北アルプス東縁の花崗岩山地からの流域から流出土砂の調査によると，流域平均の風化基岩から生成される土粒子量は，それぞれ，0.076〜0.12，0.96〜2.1，0.2〜6.9 mm y^{-1} であった．この結果は山岳隆起速度の大きさを反映しており，その風化生成と侵食のバランスの中で，森林の効果によって急斜面で土壌層が維持されているという動的平衡の構造が理解できる．このように，森林の効果としては，生成された土粒子が斜面に長期間にわたって土壌層として貯留されることが鍵になっており，土壌貯留の維持が森林自身の生育にとってだけでなく，人間生活においても基盤としてきわめて重要である．この貯留概念の重要性はすでに今村 (2007) によって，小出 (1955) が提唱した山地災害の免疫性概念の根拠として説明されている．柿 (1958) は，源流に巨大崩壊地をかかえる活動性河川を通常の非活動性河川から区別する砂防対策上の概念を提唱したが，両者の違いは森林生態系がその生命力によって地盤となる土を貯留できるかどうかによると著者は考えている．高山・火山に自然に発生した富士山の大澤崩れや立山カルデラの鳶崩れなどの巨大崩壊と低山に人間活動の結果成立したはげ山はみかけが大きく違うにもかかわらず，森林と土壌との相互作用による地盤固定ができないことが原因となって，活動性河川を産み出しているのである．

　その結果は，本書の第 1 章 3-2 で述べた山地災害対策に大きく影響する．すなわち，はげ山などの活動性河川では土が貯留されないので土砂が毎年大量に押

し出すこととなり，少なくともその直下に住居を置くことは恐ろしくて避けるだろう。他方，一般の非活動性河川では森林の根によって地盤が固定されて土が貯留されているから，時とともに土壌層が発達してゆき，免疫がきれてついには崩壊発生に至るわけである。その結果，土壌層が長く維持されるとあたかも崩壊が発生しないような感覚を人間に与えてしまい，住宅地が開発されたりする。たまに崩壊して大量の土砂が一気に流出するときには，その土の貯留に長く貢献してきた樹木が流木として土や石とともに住宅の物理的破壊に加わるため，樹木が崩壊規模を大きくするかのようなうわべだけの印象も与えてしまう。斜面上に森林が成立することで土壌層が長期維持されることの基本的意味を理解することは，自然災害の減災を考えるうえで決定的に重要である。このことからも，災害論においては，地球変動と生態系との相互作用の原理を理解することが必要なのである。

3-6 水と土の流出における相互関係

以上のような，森林斜面での土の移動メカニズムは，土粒子生成速度を入力とし，ゼロ次谷流域からの土砂流出を出力とする変換システムだとみなされる。こうしてみると，降雨波形を入力とし，洪水流出波形を出力とする土壌層の水流出変換システムに対比してみることができる。両方とも，時間スケールを長く採ると，気候変動や人為による改変などシステム自体の変化がないかぎり時間的に変化しない安定した変換システムであって（本章1-1），雨水の場合に蒸発散という出口が別に存在することを除けば，はいってくるもの（f）を重力によって送り出す量（q）に変換するだけである。数式的には，雨水でも土でも，貯留量をSとして，すでに本章1-10で示した収支式

$$\frac{dS}{dt} = f - q \tag{3-7}$$

で表される。しかし，雨水の場合は間欠的な入力である降雨をならして連続的に出力である流出に変換する孔開きタンクに喩えられるのに対して，土の場合は連続的な土粒子の生成を貯留して出力である間欠的な崩壊による土砂流出に変換する点が大きく異なる。あたかも鹿おどしのように貯留がある限界に来たら一気に排出されるわけで（図3-20），貯留が果たす役割がちょうど反対になるところが

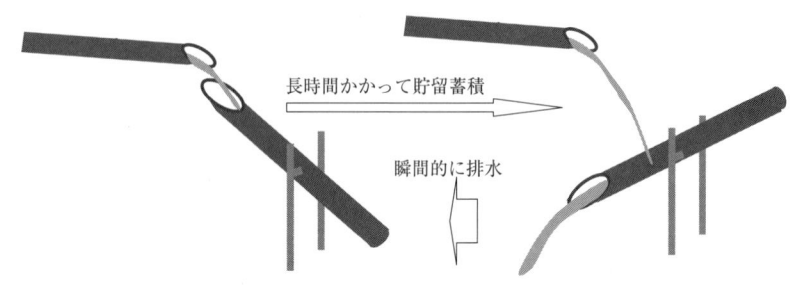

174　第3章　斜面における流出平準化機能

図 3-20　鹿おどしモデル
森林でおおわれた斜面での基岩から生成される土壌層の発達とその崩壊は，鹿おどしにおいて，徐々に水が貯まる期間と転倒して排水される瞬間に喩えることができる。

興味深い。

　また，雨水の場合，その一部は蒸発散として大気に還るが，その量は森林でおおわれた斜面がはげ山斜面より大きいので，渓流への流出総量が森林によって少なくなる。一方土の場合も，はげ山では土壌層がなく基岩の削剥速度が大きいが，森林基岩が土壌層でおおわれることで土粒子を産み出す量が減らされる（図3-19A）。流出総量を減らすという意味では，水と土とで同様の傾向が指摘できる。

　以上のように，雨水と土とでは，山地斜面からの流出が全く異なる時間スケールで行われるが，両者は密接な関係を持っていることが，本章3節の重要な結論になる。ここでまとめてゆこう。

　図 3-21 は，ゼロ次谷流域を矩形で近似し，中央の凹地部分に周囲の斜面から雨水が集中するモデルにおいて，内田ら（1999）にならい飽和地表面流の発生非発生を表示したもので，次のようにして作成されている。凹地部においてまったく不均質性がないとして土壌層の厚さと物理性が均質と仮定し，降雨強度 f における定常状態を考える。ゼロ次谷流域の幅を W_0，凹地部分の幅を W_c とすれば，周囲の斜面から凹地部に流入する流れが U 領域の不飽和浸透流，S 領域の地下水流（本章1-7）であろうと，あるいは地表面流であろうとも，その流れの強度は，凹地部分の単位長さあたりにおいて $f(W_0 - W_c)$ である。これと凹地部に降る降雨との合計 fW_0 がゼロ次谷の出口に向かって流れるので，凹地部の飽和地表面流発生点 x_c での地下水流の水深は土壌層の厚さ D_c に等しくなっていなければならない。よって，下記の等式が成り立つ。

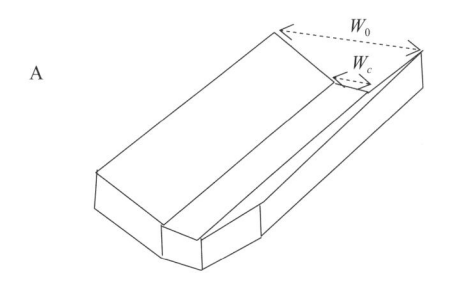

3 不均質な流出場の発達過程　175

A

土壌層厚さ1mと仮定したときの尾根からの距離

B

飽和地表面流発生

飽和地表面流非発生

P

f/K_s

x_c/D_c

飽和透水係数が 0.01cm s^{-1} のときの降雨強度

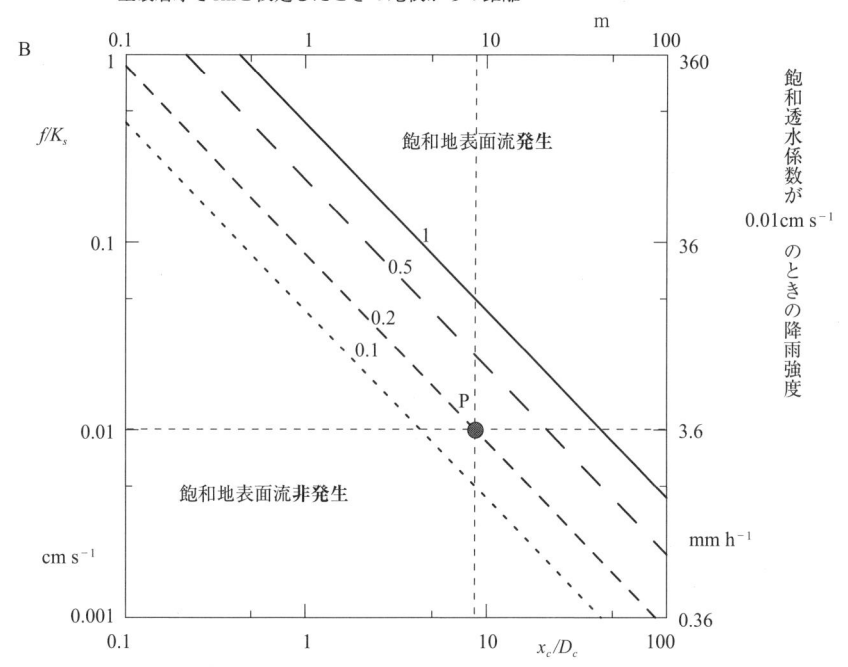

図 3-21　斜面土壌層の土壌物理性が均質であると仮定して，ゼロ次谷流域凹地部分に飽和地表面流が発生する場合における，尾根からの水平位置と降雨強度との関係
A：ゼロ次谷流域を矩形に近似した場合の模式図．B：下側の横軸は，土壌層の鉛直厚さ D_c に対する尾根からの水平距離 x_c の比，左側の縦軸は飽和透水係数 K_s に対する降雨強度 f の比を表す．図の上側の横軸は D_c が 1 m の場合の水平距離を，図の右側の縦軸は飽和透水係数が 0.01 cm s^{-1} のときの降雨強度を示す．図中の数字はゼロ次谷流域を矩形で近似したときの凹地部の幅 W_c とゼロ次谷流域全体の幅 W_0 の比．なお，斜面勾配を 30°とした．

$$fx_cW_0 = K_s D_c \sin\omega_c \cos\omega_c W_c \tag{3-10}$$

ここで，K_s は凹地部分の飽和透水係数，ω_c は凹地部分の傾斜角である．変形すると，

$$\frac{f}{Ks} = \frac{\sin\omega_c \cos\omega_c}{x_c/D_c} \frac{W_c}{W_0} \tag{3-11}$$

となる．

　図3-21Bは，下の横軸に x_c/D_c，左の縦軸に f/K_s を取り，W_c/W_0 の値ごとに両者の関係を両対数グラフとして表示しており，直線よりも左下側が飽和地表面流の非発生領域を，右上側が発生領域を示している．なお，上の横軸に $D_c=1$ m の場合の x_c を m 単位で，また右の縦軸に $K_s=0.01$ cm s^{-1} の場合の f を mm h^{-1} 単位で示した．また，ω_c は 30°とした．例えばP点は凹地部の幅がゼロ次谷流域全体の幅の20%の場合であるが，飽和透水係数が 0.01 mm s^{-1}，土壌層の厚さが1 m であるとし，降雨強度 3.6 mm h^{-1} が継続したとする．このとき，凹地部の上端から水平距離約9 m の位置で飽和地表面流が発生することになる．

　さて，凹地部が崩壊して土壌層が失われたとすると，凹地部分では基岩上を降雨時は恒に地表面流が流れるしかない．やがて土壌と植生のセットが発達し始めたとしても，うすい土壌層が周囲部分から受け取る水によって凹地部分は上端に近い位置で飽和地表面流が発生する．幸運にも侵食も崩壊もされずに土壌層が1 m の厚さに達したとすると，上に例示したように，平均降雨強度 3.6 mm h^{-1} 程度で日雨量 86.4 mm 程度の大して大きくない降雨でも凹地部では上端から9 m 付近では飽和地表面流が発生する．ここでは，飽和透水係数をかなり大きい値としているが，毎年，きわめて頻繁に飽和地表面流が発生し，第2章2-6で紹介したFreeze (1971) のシミュレーションと同様，洪水流出は飽和地表面流で産み出される結果が推測される．

　しかしながら，本章3-4で説明したように，たとい植生があっても地下水面が上昇した場合，剪断力の増加と剪断抵抗力の低下によって斜面の安全率が低下して崩壊が生じること，あるいは森林土壌層は不均質でパイプ上の水みちを含むマクロポアーに富むこと（第2章4-6）から見て，図3-21の計算結果はあまりにも空想的であると考えられる．実際は，植生の根の粘着力補強に加えてパイプ状

水みちの発達による地下水面上昇抑制によって，崩壊跡地の土壌層は安定化し，発達してゆくのである．この森林斜面に普通に見られる傾向は，流出メカニズムにも反映される．すなわち，飽和地表面流がほとんど発生することなく水理学的連続体が土壌層内に閉じ込められ，崩壊を招く可能性のある豪雨時にも実際に崩壊しない限り準定常性変換システムが維持されて，凹地部分に集中する地下水を高速で効率的に排水し，洪水流出量を産み出すことになる．

一方，このような水みちの発達ははげ山には見られない．本章3-2で述べたように，毎年基岩表面が風化して表面に土層が形成され，その表面から土粒子が生成されて侵食される．その過程は1年周期で進行して水みちが発達する時間的余裕がないため降雨時に地下水面が上昇し，飽和地表面流を発生させる（内田ら，1999）．その流れは土粒子と一体化して集合流動となり，小規模の土石流によって土粒子を渓流まで運搬し，図3-11のRCとして示されたようなはげ山特有の鋭い洪水ハイドログラフを創り出す．植生の有無が，こうした土壌と水みちの発達の差を通じて，降雨時の流出メカニズムの違いとなって現れるのである．

森林土壌におけるパイプ状水みちのかかわる流出メカニズムは，米国オレゴン州のCB1のゼロ次谷流域での人工降雨実験でのトレーサー実験（Anderson et al., 1997）で強く示唆された（第2章4-9）．また，竜ノ口山でも，土壌層のうすい斜面で同様のメカニズムを推定し（第2章4-7），厚い斜面でも風化基岩と土壌層全体で同じようなメカニズムが大量の洪水流出を産み出すと推定された（本章2-2）．ただし，CB1は人工降雨強度が弱い特徴があったし，竜ノ口山は観測で実証されたものではない．したがって，今後の実証研究の積み重ねがどうしても必要である．けれども，ゼロ次谷斜面で雨水が周囲から集中する凹地部分において基岩が露出した滝のようにはならないで土壌層が維持され徐々に厚く発達してゆくとの根拠を，飽和地表面が豪雨時にほとんど必ず発生する前提で説明するのは，斜面安定条件から見て不可能だと考えられる．

現時点での水文観測研究からの一般的知見としては，土壌層あるいはその下側の風化基岩層を含む地下構造が，パイプ状水みちによる効率的な地下水の排除を通じて準定常性変換システムを構成し，豪雨時の洪水流出を担っているとみるのが合理的だと考えられる．もちろん，そうであるからこそ，崩壊発生時にはこのシステムが文字通り物理的に破壊されることはいうまでもない．土壌層内の地下水は開放されて表面張力で保持されていた土壌水と一体となりその大量の水の中

に土粒子が分散することになれば，土石流発生を促すことになるだろう（高橋，1977）。こうして，図3-20の鹿おどしのような土壌層の発達と崩壊のサイクル（飯田，2000）が完成すると著者はみている。

4 流出平準化機能の評価手法

4-1 降雨流出波形変換における流出平準化指標

　これまで，森林でおおわれた山地斜面での降雨流出応答関係を産み出すメカニズムは，「水が流れてゆく」というイメージではなく，土壌層や基岩層が水理学的連続体となって準定常性変換システムとして機能し，それが洪水流出や基底流出を含む流出ハイドログラフを産み出すことを説明してきた。山地流域は，斜面と渓流河道から成り立っているが，ゼロ次谷流域を含むさまざまな微地形を持つ斜面がはげ山状態でなく土壌層でおおわれている限り，地表面流が局所的に発生するにしても，土壌層が準定常性変換システムを為すことの役割は重要さを失うことがない。

　とくにこの役割は，規模の大きい豪雨の場合に重要になる。豪雨時には，土壌層は全体にわたって湿潤化するが，地下水面が上昇して地表面から吹き出して土壌層が崩壊する限界に近づく。このような豪雨は数年から数十年に一度くらいは繰り返し発生し，土壌層の安全率が低くなってゆく（本章3-4）。そして，すでに示した図1-5のように，土壌層はついには豪雨時に崩壊せざるを得ない。しかし崩壊に至らない場合は，斜面上の土壌層は湿潤状態になりながら安定を維持し，全体として準定常性変換システムが持続されると考えられる。これまでは，降雨規模が小さい場合，土壌層内の中間流と呼ばれる地下水流が主であるが，規模の大きい豪雨になると地下水面が上昇して地表にあふれ，飽和地表面流が洪水流出を創り出すと想像されることが多かった（例えば山田，2014）。そうすると，石原ら（1962）が由良川の洪水流出解析で述べているように，地下水流と地表面流では，降雨流出の波形変換特性が変化すると考えないといけないだろう。それゆえ，中小規模の洪水流出のデータが多数あったとしても，波形変換システムの変化が影響して，規模の大きい降雨時の洪水流出を予測しにくくなる問題が生じてしま

う。第 1 章 3-3 で引用した利根川上流の治水計画を再び例に取ると，既往最大であったカスリーン台風時の洪水流出量の観測データが得られなかったため，それより規模の小さい洪水データのパラメータを用いて推定せざるを得なかった。そこで，その推定されたピーク流量が過大かどうか，これが治水計画上の大きな問題点となった（日本学術会議，2011）。このように，飽和地表面流の占める割合が降雨規模の拡大と共に増してゆくと考えた場合は，予測の頑健性が弱くなり，不確実さが拡大してしまう。

　これに対し，準定常性変換システムが崩壊しない限り維持されるとすれば，本章 2-1 で解説したように，小規模降雨の場合には洪水流出寄与域が偏っていてローカルであるが，大規模豪雨になると，流域全体の土壌層が時間的に変化しない安定した水理学的連続体になるため，非線形な流量貯留関係をもった準定常変換システムである一段タンクモデルが持続的に適用される。それゆえ，ある程度規模の大きい豪雨であれば，その複数事例の相互においては，降雨流出の波形変換が同一の波形変換システムで頑健性を保って再現できる。本章 2-1 で紹介した竜ノ口山試験地の北谷と南谷の 1976 年 9 月の台風豪雨の後半のように（図 3-9），十分に降雨が続いて土壌層全体が湿潤化した場合はその好例である。そのとき，北谷と南谷を比べると，南谷の流出が北谷よりならされてピークが低くなる。それは，一段タンクモデルであれば底面の孔が小さいことによる。すなわち，定常状態における貯留量 S の流出強度 q に対する微分係数 dS/dq で定義される流出平準化指標（第 3 章 1-10）が北谷より南谷が大きいため，こうした波形変換の差が生じる。念のため式を再録しておくと，準定常変換システムの水収支式が，

$$\frac{dq}{dt} = \frac{f-q}{dS/dq} \tag{3-8}$$

と変形され，本章 1-10 で説明した流出平準化指標 dS/dq が流出波形の変動を支配しているわけである。

　また本章 1-2 から 1-4 では，基底流出においても流出減衰過程は準定常性変換システムとしての性質が見いだされることを詳しく説明した。本章 2-2 で引用した六甲山の西おたふく山では，流出減衰過程ばかりではなく増加過程をも含む時間変動が基岩層の地下水面変動を反映していることが観測され（Kosugi et al., 2011），この現象について著者は，異なる時間スケールを持つ準定常性変換シス

テムからもたらされる，と推測した。したがって，降雨流出波形変換の場が準定常変換システムである一段タンクモデルとして近似される場合の時間遅れに及ぼす斜面諸条件の影響を解析することは，洪水流出応答のピークに対してだけではなく，基底流出に対しても有効な作業と言える。

そこで本章では，こうした準定常性システムを基礎とする降雨流出応答解析の手始めとして，地形と土壌物理性から成る斜面条件および降雨強度が流出波形変換に及ぼす影響を評価する手法 (Tani, 2013) を解説する。なお，この評価手法の確立は，本書の最初に図 0-2 を示して提示した水文学における研究目標のひとつに他ならない。

4-2　斜面土壌層の飽和不飽和浸透流にかかわる諸条件

勾配や厚さや土壌物理性の均質な傾斜土壌層を考えよう（図3-22）。降雨が小さく湿潤部分が地表面近くや斜面下部に偏っている場合は除き，降雨が続いて全体が湿潤になって準定常性変換システムが成立している場合を対象として，この土壌層が与えられた降雨に対して流出をどの程度平準化するかの評価を課題とする。いま，2つの条件の異なる傾斜土壌層を考えたとき，降雨条件が同じであったときにどちらの流出平準化指標 dS/dq が大きいか，つまり，どちらの流出変動が緩やかになるのかは，どうしたら評価できるだろう。均質な傾斜土壌層を考えてはいるが，それでも，勾配や土壌層の厚さや保水性や透水性など多くの条件がかかわっているから，互いにこれらの条件が異なる2つの土壌層のどちらの指標が大きいかの評価は，なかなか容易ではない。ただ，評価対象を流出平準化指標として的を絞っているので，これらの条件のセンシティビティーアナリシス（感度分析）を工夫することは可能なはずである。

具体的条件は，図 3-22 に示すように，土壌層の地形と土壌物理性である。水平長 L，勾配 ω，厚さ D がまず挙げられる。流れを二次元で考えると，飽和不飽和浸透流の基礎式 Richards 式は (2-6) 式から，

$$C\frac{\partial \psi}{\partial t} = \frac{\partial}{\partial x}\left(K_e \frac{\partial \psi}{\partial x}\right) + \frac{\partial}{\partial z}\left\{K_e \left(\frac{\partial \psi}{\partial z} + 1\right)\right\} \tag{3-9}$$

と表される。なお，(2-6) 式で K と書かれている透水係数は，この式ではパイプ

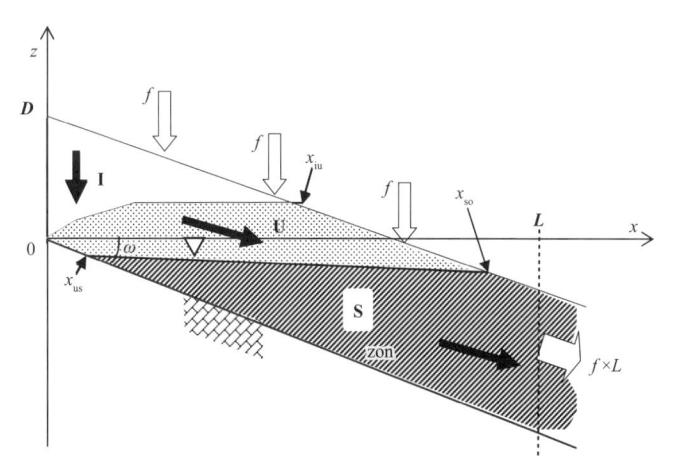

図 3-22 斜面における土壌層の圧力水頭分布とその領域区分の概念図

状水みちの効果を導入するために，K_e と置き換えられている。これについては，本項後段における (3-15) (3-16) 式で定義して説明する。また，境界条件としては，表面から飽和透水係数 K_s よりも小さい降雨強度 f が与えられ，底面は不透水とする。すなわち，

$$x \geq 0, z = -x\tan\omega + D において \psi<0 のとき q_z = -f, \psi \geq 0 のとき q_z = 0 \quad (3\text{-}10)$$

$$x \geq 0, z = -x\tan\omega において q_z = 0 \quad (3\text{-}11)$$

斜面は土壌層が長く続いているとして，尾根からの水平距離 L における鉛直断面を通過する流出強度が斜面下端からの流出強度と考え，ここでは下端の境界条件は与えない。これは下端条件が斜面上方に及ばないと仮定していることを意味している。こうしたキネマティックウェーブとしての扱い (本章 1-7) は湧水の生じる下端付近で拡散効果により厳密解と差が生じるが，急傾斜で移流効果が卓越するので，その違いが局所的にとどまるとみなすことにする。

　土壌物理性は，保水性，すなわち圧力水頭 ψ と体積含水率 θ の関係，および透水性，すなわち圧力水頭 ψ と不飽和透水係数 K の関係によって与えられる。これらはいずれも基本的に間隙径の分布に依存しており，小杉賢一朗の研究 (Kosugi, 1996) によると，間隙径の分布は対数正規分布で表すことができる。小

杉式は，保水性，透水性を表す次の式から構成される．

$$\theta = (\theta_s - \theta_r) Q\left[\frac{\ln(\psi/\psi_m)}{\sigma}\right] + \theta_r \tag{3-12}$$

$$K = K_s \left[Q\left\{\frac{\ln(\psi/\psi_m)}{\sigma}\right\}\right]^{1/2} \times \left[Q\left\{\frac{\ln(\psi/\psi_m)}{\sigma} + \sigma\right\}\right]^2 \tag{3-13}$$

ここで，θ_s は飽和含水率，θ_r は残留含水率，σ は間隙径分布の標準偏差，ψ_m は間隙径分布のメジアン（中央値）に対応する圧力水頭であり，関数 Q は余誤差関数で，

$$Q(y) = (2\pi)^{-0.5} \int_y^\infty \exp\left(\frac{-u^2}{2}\right) du \tag{3-14}$$

で定義される．なお，(3-12)，(3-13) の両式は $\psi < 0$ の土壌水の場合に与えられ，$\psi \geq 0$ の地下水の場合には $\theta = \theta_s$，$K = K_s$ になる．

次に降雨条件であるが，準定常性変換システムを対象としているので，一定の降雨強度 f_n による定常状態を仮定する．そうすると，土壌層には一定の降雨が継続して与えられて定常になっているが，その定常条件を中心として降雨強度を変化させた場合の貯留変動が dS/dq として流出平準化の比較対象とすることができる．図 3-9 で竜ノ口山の北谷と南谷の洪水流出を比較したが，その場合は貯留関数の流量貯留関係を表す (2-7) 式がきれいに両者の波形変換にかかわる平準化機能の差を表現しており，南谷が北谷よりも機能が高いことが示された（本章 2-1）．しかし一般には，複数の斜面で比較したとき，降雨強度が大きい場合と小さい場合とでは，いつもどちらかの斜面の平準化機能が同じ序列になるとはかぎらない．したがって，平均降雨強度 f_n の大小もまた，流出平準化機能の評価に及ぼす条件のひとつになるわけである．

さらにもうひとつ重要な条件がある．ここでは土壌物理性が均質と仮定しているが，これまでに強調してきたように，パイプ状水みちの効果は無視できるものではなく，平準化評価のむしろキーポイントになる．そしてこの効果は，表面張力で吸引されて移動する土壌水には現れないで，地下水で顕著に現れる（第 2 章 2-2）．そこで本章 1-5 で説明したように，飽和透水係数 K_s を (3-13) 式で与えら

れる値よりも大きくすること (Mohanty et al., 1977) で水みちの効果を表現する。そのために，水みちがない場合の K_s に対するそれがある場合の比を ε で定義し，これによって効率的な排水が地下水面上昇を抑制する効果を表すことにする (Tani, 2008)。よって，基礎式 (3-11) 式において導入された透水係数 K_e は次のように定義される。

$\psi < 0$ のとき $K_e = K$ \hfill (3-15)

$\psi \geq 0$ のとき $K_e = \varepsilon K_s$ \hfill (3-16)

以上によって，θ_s, θ_r, L, ω, D, K_s, σ, ψ_m, f_n, ε の 10 個のパラメータがこの斜面における流出過程に関与し，これらの諸条件が流出平準化指標に及ぼす影響をセンシティビティーアナリシスとして検討すべきことが示された。

4-3 土壌層の飽和不飽和浸透流の無次元化手法

一般に諸条件のセンシティビティーアナリシスを行うにあたっては，無次元化がしばしば行われる (小松, 2004)。パラメータを無次元化によって数を減らし，複雑な関係を整理するわけである。また，無次元化によって空間スケールの大きな現場の現象を実験室内で再現する場合の相似則も誘導できる。ここでは，降雨流出波形変換に及ぼす斜面条件等の影響を評価するにあたって，無次元化手法を提示する (Tani, 2013)。水理学や気象学では常識的な無次元化も，斜面の降雨流出応答を対象としたものは，例が少ない。不圧地下水流における移流項と拡散項の寄与への斜面条件の影響を解析した松林宇一郎の優れた研究 (高木・松林, 1979) をはじめ，Murugesu Sivapalan が継続して取り組んでいるが，無次元化手法として確立されるまでには至っていない。こうした流域間の降雨流出応答の比較評価を相似則と関連させて行う研究では，地下水流を対象にする場合が多く (例えば Harman and Sivapalan, 2009a)，飽和不飽和浸透流に関する無次元化研究はさらに少ない。

土壌水が関与する数少ない飽和不飽和浸透流の無次元化手法では Verma and Brutsaert (1970) の先駆的な研究などがあるが，共通して土壌層の鉛直方向の長さスケールと毛管力による水の吸い上げ高さを関係づけているようであり

(Brutsaert, 2005)，鈴木 (1984a) や著者 (谷，1982) もこれを準用している。ここでも同様の考え方を用いるが，著者は Kosugi (1996) の間隙径分布に関する研究を前提にして，無次元化手法を新たに開発しているので (Tani, 2013)，ここで詳しく説明する。

　本章で問題としているのは，降雨条件が同じ場合に，流出平準化指標が大きいか小さいかを多様な斜面で比較することである (図 0-2)。そこで図 3-8 を参照すると理解しやすいと思われるが，平均降雨強度 f_n を与え，それを基準にしてそのまわりでの微分係数を土壌層の地形・形状，物理性を無次元パラメータで表現することを考える。まず，飽和透水係数 K_s の平均降雨強度 f_n に対する比 κ を定義する。

$$\kappa = K_s / f_n \tag{3-17}$$

　ここでは，降雨強度よりも土壌の飽和透水係数が大きいと仮定するので κ は 1 より大きいことになる。この κ は，与えられた平均強度の降雨を十分余裕を持って浸透させられる土壌なのかどうかという点を表現している。傾斜角 ω，間隙径の標準偏差 σ，パイプ状水みちの効果を表す ε は無次元であるので，そのまま無次元パラメータのひとつとして採用する。

　さて，ここで現れる単位系は長さと時間のみで 2 個であり，すでに速度 (長さ÷時間) の基準量を平均降雨強度 f_n としているから，無次元化のためには長さか時間の基準量をひとつ決めなければならない。ここでは，平均降雨強度が与えられたとき，任意の土壌層の流出平準化指標を相互に比較することを目標としているため，Tani (2013) に基づき，長さの基準量そのものが f_n によってのみ決まるような手法を採用する。

　まず，間隙径分布によって保水性と透水性を表す Kosugi (1996) の式 (3-12) と (3-13) において，飽和透水係数と間隙径分布との関係を検討する。これについて，Kosugi (1997b) は，真下 (1960) によって得られた日本の人工林における土壌物理性に関する多数のデータを解析し，飽和透水係数が間隙径の算術平均値 r_a の二乗に比例する傾向を明らかにした。すなわち，A_1 を係数として

$$K_s = A_1 r_a^2 \tag{3-18}$$

で表される。小杉式は間隙径が対数正規分布をするとしているので，r_a とメジア

ン r_m の間に下記の関係がある。

$$r_a = r_m \exp(\sigma^2/2) \tag{3-19}$$

そこで圧力水頭と間隙径の関係を表す (2-1) 式を用いて, ψ_m は,

$$\psi_m = -\frac{2\gamma\cos\eta}{\rho g r_m} = -\frac{2\gamma\cos\eta\sqrt{A_1}\exp(\sigma^2/2)}{\rho g\sqrt{K_s}} = -\sqrt{\frac{A_2 \exp(\sigma^2)}{K_s}} \tag{3-20}$$

となって, A_2 を係数として K_s と σ で表され, 保水性と透水性とが間隙径分布によって関数関係として結びつく。Kosugi (1997b) によれば, 真下 (1960) のデータから A_2 の値として定数 $10^{0.4}$ が得られている。そこでこの関係を利用し, 平均降雨強度 f_n と等しい飽和透水係数の値を持つ土壌の平均間隙径に対応する毛管上昇高 l を求め, これを長さの基準とする。すなわち,

$$l = \frac{2\gamma\cos\eta\sqrt{A_1}}{\rho g\sqrt{f_n}} = \sqrt{A_2/f_n} \tag{3-21}$$

この基準長さ l を用いて, 次の無次元数を定義する。

$$\lambda = L/l \tag{3-22}$$

$$\delta = D/l \tag{3-23}$$

また, 距離座標 x, z, 変数 ψ を次のように無次元化する。

$$x_* = x/l \tag{3-24}$$

$$z_* = z/l \tag{3-25}$$

$$\psi_* = \psi/l \tag{3-26}$$

時間座標 t は, 下記のように厚さ l の鉛直断面に含まれる移動可能な間隙総量を f_n で満たす時間を基準 T_f と定義することにより,

$$T_f = \frac{l(\theta_s - \theta_r)}{f_n} \tag{3-27}$$

次のように無次元化される。

$$t_* = \frac{t}{T_f} = \frac{t}{l(\theta_s - \theta_r)/f_n} = \frac{t}{\sqrt{A_2}\,(\theta_s - \theta_r)/f_n^{1.5}} \tag{3-28}$$

このようにして，速度の次元を持つ平均降雨強度 f_n に関係づけられた l を長さの基準量として採用することにより，土壌層相互の流出平準化指標を比較するうえでの長所が生じる。もし仮に，土壌層の水平長 L や土壌層の厚さ D あるいは圧力水頭のメジアンの絶対値 $|\psi_m|$ を長さの基準にとったとする。そうすると，平均降雨強度 f_n が与えられたときに，長さ基準自身の値が異なる土壌層の平準化指標を比較するとき，それ以外の長さの次元を持つ量が実次元では変化しないのに無次元数の値が変化してしまう。例えば，D を基準にした場合 D 自身の変化の影響を比較することはできないし，L/D や ψ_m/D の値も変化してしまうので，無次元化でパラメータ数をせっかく減らしても，降雨強度以外にもうひとつ基準ができてかえって比較がわかりにくくなってしまうからである。上記の f_n に関係づけられた長さの基準を導入することで，実次元と無次元とで一対一に対応するパラメータを用いて流出平準化指標の大小を比較することができるのである。

多様な条件の斜面土層があるわけだが，具体的に，平均降雨強度が 10 mm h^{-1} の降雨期間において，水平長だけが 20 m と 50 m のように異なっている斜面のピーク流出量を比較する場合は，λ の平準化指標に対するセンシティビティーアナリシスを検討すれば良い。また，地形条件や土壌層厚さが同じで土壌物理性が砂質と粘土質である場合のピーク流出量の比較は，κ と σ のセンシティビティーを比べれば良いことになる。降雨強度だけが基準となっていることで，図 0-2 に示されたような多様な流域条件における平準化機能が比較しやすくなる。すなわち，流出平準化指標へのセンシティビティーアナリシスが，少ない無次元パラメータの比較計算で非常に見通しよく実行できるわけである。

以上の無次元数を基礎式 (3-9) に代入することにより，無次元化された基礎式は次のように表される。

$$C_* \frac{\partial \psi_*}{\partial t_*} = \frac{\partial}{\partial x_*}\left(K_* \frac{\partial \psi_*}{\partial x_*}\right) + \frac{\partial}{\partial z_*}\left\{K_*\left(\frac{\partial \psi_*}{\partial z_*} + 1\right)\right\} \tag{3-29}$$

ここで，C_*，K_* は，比水分容量 C, (3-15)，(3-16) 式定義されるパイプ状水みちの効果を含んだ透水係数 K_e の無次元表示であり，下記で表される。

$$C_* = \frac{dS_e}{d\psi_*} = \frac{1}{\sqrt{2\pi}\sigma(-\psi_*)} \exp\left[-\frac{\{\ln(-\psi_*\sqrt{\kappa}) - \sigma^2/2\}^2}{2\sigma^2}\right] \tag{3-30}$$

(11)

$\psi_* < 0$ のとき $K_* = \dfrac{K_e}{K_s} = \left[Q\left\{\dfrac{\ln(-\psi_*\sqrt{\kappa})}{\sigma} - \dfrac{\sigma}{2}\right\}\right]^{1/2} \times \left[Q\left\{\dfrac{\ln(-\psi_*\sqrt{\kappa})}{\sigma} + \dfrac{\sigma}{2}\right\}\right]^2$ (3-31)

$\psi_* \geq 0$ のとき $K_* = \varepsilon$ (3-32)

また，体積含水率 θ を用いた実次元表示では飽和含水率 θ_s と残留含水率 θ_r が含まれ貯留量計算に加わっていたが，無次元化表示では有効飽和度 S_e に置き換えられ，比較にかかわるパラメータを減じる効果を得ることができる。その定義は，

$$S_e = \frac{\theta - \theta_r}{\theta_s - \theta_r} \tag{3-33}$$

であり，ψ_* の関数として次式で表現される。

$\psi_* < 0$ のとき $S_e = Q\left\{\dfrac{\ln(-\psi_*\sqrt{\kappa})}{\sigma} - \dfrac{\sigma}{2}\right\}$ (3-34)

$\psi_* < 0$ のとき $S_e = 1$ (3-35)

このようにして，実次元で関与するパラメータから無次元パラメータ λ, ω, δ, κ, σ, ε が導かれた。Box2 に，本章 1-7 で解説した近似的方法による，土壌層の I，U，S 各領域の区分や土壌層内の圧力水頭分布の無次元数を用いた数式表現を示しておく。

4-4　土壌層の貯留量と流出平準化指標の無次元化

　次に，評価対象である流出平準化指標の数式表現と無次元化を行う。そのためにまず，土壌層の境界水分貯留量について調べよう。これは降雨と同じ水高単位の次元，すなわち単位面積あたりで比較する必要がある。二次元斜面では，単位水平長あたりとして良いから，土壌層の水分量 S_L は次式で定義される（図3-22参照）。

$$S_L = \frac{1}{L} \int_0^L \int_{-x\tan\omega}^{-x\tan\omega + D} \theta \, dz \, dx \tag{3-36}$$

　図3-23は，長さ L が100 m，傾斜角 ω が30°で厚さ D が1 mの土壌層において，与えられた降雨強度 f による定常状態における体積含水率 θ の空間分布を計算し，その結果から(3-36)式によって土壌層の貯留量 S_L を求めたものである。なお，土壌物理性として飽和，残留含水率 θ_s，θ_r がそれぞれ 0.6445，0.429，間隙径の標準偏差 σ が1.4としており，飽和透水係数 K_s の値とパイプ状水みちの効果 (3-16式) の ε を変えた計算も示している。図中の記号は (3-9) 式（二次元のRichards式）に基づき飽和不飽和浸透流による計算結果である。これに対して曲線は，本章1-7で説明した近似方法によっている。近似ではI, S, U領域区分に基づいて圧力水頭および体積含水率の分布を計算しているが，Richards式の結果を非常によく近似していることがわかる。

　図によると，f の増加とともに S_L は増加するが，K_s が大きいほど S_L が小さい値になっており，強い降雨強度でも土壌層は飽和しにくい。また，$K_s = 0.0025$ cm s^{-1} の場合は $\varepsilon = 10$ の結果を表示しており，$\varepsilon = 1$ の結果と比べてパイプ状水みちの効果を見ることができる。曲線の左側部分は降雨強度が弱いため地下水が発生せず，I領域とU領域だけであるため（図3-4），水みちの排水効果は生じないが，地下水が発生すると水みちの効果により地下水面上昇が抑制されて S_L が小さくなる結果が得られている。しかしさらに降雨強度が大きい場合には，地下水面が上昇することも示されている。

　また，図3-23の曲線は，一段タンクモデルで言えば流量貯留関係に相当することになるが，貯留関数法の式 (2-7) とは当然異なっている。すなわち，この曲線は，降雨の流出応答に対する土壌物理性や地形条件などの斜面条件の影響を表

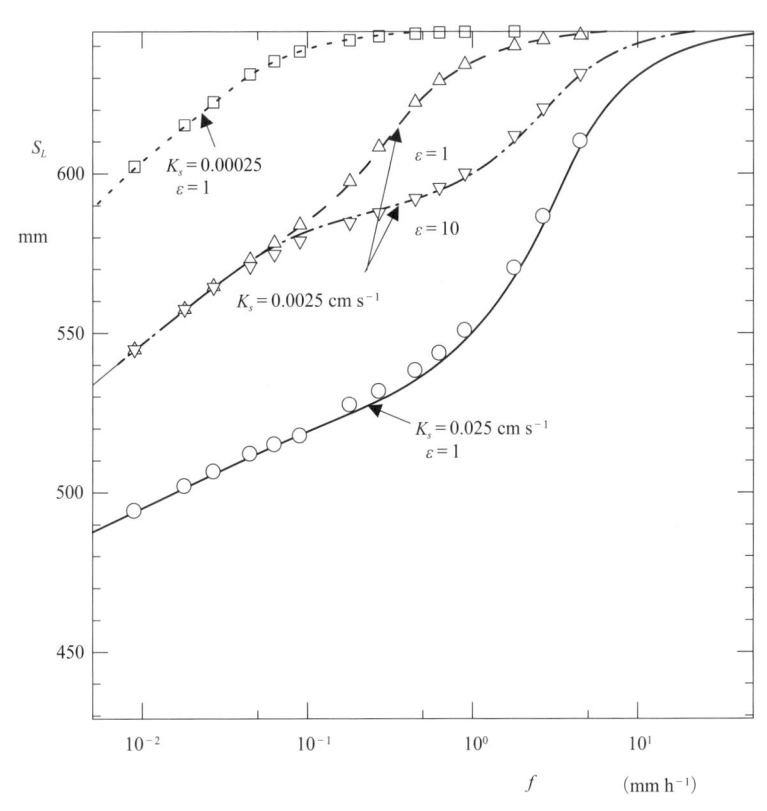

図 3-23 定常状態での降雨強度と土壌層の単位水平長あたりの貯留量との関係

Tani (2008) を一部改変

記号は，二次元の Richards 式による結果．曲線は I, S, U 領域区分に基づいて圧力水頭および体積含水率の分布を近似して求めた結果である（第 3 章 1-7 参照）．共通パラメータは，$\theta_s = 0.6445$, $\theta_r = 0.429$, $\sigma = 1.4$, $D = 1$ m, $L = 100$ m, and $\omega = 30°$ であり，K_s および ε を変えて計算した結果を図示している．

現している．この関係は定常状態における流量貯留関係のひとつとみなすことができるから，貯留関数法で用いられる流量貯留関係の指数関数式である (2-7) 式の代わりに用いれば，一段タンクモデル (3-1-3 参照) に入れて，降雨流出応答関係を計算することが可能である．

本項では次に流出平準化指標の定義とその無次元化を行う．本章 1-10 で導入した流出平準化指標 R は平均降雨強度 f_n における微分係数であるから，ここでは次のように定義される．

$$R\big|_{f=f_n} = \frac{dS_L}{df}\bigg|_{f=f_n} \tag{3-37}$$

(3-36) 式で定義された土壌層貯留量 S_L は，時間の基準量を定義する (3-27) 式を参考に体積の基準量を $l(\theta_s - \theta_r)$ として無次元化すれば，

$$S_{L*} = \frac{S_L - D\theta_r}{l(\theta_s - \theta_r)} = \frac{\int_0^\lambda \int_{-x_*\tan\omega}^{-x_*\tan\omega+\delta} S_e \, dz_* \, dx_*}{\lambda} \tag{3-38}$$

となる。そこで R の無次元表示 R_* は，

$$R_*\big|_{f_*=1} = \frac{dS_{L*}}{df_*}\bigg|_{f_*=1} \tag{3-39}$$

と定義できるので，(3-39) に (3-38)，(3-37)，(3-28) 式を代入して，R_* は，

$$R_*\big|_{f_*=1} = \frac{f_n}{l(\theta_s - \theta_r)} \frac{dS_L}{df}\bigg|_{f=f_n} = \frac{R\big|_{f=f_n}}{\sqrt{A_2}(\theta_s - \theta_r)/f_n^{1.5}} = \frac{R\big|_{f=f_n}}{T_f} \tag{3-40}$$

と，R から時間基準 T_f によって無次元化されることがわかる。このようにして，6 個の無次元パラメータ λ，ω，δ，κ，σ，ε の R_* に対するセンシティビティーを検討することで，平均降雨強度が与えられたときに，どのような条件をもつ斜面土壌層の流出平準化機能が大きいのかを比較検討することができるようになった。

4-5 飽和不飽和浸透流の相似則

ここで，相似則についてふれておきたい。2 つの相似形をした土壌層 A と B において，相似比を n とした場合 (B が A の n 倍の大きさをもつ場合) を考える (図 3-24)。両土壌層の添え字を A，B とすると，

$$l_B = n l_A \tag{3-41}$$

だから，両者で相似の現象が起こるためには，(3-21) 式により，

4 流出平準化機能の評価手法

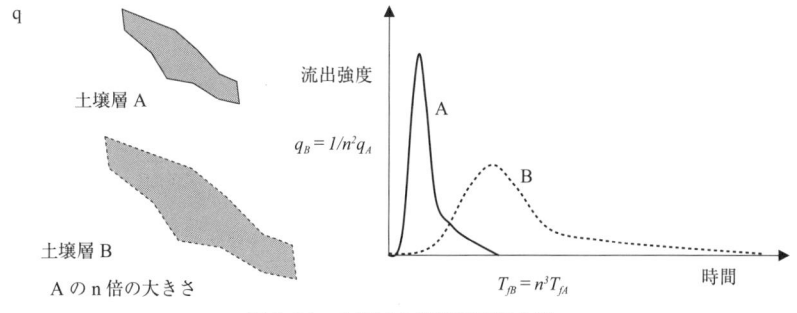

図 3-24 土壌層の相似則の概念図

Tani (2014) を一部改変

土壌層 A と B の大きさの比を n としたとき，流出強度を $1/n^2$ 倍，時間を n^3 倍にした場合，両者のハイドログラフは実次元では右図のように異なるが，無次元表示にすると重なり合い，相似則が保たれることになる。

$$f_B = (1/n^2) f_A \tag{3-42}$$

となる。また，(3-27) 式により，

$$T_{f_B} = n^3 T_{f_A} \tag{3-43}$$

となる。図 3-24 に示すように，n 倍大きな土壌層の降雨強度スケールを $1/n^2$ とし，時間スケールを n^3 倍にしてやると，両者の圧力水頭の分布や流出ハイドログラフは無次元表示では同一の値になり，相似則が保たれることになる。

例えば，長さのスケールが2倍になると，(3-26) 式により毛管上昇高が2倍にならないといけないから，間隙径の分布が半分ずつ小さくなるような土壌でないと相似則が満足されず，(3-18)，(3-21) 式によって飽和透水係数と降雨強度はいずれも 1/4 にならなくてはならない。そうすると，通常の土壌物理性を持ちサイズの小さな土壌層で行われた室内での流出実験結果は，現場においては，飽和透水係数が小さな土壌材料で弱い強度の降雨に対して生じる，きわめて長い時間スケールでの現象を模擬していることになる。それゆえ，こうした室内実験は，現場での豪雨時の現象を反映しないということになる。具体的な検討はこれ以上行っていないが，室内実験においてはこういう相似則の観点も意識した方が良いのではないかと考えられる。

4-6 流出平準化指標に及ぼす地下水面上昇の効果

本章 4-3, 4-4 で説明した無次元化手法を用いて, 斜面条件各パラメータの流出平準化指標 R_* に対するセンシティビティーを計算した例を R_* の等量線図として図 3-25 に示す (Tani, 2013)。横軸は，平均降雨強度 f_n に対する飽和透水係数 K_s の比 κ であって土壌物理性を代表し，それが大きいほど比較的大きな間隙径が多く含まれている土壌であることを表す。縦軸は，(3-21) 式により f_n のみで定義される基準長さ l に対する水平座標 x の比 x_* であって，斜面の水平空間のスケールを代表している。なお，土壌層の鉛直断面を通過する流出強度を斜面からの流出強度とみなしているので (本章 4-2), $x_* = \lambda$ の地点での R_* の値は，水平長 λ の斜面における平準化指標を表すことになる。A はパイプ状水みちがないとして $\varepsilon=1$ としているが，B はそれがある場合であり，仮に $\varepsilon=100$ を与えている。その他の条件は共通で，間隙径の標準偏差 σ は Kosugi (1997a) を参考に標準的な値として 1.4 とし，また，l に対する土壌層厚さ D の比 δ は 1, 傾斜角 ω は日本の山地で平均的な 30° としている。

さて，図 3-25 内部の太い曲線は，領域区分の境界を示す (図 3-6 参照)。すなわち，x_{us*} 曲線より下側は地下水流が発生しておらず，土壌層が I, U 領域でおおわれている。x_{iu*} 曲線より上側は I 領域が地表面から追い出されて消えてしまい，x_{so*} 曲線より上側は飽和地表面流が発生している。x_{iu*} 曲線と x_{so*} 曲線の間の幅が狭く見えるのは，U 領域の幅がうすいこと，すなわち斜面方向への流れがほとんど S 領域の地下水に受け持たれているので I 領域がなくなるとその斜面下方側ですぐに飽和地表面流が発生することを意味する。なぜなら，降雨強度が飽和透水係数に接近すると，本章 1-6 の (3-2) 式で定義されたように，I 領域の一定の圧力水頭値 ψ_f (ここでは無次元表示なので $\psi_{f*}=\psi_f/l$ になる) は地下水面の値 0 に近づいてゆくので，U 領域はうすくなってしまうからである。

なお，図 3-7 も図 3-25 と類似した座標構造であるが，図 3-7 では対象とする土壌層の土壌物理性は固定されており，横軸の定常流出強度 f の値や縦軸の水平座標 x に対応して領域区分がどのように変化するのかを示している。それに対して図 3-25 は，与えられた降雨強度において異なる土壌層間の比較を行うため，横軸が降雨強度を基準とした飽和透水係数で表示していて，図 3-7 と横軸の向きが反対になる。また，図 3-25 は無次元表示であるため，横軸と縦軸がいずれ

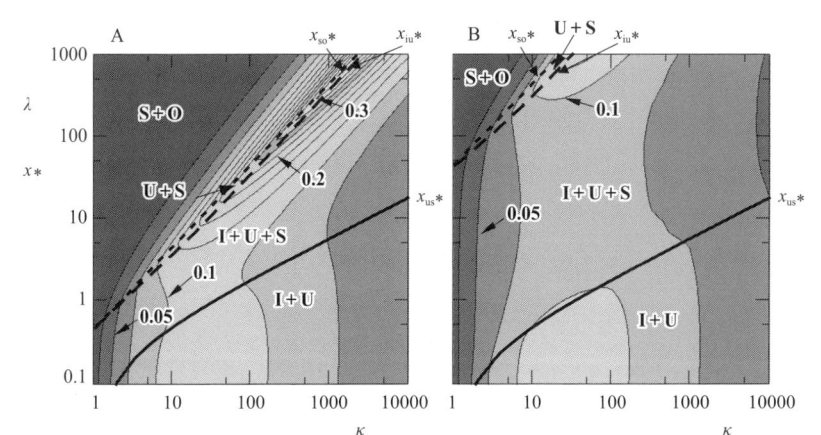

図 3-25 平均降雨強度を基準とした飽和透水係数 (κ) と斜面の水平長 (λ) の変化が流出平準化指標 (R_*) に及ぼすセンシティビティーを表現する等量線図 (Tani (2013) を一部改変)

<small>共通パラメータは，$\sigma=1.4$，$\delta=1$，$\omega=30°$ とした．A は $\varepsilon=1$，B は $\varepsilon=100$ で，パイプ状水みちの効果を比較している．縦軸は，斜面上端からの水平長をも同時に表現しており，太い曲線は I，U，S 各領域の境界を示す．例えば図中の x_{us*} より下側では S 領域がなくその曲線上の地点で地下水が発生して図の上側すなわちその地点より斜面下方で地下水面が上昇する．x_{iu*} より上側では I 領域が消失し，x_{so*} の地点で飽和地表面流が発生する．</small>

も対数表示で 4 オーダーの変動幅があるにもかかわらず，流出平準化指標の無次元表示 R_* がほぼ 1 オーダーの範囲になっていて，センシティビティーアナリシスの長所が示されている．これは重要な点であって，R の定義 (3-37) 式でわかるように，土壌物理性や降雨強度によって実次元の R は大きく変化するので，センシティビティーの解釈がしづらくなってしまう．無次元化にはどのパラメータの効果が大きいのかに見通しをつけるとういう意義があり，本章 4-3 で指摘したパラメータの数を減らすことだけがメリットではないのである．

図 3-25 の A はパイプ状水みちがない均質な土壌層であるので，Freeze (1971) が飽和不飽和浸透流シミュレーションで指摘した結果を反映し（第 2 章 2-6），飽和地表面流発生の領域が左上に大きく広がっている．x_{so*} の曲線に沿って R_* が大きい尾根が生じているがこれは次のように解釈される．まず，図の左上側は飽和透水係数が小さいか（横軸）斜面が長いか（縦軸）のため，飽和地表面流が発生する．地表面流は地中流に比してきわめて高速で流れると考えられるので，ここでは流れにおける貯留増加が無視できると仮定しており，R_* は当然小さくなる．x_{so*} の曲線の近傍は，地下水面の上昇する領域であるが，これに沿って R_* が大

きい傾向には，地下水と土壌水の性質の違いが関与している。つまり，土壌水と異なり，地下水では体積含水率が飽和のため θ_s で一定であり，飽和透水係数 K_s の値も一定である。流量強度が大きくなったとき，土壌水の場合は不飽和なので，体積含水率と同時に不飽和透水係数も増加し，貯留量増加はその2者によって担われる。一方，地下水の場合は透水係数が一定であるため地下水面上昇だけが生じて，貯留量の増加が土壌水の場合よりも大きくなってしまう。その結果，R_* は貯留量の流出強度に対する微分係数なので，土壌水の場合よりも地下水面の上昇する場合に大きくなるわけである。

また，κ（実次元表示では K_s）が非常に大きい土壌では，降雨強度が相対的に小さいことを意味するため，I 領域での一定の鉛直浸透強度 f_n に対応する圧力水頭 ψ_f は低い値となり，体積含水率も小さい値となる。そのため，流出強度増加が地下水面上昇をもたらして飽和含水率に変わる場合に大きな貯留量増加が生じる。いわゆる有効間隙率が大きい結果になる（例えば Brutsaert, 2005）。このことが，x_{so*} 曲線に沿った R_* の尾根が右上においてより高くなってゆく理由である。こうして x_{so*} の曲線に沿う尾根上に大きい R_* の傾向が説明される。

4-7　流出平準化指標に及ぼす鉛直不飽和浸透流の効果

引き続き，図 3-25 における流出平準化指標のセンシティビティーの特性について，鉛直不飽和浸透流の生じている I 領域の効果を中心に説明してゆこう (Tani, 2008)。A の x_{us*} 曲線より右下側は斜面が短く透水性が大きいために地下水が存在しない。そのため，流出強度増加に対して不飽和透水係数の増加があることにより，貯留量増加は少ない。また，斜面も短く斜面方向の不飽和浸透流を担当する U 領域の発達も小さいので，I 領域の占める割合が大きい。

いま，わかりやすさのため実次元で説明するとし，仮に土壌層全体が I 領域でおおわれたと想定する。そうすると，I 領域内の圧力水頭の値は一定で，その値 ψ_f に対応する不飽和透水係数が降雨強度と一致する。したがって，降雨強度に等しい値を持つ不飽和透水係数が土壌層全体をおおうことになる。また，I 領域では体積含水率 θ も降雨強度に等しい不飽和透水係数を与える ψ_f を (3-12) 式に入れて得られる θ_f になるため，単位斜面長あたりの土壌層の貯留量である S_L は (3-36) 式によって，

$$S_L = D \times \theta_f \tag{3-44}$$

と表される。結局，土壌層の貯留量の定常流出強度に対する微分係数は，体積含水率の不飽和透水係数に対する微分係数に比例することになる。それゆえ，実次元での流出平準化指標 R は，

$$R\big|_{f=f_n} = \frac{dS_L}{df}\bigg|_{f=f_n} = D\frac{d\theta}{dK}\bigg|_{K=f_n} \tag{3-45}$$

で表される。次に，実次元で定常状態での不飽和透水係数と圧力水頭の関係を表す (3-2) 式を，(3-17) 式を用いて無次元化すると，

$$K_*(\psi_* = \psi_{f*}) = f_n / K_s = 1/\kappa \tag{3-46}$$

結局，(3-45) 式は (3-39) 式を用いて無次元化され，

$$R_*\big|_{f_*=1} = \frac{dS_L^*}{df_*}\bigg|_{f_*=1} = \delta \frac{dS_e}{dK_*}\bigg|_{K_*=1/\kappa} \tag{3-47}$$

となる。

以上のように，I 領域で土壌層がおおわれてしまうと，流出平準化指標は，斜面長に無関係になり，土壌の透水性を表す有効飽和度と不飽和透水係数の関数関係から得られる微分係数によって表現されてしまう。実際には，斜面方向への流れが必ず存在しなければならないから，少なくとも U 領域が存在し，また，地下水が発生すれば S 領域が徐々に斜面方向流の主体を為すように発達してゆく。したがって，土壌層全体が I 領域でおおわれることはあり得ないが，斜面方向への流れが小さい場合は，近似的にそうした土壌物理性で平準化指標が表現される傾向が現れる。その結果，R_* に斜面水平長の違いが現れにくくなって，図 3-25 の表示では R_* の等量線が垂直に近くなってしまう。実際，A の x_{us*} 曲線より右下側は，そのような傾向が見いだされることがわかるであろう。

さて，図 3-25B は，こうした R_* の等量線が垂直に近い傾向が全体に広がっている。その理由は，$\varepsilon = 100$ でパイプ状水みちによる斜面方向への地下水流の排水能力が大きく，その上側に U 領域がかぶさってはいても，斜面方向への S 領域の斜面下方へ向けての拡大が著しく抑制され，結果的に I 領域が広く斜面をお

おうことになっていることによる．この結果は，定常状態での圧力水頭の分布を解説した本章1-7において，図3-4および図3-7におけるパイプ状水みちの発達しているCの場合に対応している．さらに詳しく見ると，図3-25Bのx_{us*}曲線の付近での等量線に折れ点が生じているが，それはこの曲線に沿って地下水が発生して効率的な排水効果が現れて地下水面上昇が妨げられることに基づいている．なお，図の上方にはR_*が大きくなる傾向が現れているが，これは斜面長が長くなって斜面方向への流れが水みちの排水能力を超えるまで発達して，結局，図3-25Aと同じようにR_*が尾根状の高まりを持ち始めることを示している．したがって，排水能力が高まることで，長い斜面やゼロ次谷の雨水の集中する凹地部での地下水面上昇を抑制するとしても，結局限界があって，そうした場合には，本章3で詳細に説明したように，飽和地表面流が発生する．そうなれば斜面安定が崩れ，崩壊に至ることも考えられる．

以上のように，図3-25を用いて，斜面条件を表すパラメータの流出平準化指標に与えるセンシティビティーを調べてきた．こうした解析は，例えば，土壌層の厚さを表すδや傾斜角ω等でも試みることができる．また，ここでは，多様な土壌層の流出平準化機能の相互比較を目的としたため，平均降雨強度を基準にとったが，必ずしもそういう比較ばかりが目的とはならないであろう．つまり，ひとつの土壌層を対象とし，降雨強度の変化にともなって平準化機能がどのように変わるのなどの比較解析などに対しては，降雨強度を基準にした無次元化は適当とは言えない．それぞれの目的に応じた検討方法が工夫されるべきなのである．

4-8 貯留関数法の流量貯留関係式の根拠に関する考察

本書では，すでに本章3-6でまとめたように，斜面とりわけゼロ次谷の降雨の集まる凹地部でのパイプ状水みちによる効率的な地下水排水が流出メカニズムにおいて果す大きな役割を強調してきた．またその場合には，前項においてI領域での流量貯留関係が降雨流出波形変換で支配的になることであることを示した．本項では，貯留関数法の流量貯留関係式にどのように反映されるかを検討する（谷，2015a）．

本章4-4で示した図3-23において，I，U，S領域区分によって近似計算された土壌層の降雨強度と貯留量の関係を示したが，ここでは$K_s = 0.0025$ cm s^{-1}の

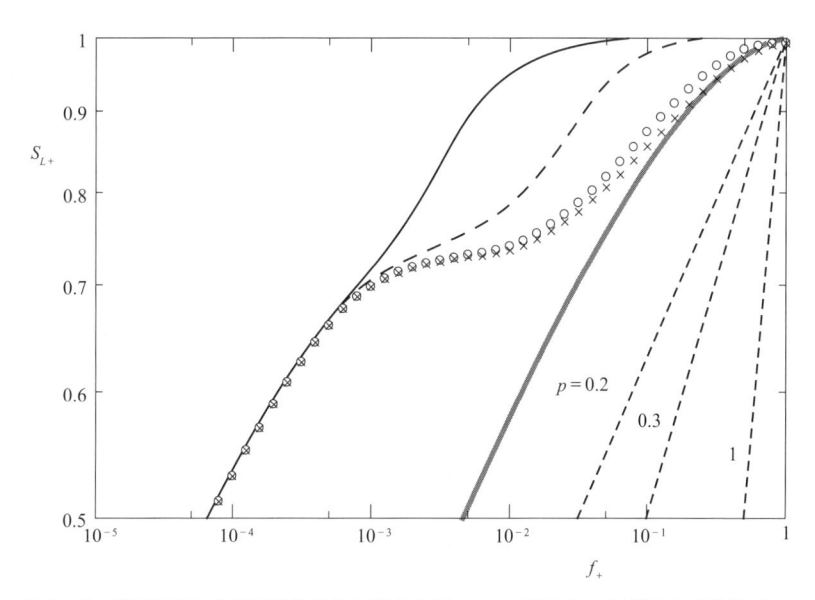

4 流出平準化機能の評価手法   197

図 3-26 降雨強度と土壌層貯留量とに関する図 3-23 の関係を，土壌層が I 領域におおわれた場合，および貯留関数法の式による場合と比較した結果

縦軸と横軸は，本文に示す無次元化を行っており，両対数グラフで表示している。
実線と破線は I, S, U 領域区分に基づいた近似で，図 3-23 と同じ。○と×は，同じ近似計算で $\varepsilon = 100$ と 1000 とした場合。灰色の太線は，土壌層が I 領域におおわれたと仮定した場合の (3-50) 式による計算結果。点線は貯留関数法の流量貯留関係式における p の値に対応する直線勾配を示す。

場合について，図 3-26 に表示し直す。ここでは，パイプ状水みちの効果が大きい場合として，$\varepsilon = 10$ の他に 100, 1000 の場合も示している。ただし，縦軸の貯留量は，(3-36) 式を基に，水平長 L で厚さ D の土壌層全体が飽和している場合を基準とする無次元量 S_{L+} すなわち，

$$S_{L+} = \frac{S_L - D\theta_r}{D(\theta_s - \theta_r)} \tag{3-48}$$

で表示している。また，横軸の定常降雨強度 f は，K_s を基準に無次元化して f_+

$$f_+ = f / K_s \tag{3-49}$$

として定義し，両者を両対数グラフで表示している。したがって，この降雨強度が飽和透水係数に近づくと，土壌層の貯留量が飽和することになり，グラフ上で

は座標 (1, 1) で表されることになる。また，図 3-26 では，効率的な排水によって土壌層が I 領域で占められたと仮定した場合の流量貯留関係も示している。この場合は，(3-2) 式に示すように，土壌層の圧力水頭 ψ および有効飽和度 S_e は一定で，それに対応する不飽和透水係数 K が降雨強度 f に等しくなるような値 ψ_f 及び S_{ef} におおわれることになる。それゆえ，土壌層貯留量は S_{ef} に土壌層の全体積を掛けた値になり，無次元表示 S_{L+} で表現すると結局，

$$S_{L+} = S_{ef} \tag{3-50}$$

となる。

さらに，貯留関数法の流量貯留関係を表す (2-7) 式から，定常時には，流出強度 q は降雨強度 f に等しいから，S_{L+} が流域貯留量 S と比例関係にあるとすれば，

$$S_{L+} \propto S = kf^p \tag{3-51}$$

となり，この場合の流量貯留関係は，図 3-26 が両対数グラフなので p の値毎に決まる勾配を持つ直線で表示される。

図 3-26 を見ると，まず，土壌層の流量貯留関係は，定常降雨強度が小さい場合，パイプ状水みちの有無にかかわらず同じであることがわかる。これは土壌層が不飽和帯である I, U 領域に占められているからである。しかし，降雨強度が増加して飽和帯である S 領域が発生すると，水みちの排水効果が現れて貯留量増加が抑制される傾向が見られるようになる。また，水みちの効果が大きくなるほど，I 領域で占められた (3-50) 式の流量貯留関係の曲線に漸近しており，水みち効果によって，土壌層の貯留量が，I 領域における圧力水頭 ψ_f に対応する一定の有効飽和度 S_{ef} によって近似されるようになることが確認できる。その勾配は，p の値で 0.2 に近いかより小さい値になり，非線形性の強い指数関数式で近似されることがわかる。

現実の斜面土壌層では，I 領域だけで占められているわけではなく，降雨強度に従って，U 領域や S 領域やその遷移領域が現れるであろうが，土壌層が準定常性変換システムになることで，(2-7) 式で示される流量貯留量の指数関係に近い関係が現れることが明らかになった。

4-9 土壌層の不均質性と水理学的連続体からみた流出応答単純性の考察

本章では，斜面の土壌層が水理学的連続体となることにより，準定常性変換システムとして機能することを詳しく説明してきた。こうした観点から，流域における降雨流出に関して長く難題として認識されてきた，流出メカニズムの不均質性・複雑さと流域での降雨流出応答の単純性のコントラストに関する問題について（例えば McDonnell et al., 2007; Sivapalan, 2003），本章を締めくくる前にに考察してみたい。

日本では 1980 年頃，流域が多様な斜面によってできあがっていることに注目し，斜面方向への流れをキネマティックウェーブモデルで扱えるとの仮定に基づいて，流域の洪水流出応答が内部の多数の斜面の計算結果とどう関係するかという問題意識での研究がいくつか行われた。藤田（1981）は，単独斜面では降雨によって貯留量がまず増加し，その後に流量が増加するというヒステリシスがあるが，斜面長の分布が対数正規分布で表される点を指摘し，流域全体で平均化すると流量と貯留量の関係が一対一になり，貯留関数法の (2-7) 式に近づく傾向が見いだされた。こうした個別斜面と流域との洪水流出応答の対比は，複雑さと単純さのコントラストが流域内の斜面長分布のような地形の不均質性から生じていることを想起させるものである。しかし，谷ら（1982）は，藤田が解析対象としたのと同じ竜ノ口山試験地の小流域においてやはりキネマティックウェーブモデルでの検討を行い，洪水流出計算を個別斜面で行ってその積算によって求めた流域の洪水流出応答と，流域平均の斜面長をもつただひとつの斜面での計算から求めた応答とではほとんど差がないことを示した。したがって，不均質性問題においては，斜面長分布ではなく，空間スケールを斜面から流域に大きくしたときの平均化によっては処理できないような，もっと別の物理条件の空間分布がコントラストを創っているのではないか，という疑問が示唆された。

このコントラストの問題に関して，流出モデルからのアプローチではなく，斜面での観測結果に基づいて考えようとする議論が，海外で 1990 年頃から行われてきた。そこでは，小流域と内部のサブ流域の水文量分布の相互関係の検討（Kubota and Sivapalan, 1995）や斜面と流域の流出メカニズムのコントラストの議論（Sivapalan, 2003）などが行われた。さらに，こうした空間スケール間の問題と

言うよりは，斜面内部の諸条件の局所的な不均質性・複雑さをどのように整理してモデル化するかがより重要とされるようになってきた（McDonnell et al., 2007）。こうしたコントラスト問題に対して，本書で述べてきた降雨流出応答に関する見解，すなわち，流出場が水理学的連続体と成ることで準定常性変換システムとして機能し，これが流出応答を産み出すとの見方から，重要な示唆が得られる。

　本書第3章では，流出場がいかにローカルに見たとき不均質であったとしても，それがひとつの水理学的連続体を構成する限り，降雨流出応答は一段タンクモデルで表現される準定常変換システムで近似される（つまり，準定常「性」変換システムとして機能する）ことを説明してきた。ゆえに，流出強度と土壌層全体の貯留量との関係が降雨流出応答関係を創り出しているのだから，その応答関係に土壌層内部の不均質性は直接的な影響を及ぼすことはない。むしろ，この流出場全体が示す準定常変換システムで近似されない場合はどういうときかの方が問題とならなければならない。その近似されない場合としては，本章1-8で説明したように，降雨直後にウェッティングフロントが形成されることで準定常性変換システムが破壊される期間が指摘できる。降雨によって湿潤になった地表面付近の波形伝達は，不飽和透水係数の小さい相対的に乾燥した部分によって遮断される。しかし土壌層は，降雨前からの基底流出の減衰過程を産み出し続けている。そのため，土壌層という流出場そのものは降雨開始前後で変化しないけれども，降雨前の減衰過程時の準定常性は維持されないし，降雨が継続して土壌層が底面まで湿潤になるまでは，新たな準定常性変換システムも完成しない。

　この場合以外にも，斜面鉛直断面における層構造は，それらが全体として水理学的連続体を構成するときとしないときがあり（本章2-2），そのことが準定常性変換システムとして機能する場合と機能しない場合に反映される。すなわち，地表面流，土壌層内の地下水流，風化基岩中の地下水流などは，互いに交流し合う場合も，交流せずに互いに独立である場合も生じるわけである（第2章4-10）。HYCYMODEL（福嶌・鈴木，1985）における流路と斜面の区別やタンクS_2が担っている観測降雨からの有効降雨分離の役割など（本章2-3），準定常変換システムを要素として組み立てられている流出モデルにおけるさまざまなアルゴリズム（例えば，菅原，1972：1979）は，準定常性変換システムが中断している期間の流出メカニズムをモデルに何とか反映させようとする工夫であるという理解ができるだろう。

このような考察に基づき，局所的な不均質性から得られる複雑さが流出応答の単純さに変換されるうえで決定的に重要な点が指摘できる．いま，図 3-28 のように，間隙分布が多様でパイプ状水みちも含むような不均質な傾斜土壌層があり，定常状態で水が流れているとする．土壌層内に地下水がない場合は，間隙に水があるかないかは表面張力の強弱によって決まるので，細かい間隙にのみ水がはいっており，圧力水頭と位置水頭との合計である水理水頭の小さい方へ水が移動する．表面張力の弱いパイプ状水みちなどの大きな間隙には水がはいらず，流れには寄与しない．したがって，定常流出強度の変化にともなう貯留量変化を通じた，準定常性変換システムとしての性質そのものは，土壌が均質であろうと不均質であろうと成立し，降雨波形の流出波形への変換が行われるであろう．流出平準化機能は，ローカルな不均質性にはよらず，水理学的連続体を為している土壌層全体での，流出強度に対する貯留量の微分係数によって与えられると考えられるからである．

　しかし，この土壌層内に地下水がある場合（図 3-28 下図）は，流出強度にかかわらず，パイプ状水みちをも含みすべての間隙には圧力エネルギーがはたらいて水が押し込まれ，飽和となっている．もし，流量強度が土壌の飽和透水係数より非常に大きい（例えば 100 倍以上）とすれば，水みち以外の土壌間隙内の流量はこの定常流量強度よりもごく小さい値にしかならず，流れのほとんどが水みちによって担われることになる．そうなると，水理学的な連続性は保たれてはいても，一般の小さい土壌間隙の流量に及ぼす影響が小さくなって，流出平準化機能は水みちにおける貯留の微分係数で与えられることになってしまう．比喩的に言えば，河道での大量の洪水流量のピークの下流への流化にともなう波形の平準化は，河道での運動方程式にかかわる粗度係数によるのであり（石原・高樟，1964），河道の底面と周囲の土壌の飽和透水係数の影響は無視できるのと似ている．つまり，同じ方向への複数の流れが並列に存在する場合，その速度があまりにも大きく違っていると，水理学的連続性があったとしても，遅い部分の降雨流出の波形変換は無視可能になる．そのため，斜面方向にパイプ状水みちが発達している場合には，水みち内の高速の流れによって波形がほとんどならされない結果が生じる．例えば，第 2 章 4-9 で紹介した CB1 の人工降雨実験では，人工降雨の日変動にともなう水理水頭の変動（図 3-29）と流出量の変動（図 3-28）が遅れなく対応している．この結果は，臭化物イオンをトレーサーとして見いだされた斜面方向への

地下水のない場合

地下水のある場合

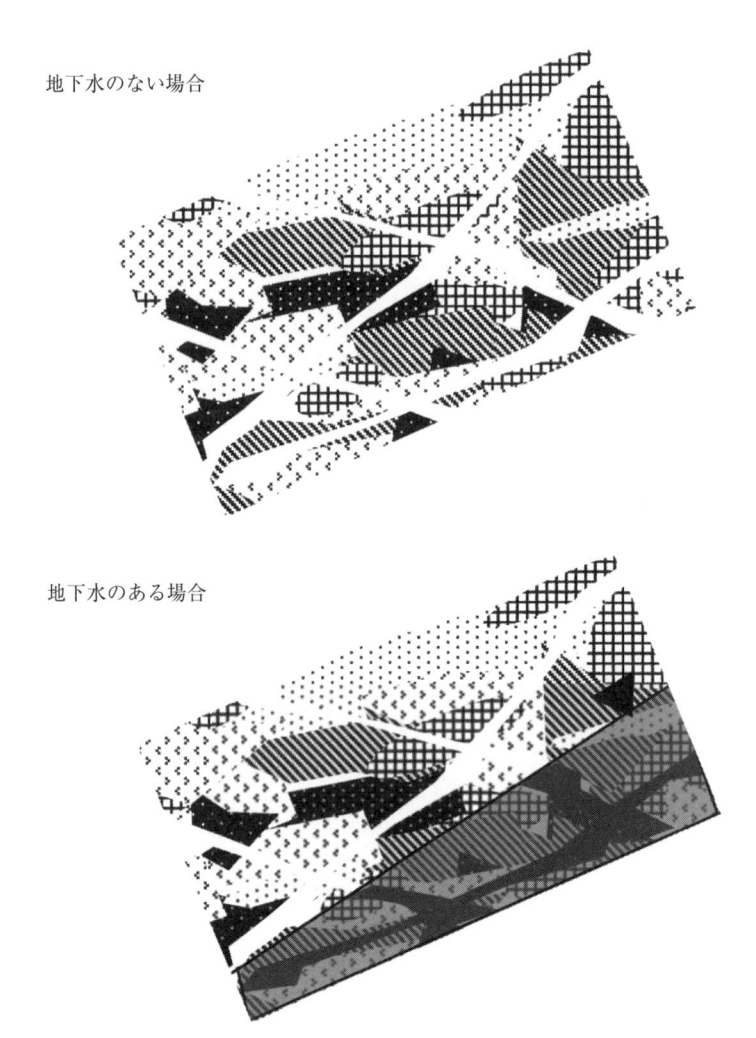

図 3-28 不均質な物理性を持つ土壌層において，地下水のある場合とない場合における貯留変動の流出応答に及ぼす影響を説明するための概念図

　地下水のない土壌水の場合（上図）は，表面張力の強い間隙を伝わって水が移動するから，パイプ状水みちに水がはいらず，流れに貢献しない。そのため，流量が変化したときには，ローカルな不均質性の有無にかかわらず，土壌全体の貯留変動によって波形変換の平準化が生じる。地下水のある場合（下図）は，パイプ状水みちを含む土壌全体で流れがあるが，水みちを通過する水の速度が小さい一般の土壌間隙よりも圧倒的に大きいので，波形変換において水みちでの貯留変動効果だけが現れ，土壌間隙の効果は無視できる。そのため，波形の平準化がほとんど生じない。

高速の排水による変化のない波形伝達として現れており，そこでは遅れが生じず，流出平準化機能も発揮されないわけである。

　以上のように，土壌層全体が準定常性変換システムを為す場合，パイプ状水みちを含む土壌層内のローカルな不均質構造は，土壌水と地下水とで全く異なる役割を演じること，その違いにかかわらず，降雨流出応答に対しては，複雑な不均質性が土壌層全体で成立する準定常性変換システムの構成要素となることを通じて，応答の単純性が産み出されることが理解できる。図3-28に示すような不均質性の流出応答に与える影響については，Harman and Sivapalan (2009b) も注目しているが，地下水を前提としていて土壌水を含む飽和不飽和浸透流を扱っておらず，不均質性の波形変換への役割に迫ることができていない。局所的な複雑性と全体での単純性のコントラストの原因は，つまるところ，地下水と土壌水での不均質性の役割の相違にあることを強調しておきたい。また，Beven and German (2013) は，パイプ状水みちの壁を伝う速いフィルム状の流れの役割を強調し，ダルシーの法則の限界性を強調している。現場の不均質な土壌では，確かに不飽和であってもパイプ状水みち内の水流が生じるであろう (Liang et al., 2011)。しかし，だからといって，ダルシーの法則に基づく浸透流の役割が小さいわけではない。地表面流 (加藤ら，1975)，パイプの壁に沿う流れなどが発生しても，土壌層内の飽和不飽和浸透流は決して消滅することがないし，むしろ豪雨時においてこそ，その役割がより重要になると推測される (五味ら，2008)。

　パイプ状水みちを含む流出場の不均質構造については，本章3で詳しく説明したように，湿潤変動帯の強い侵食環境に抗して土壌層が長期に発達してゆく過程からもたらされたものと考えられる。そのため，土壌層が均質な場合に飽和地表面流発生が洪水流出を担う (Freeze, 1971) のに反し，斜面方向へのパイプ状水みちを通じた高速の地下水の流れが洪水流出を産み出すことになる。飽和地表面流であっても，水みちないの流れであっても，高速であるため，波形変換に寄与するところは少ないことは両者で共通している。しかしながら，飽和地表面流は降雨水をそのまま斜面の下端に運ぶ役割をするのに対して，パイプ状水みちは，そこに水がはいる前に鉛直不飽和浸透過程が介在する (本章1-9)。そのため，飽和地表面流は土壌層の準定常性変換システムとしてのはたらきを消滅させるのに対して，パイプ状水みちは反対にそのはたらきを支える役割を果たす。これは大きな違いとして強調したい。なぜなら，この違いこそが，森林土壌層が降雨がすべ

て洪水になるような豪雨時であっても洪水流出を平準化して流出強度のピークを低くする，いわゆる「緑のダム」機能の根拠だからである．

4-10　流出平準化機能評価手法のまとめ

　山地流域における流出の降雨に対する応答を産み出すメカニズムは確かに複雑ではあるが，本章では，その最も本質的な特徴が準定常性変換システムを形成することであり，そのことが比較的単純な降雨流出応答関係を産み出すとの概念を説明してきた．その変換システムは六甲山の観測のように複数のシステムが重なり合う場合もあろうが (本章2-2)，ひとつの変換システムそれ自体において，地形条件，土壌層の厚さや土壌物理性の条件が平準化に及ぼす効果を評価できる可能性があると論じてきた．そこでは，ゼロ次谷流域の中の雨水の集中する凹地部分に顕著なように，パイプ状水みちを通した地下水の効率的排水が重要な役割を果たすことも指摘した．そこで本章4においては，単純な斜面上の二次元土壌層での流出平準化機能の指標化を提示し，その指標に対する斜面条件の影響に関するセンシティビティーアナリシスの方法を詳しく説明した．

　流出平準化指標は，準定常性の性質を根拠にして，定常状態での降雨強度すなわち単位水平長あたりの流出強度に対する貯留量の微分係数で定義された．そして，それへの斜面条件のパラメータのセンシティビティーアナリシスは，無次元表示で行われ，パラメータ数の減少と解析結果の一般化が図られた．その影響の現れ方の解釈には，本章1-7で解説した定常状態での斜面土壌層内の圧力水頭分布の水理学的な空間分布の領域区分を利用し，なぜ特定の条件が平準化指標の大小に影響するのかを説明した．さらに，斜面土壌層においてはパイプ状水みちが発達しているため，それによる斜面方向への効率的な排水効果が生じ，結局，鉛直不飽和浸透流による波形変換が流出平準化指標に対して大きな影響を与えることを指摘した．

　このような流出平準化機能の評価手法はまた，貯留関数法が広く適用される根拠を与えることを説明した．さらに，水文学で難題とされてきた，流出場の不均質性・複雑性と流出応答の単純性のコントラストの根拠について考察し，土壌水と地下水において不均質構造の果たす役割に大きな違いがあること，流出場全体が準定常性変換システムとして波形変換を担うこと，この2点がコントラストを

説明するうえで重要であることを明らかにした。したがって，不均質な空間分布を持つ流域条件の降雨流出応答関係に及ぼす影響を評価するのに必要な流出モデルの開発，例えば貯留関数法のパラメータへの流域条件のパラメタリゼーションの開発に関して，本章で提示した評価手法は今後貢献することができるだろう。

Box1　拡張 Dupuit-Forchheimer 近似での土壌層鉛直断面の圧力水頭・水理水頭分布

　図 B-1 は，急傾斜の斜面上の土壌層において，一定の降雨強度が与えられて定常状態になった場合，土壌層内を斜面方向に向かう飽和不飽和浸透流における圧力水頭 ψ と水理水頭 φ の空間分布を示した概念図である。急傾斜であっても斜面上端付近では，降雨による鉛直不飽和浸透流に対して斜面底面の不透水面に沿う流れが相対的に小さいため，ψ の等量線分布は湾曲したものになるが，不透水面に沿う流れがある程度発達すると，それは近似的に不透水面に平行になってくる。これは拡張 Dupuit-Forchheimer 近似の圧力水頭分布と呼ばれる (Beven, 1981)。本文第 3 章 1-7 で説明するように，この斜面方向の流れは，土壌水の流れである U 領域と地下水の流れである S 領域から構成されているが，統一した近似が可能である。

　さて，圧力水頭の等量線は斜面に平行であるが，流線が斜面方向であるので，水理水頭の等量線は斜面勾配に直角になる。U 領域または S 領域の中に任意の点 P を取り，P から下ろした鉛直線と土壌層底面との交点を B，P を通り斜面傾斜に垂直な直線と底面の交点を C とする。これらの点の ψ と φ に各点の添え字をつけて表すことにすれば，図より，

$$\psi_p = \varphi_p - z_p = \varphi_c - z_p = \psi_b - (z_p - z_c) = \psi_b - (z_p - z_b)\cos^2\omega \tag{B-1}$$

$$\begin{aligned}\varphi_p &= \psi_p + z_p = \{\psi_b - (z_p - z_b)\cos^2\omega\} + z_p \\ &= \{(\varphi_b - z_b) - (z_p - z_b)\cos^2\omega\} + z_p = \varphi_b - (z_p - z_b)\sin^2\omega\end{aligned} \tag{B-2}$$

となって，土壌層鉛直断面における U・S 領域の圧力水頭と水理水頭が底面のそれらの値から求められることになる。

Box1 拡張 Dupuit-Forchheimer 近似での土壌層鉛直断面の圧力水頭・水理水頭分布　207

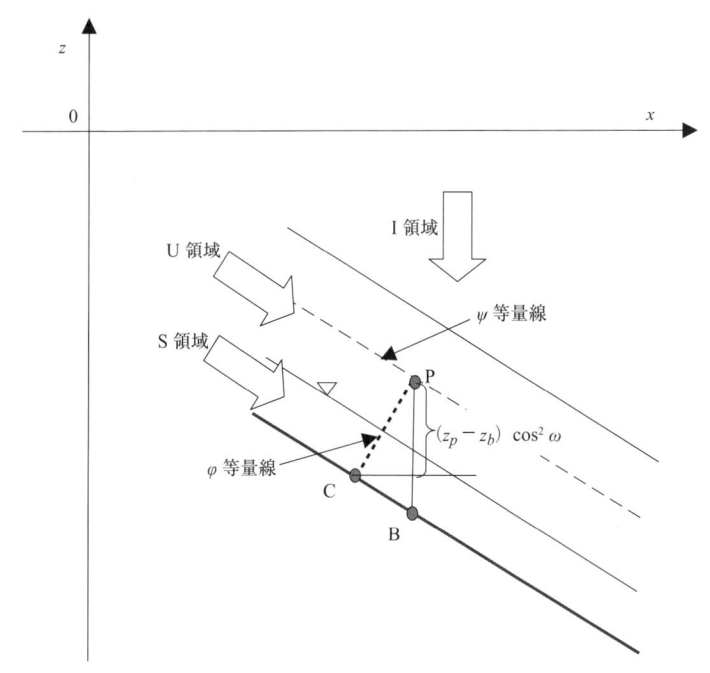

図 B-1　定常状態における急斜面土壌層での斜面方向に向かう飽和不飽和浸透流の圧力水頭と水理水頭の近似分布の説明図
破線と太い点線は，それぞれ，圧力水頭 ψ と水理水頭 φ の等量線を表す。

Box2　定常状態における圧力水頭分布の近似解法

U領域とS領域における圧力水頭ψの鉛直分布が底面の値ψ_bによって(B-1)式で与えられたので，斜面方向への流出強度q_xはダルシーの法則によって，

$$q_x = \int_{z_b}^{z_c} K_e \left(\psi = \psi_b - (z - z_b)\cos^2\omega\right) \sin\omega \cos\omega \, dz \tag{B-3}$$

となる。ここで，K_eは(3-15)，(3-16)式で定義された，地下水でのパイプ状水みちの効果を表すεを考慮した透水係数，z_cは斜面方向への流れの上端のz座標である。(B-1)式を代入して(B-3)式をψを変数とする式に変換すると，z_cにおけるψをψ_cとおいて，

$$q_x = \int_{\psi_c}^{\psi_b} K_e(\psi) \tan\omega \, d\psi \tag{B-4}$$

一方，定常状態を考えており，q_xは斜面上方の降雨強度の合計に等しいから，

$$q_x = fx \tag{B-5}$$

となる。(B-4)，(B-5)から，

$$\int_{\psi_c}^{\psi_b} K_e(\psi) \, d\psi = \frac{fx}{\tan\omega} \tag{B-6}$$

となるが，ψ_cは，図3-6に示すように，I領域に接している場合と地表面で切断されている場合があり，それらはx_{iu}が境界になっているので，

$$x \leq x_{iu} \text{ のとき} \int_{\psi_f}^{\psi_b} K_e(\psi) \, d\psi = \frac{fx}{\tan\omega} \tag{B-7}$$

$$x > x_{iu} \text{ のとき} \int_{\psi_b - D\cos^2\omega}^{\psi_b} K_e(\psi) \, d\psi = \frac{fx}{\tan\omega} \tag{B-8}$$

となる。

以上から，ψ_fは(3-2)式で降雨強度fから求められ，x_{iu}は後述の(B-16)，(B-

17) 式で与えられるので，(B-7), (B-8) 式の未知数は ψ_b のみとなって，数値解を求めることができる。なお，x_{iu} と x_{so} の大小による領域区分構造の違いを (3-5) 式で定義された α の値で分類するとともに (図3-6)，地下水におけるパイプ状水みちの効果，飽和地表面流発生を考慮しなければならない。こうして，底面の ψ_b は，無次元表示において次の式で表すことができる。

$$\alpha<1 \text{で} x_* \leq x_{iu*} \text{または} \alpha \geq 1 \text{で} x_* \leq x_{us*} \text{のとき，} \int_{\psi_{f*}}^{\psi_{b*}} K_* d\psi_* = F x_* \tag{B-9}$$

$$\alpha<1 \text{で} x_{iu*} < x_* \leq x_{us*} \text{のとき，} \int_{\psi_{b*}-\delta\cos^2\omega}^{\psi_{b*}} K_* d\psi_* = F x_* \tag{B-10}$$

$$\alpha \geq 1 \text{で} x_{us*} < x_* \leq x_{iu*} \text{のとき，} \psi_{b*} = \frac{F x_* - \int_{\psi_{f*}}^{0} K_* d\psi_*}{\varepsilon} \tag{B-11}$$

$\alpha<1 \text{で} x_{us*} < x_* \leq x_{so*}$ または $\alpha \geq 1 \text{で} x_{iu*} < x_* \leq x_{so*}$ のとき，

$$\int_{\psi_{b*}-\delta\cos^2\omega}^{0} K_* d\psi_* + \varepsilon \psi_{b*} = F x_* \tag{B-12}$$

$$x_* > x_{so*} \text{のとき，} \psi_{b*} = \delta \cos^2 \omega \tag{B-13}$$

ここで，F は下記で表される。

$$F = \frac{f_*}{\kappa \tan \omega} \tag{B-14}$$

また，I，U，S 各領域の境界については，図3-6 の分類から下記のように求められる

$$\alpha<1 \text{のとき，} x_{iu*} = \frac{\int_{\psi_{f*}}^{\psi_{f*}+\delta\cos^2\omega} K_* d\psi_*}{F} \tag{B-16}$$

$$\alpha \geq 1 \text{のとき，} x_{iu*} = \frac{\int_{\psi_{f*}}^{\psi_0} K_* d\psi_* + \varepsilon(\psi_{f*}+\delta\cos^2\psi_*)}{F} \tag{B-17}$$

210　Box2　定常状態における圧力水頭分布の近似解法

$$\alpha < 1 \text{ のとき,} \quad x_{us^*} = \frac{\int_{-\delta\cos^2\omega}^{0} K_* d\psi_*}{F} \tag{B-18}$$

$$\alpha \geq 1 \text{ のとき,} \quad x_{us^*} = \frac{\int_{\psi_{f^*}}^{0} K_* d\psi_*}{F} \tag{B-19}$$

$$x_{so^*} = \frac{\varepsilon\delta\cos^2\omega}{F} \tag{B-20}$$

結論　水と土と森の相互作用

　本書では，図0-2に示された「降雨流出応答に関する流域条件の影響を相互に比較評価する研究手法」を解説すると同時に，図0-1に示された「地球変動と生態系の相互作用に人間が介入する視点からみた災害論」について考察してきた。前者の評価がなぜ難しいのかは，第3章によって詳しく論じてきたように，山腹斜面の土壌層を中心とする雨水の流出過程にかかわる空間が，湿潤変動帯における地球変動と森林生態系の相互作用という長い時間スケールの土壌層の発達過程を反映しているためである。すなわち，その空間は，パイプ上の水みちを含むようなきわめて不均質な構造によって特徴づけられ，結果的に，降雨流出応答関係を一段タンクモデルで近似される準定常性変換システムによって産み出すことになる。そのため，地表面地形で代表されるような斜面地形をそのまま反映することにはならないわけである。よって，地形・土壌・植生等の流域条件の降雨流出応答関係に及ぼす影響を従来の分布型と称される流出モデルで評価することが困難だと言わざるを得ない。

　そこで，第3章では引き続き，斜面土壌層が準定常変換システムを為す場合において，流出平準化指標に対する斜面の地形・土壌条件のセンシティビティーを評価する手法を解説した。その結果，パイプ状水みちの効果の現れ方が土壌水と地下水において異なり，土壌層が不均質であることこそが飽和地表面流発生を抑制して土壌層の流出平準化機能を産み出すこと，さらに，降雨流出応答の単純さの根拠となることを明らかにした。これによって，図0-2において概念的に示された流域条件の降雨流出応答に及ぼす影響の評価が具体化するとともに，今後の流出モデルにおける新たな戦略が提示された。

　湿潤変動帯の地球変動は，山体隆起と豪雨による強い侵食作用として現れる。それゆえ，この作用に対する森林生態系による相互作用を通じて地下侵食等が進行し，パイプ状水みちを含む不均質な構造を持つ土壌層が長期間かかって形成される。相互作用がなければ，はげ山を対象として説明したように土壌層は形成さ

れず，流出メカニズムが全く異なってしまう．それゆえ，土壌層がパイプ状水みちによって豪雨時に飽和地表面流を発生させず，効率的に地下水を排水させるという流出メカニズムは，相互作用の果実だと言える．洪水流出ハイドログラフは，鉛直不飽和浸透流と地下水の斜面方向への効率的な排水を通じて平準化された，土壌層の流出メカニズムの産み出す結果に他ならないわけである．そして，その流出メカニズムは，同時に，効率的な地下水の排除は，土壌層を崩壊させずに維持させる斜面安定の根拠となっており，これによって流出メカニズム自体の定常性が維持されている．

にもかかわらず，第3章3-5, 6で説明したように，土壌層は徐々に厚く発達してゆくことで，いつかは崩壊に至る．それゆえ，この流出メカニズムは，土壌層発達と崩壊を繰り返すサイクルを持つ長い時間スケールでの相互作用がもたらす動的平衡現象の中の，相対的に短い期間の定常状態の現れと見なさなければならない．したがって，災害対策においては土壌層の発達・崩壊のサイクルにおける森林生態系との相互作用を前提にする必要がある．つまり，森林を生物資源としてできるだけ活用しながら，できるだけ土壌層が崩壊しないように維持する戦略が重要である．第1章の災害論の結論として述べたとおり，「相互作用に配慮した災害対策」の観点が必須であって，森林と無関係に降雨流出応答関係や斜面安定を評価することはできないのである．

図0-1に示されているように，人間は生態系の中に包含された一部であるため，それを利用することなくしては生きられない．したがって，人間は，生活基盤を生態系の発揮する地球変動との相互作用に依存していながら，相互作用によって成り立っている動的平衡に撹乱を与える．はげ山や里山や人工林は，原生林に対する人間による介入の結果を表しているが，はげ山に限っては森林利用の範囲可能なしきい値を超えた破綻を示している．生態系のレジリエンス（回復力）の範囲で生態系を利用することが，災害対策において決定的に重要である．源流域の山腹斜面を水や土の流出場として災害発生の観点からだけ見るのは適切でなく，人間の生活を支える木材等の生物資源を供給する場でもあることを強く意識すべきである．その意味で，江戸時代の諸国山川掟以来の伝統を持つ森林法における保安林の考え方，つまり，森林造成によって山腹斜面を災害防止と林業生産の両立する場とみる視点が，現在の災害論においても不可欠なのである．

さてはげ山は，地球変動と生態系の相互作用のしきい値を超えた破綻として捉

えられると述べたが，地球全体で見ると，湿潤変動帯でのローカルな現象に過ぎない。現在は同じしきい値を超えた破綻が地球規模でもたらされる危機に直面していることは，第1章でシベリアの例を紹介して説明した。人間活動の小さかった時代には，森林の農地転用開発などの攪乱影響は海洋および陸面における生態系の光合成・呼吸等の生態系の生命活動で吸収される範囲であった。しかし，化石燃料の放出と森林の広域破壊に拡大したため，それが吸収できるしきい値を超えてしまい，温室効果ガスの大気中濃度の動的平衡がシフトせざるを得なくなっている。その化石燃料利用の結果が，日本の森林の不利用を通じて，はげ山の消失・森林飽和につながって災害の減少をもたらしているのは皮肉なことと言えよう。間伐遅れの過密人工林のために災害が増えたと言われることが多い。しかし，間伐を通じて木材収穫に林業を導くことは重要だが，災害防止のために間伐をするとの論理は，下手をすると，自然環境に恵まれ再生可能な日本の森林を生物資源としてますます利用せず，地球上に乏しくなった原生林の破壊と温室効果ガスの増加を促進させてしまうのではないかと，著者は危惧している。

　我々の住むモンスーンアジアの気候条件は，豊かな生態系によって人間の暮らしを支えるが，極端現象を通じて水や土の災害をももたらす。一方地球上には，それほど豊かでない生態系を持つ地理的条件も存在する。そこでは自然災害は比較的少ないかもしれないが，乏しい生物資源の奪い合いや豊かな地域への侵略など，人間の争いが頻発してきた。杜甫の五言律詩「国破れて山河在り。城春にして草木深し」は，戦乱のはかなさを自然環境の悠久さに対比している。しかし現在は，極端現象をともないながらも保たれている自然環境の動的平衡が変容してゆく時代である。山河と草木との相互作用で保たれている動的平衡のしきい値が人間活動によって超えられてしまうからである。生態系の利用と保全のバランスの維持は人間の生活にとって最も重要であるのに，自然災害に対する防災対策はこれと切り離され独立して行われがちである。これには大きな問題が含まれているのではないだろうか。千年と言わず孫子の時代である百年の期間を考えても，地球変動に必然的な極端現象は何度も何度も発生する。防災設備でいかなる極端現象も防げると断言できる人はいないだろう。そこで維持すべきは，何よりも生態系との相互作用なのであり，その果実としての生物資源であり環境基盤なのである。それが脅かされる時代にあって，お金をいくら防災設備につぎこんでも，それだけでは減災は達成できない。

地域でも地球全体でも，防災や環境保全と生態系利用の施策を切り離さず統合的に扱うことが切に望まれる。豊かな自然を生物資源産業に利用して人口を分散させること，これは都市での巨大災害を避けることにもつながる。もしも，生態系を活用せずに捨て置き，防災設備にはおおわれても人が住まない「強靱な過疎地」を子や孫に引き渡すとすれば，地球の恵まれた自然に対して，これほど不幸な選択はないだろう。

本書が環境・災害の問題と生態系利用・保全をつなぐ対策の展開に貢献できれば幸いである。

あとがき

　著者は，環境・災害の問題や水文学における雨水流出過程について，従来考えられてきた常識とは異なる観点が必要ではないかと考えてきた．そこで，本書で述べてきた主張を常識批判の観点からまとめ，あとがきとしたい．

　ひとつは，自然災害への対応に関する課題を，設計外力を仮定して保全対策を求める問題に限定しようとしてきた工学的な災害対策への批判である．災害発生・非発生のしきい値となる外力を引き上げるに必要な設備を設置する対策は，確かに重要ではある．しかし，この対策の意味が正しく限定的に社会に受け止められるのではなく，災害が漠然と少なくなるとみなされることが多い．そのため「忘れた頃に」災害が発生し，さらにしきい値を上げて設備が増強されるが，それでも災害は再発する．このサイクル構造はやむを得ないと受け入れてしまいがちであるが，何とかこの構造を意識的に断ち切るようにしなければならない．

　そもそもこの工学的立場の内部には設計外力の決定根拠が存在しない．仮定した外力に対する防災設備設計の作業があるのみである．公共事業では，予算獲得と災害訴訟対策が重視されるのはやむを得ないことで，これ自体は批判すべきではない．けれども，その事業が減災目的に照らして妥当かどうかは，設計作業の外部から検査する必要がある．さらに，防災設備設置には，通常，減災以外の利害関係を代表するステークホルダーが関与するから，相互調整も不可欠である．なぜなら，図 0-1 に示す，地球変動と生態系と人間活動の相互作用関係の観点から見たとき，地球変動に必然的な極端現象によって災害が発生する事実と，地球変動と生態系との相互作用によって人間に必要な生物資源や安定した環境を供給している事実とは，同じ関係を表から見ているか裏から見ているかに過ぎないからである．それゆえ，両者の一体性が共通認識されないと，国土は，強靭な防災設備におおわれながら，人の利用しない捨てられた土地が広がる状況に陥ってしまう．これは将来のために回避しなければならない．

　ふたつめは，水文学の内部における図 0-2 に関するもので，土壌水と地下水が異なる立場から論じられてきたことが，降雨流出応答関係の理解を妨げてきた研究経過への批判である．土壌は乾いたりぬれたりすることよって植物の蒸散活動を支える．そこで，土壌水は農学で重視されるが，流域スケールでの流出過程

を対象としては，地下水に雨水を伝えるという観点から解析されてきた。したがって，水文学は，地中または地表を「水が流れる」イメージで降雨流出応答関係を説明しようとする傾向が強く，ハイドログラフが圧力水頭伝播で創られるとの発想が乏しかったように思われる。本書ではこれに対して，圧力伝播が土壌水の場合には貯留変動をともなうことで「緑のダム」と呼ばれる洪水流出緩和機能が生じることを説明してきた。その認識がないと，いつまでたっても土壌層の物理性や地形条件の不均質な構造とタンクモデルで表される単純な流出応答関係との乖離について合理的な説明をすることはできない。本書では，こうした流出緩和機能がもたらされるのは，土壌層の不均質な構造が地表面流発生を抑制しているからであること，またその構造は自然外力と生態系の相互作用によって長期的に発達してくる結果であることを論じた。この時間スケールの長い流出場の発達過程が生態系との相互作用によって支えられることから，図 0-1 に示す本書の自然に対する基本的認識につながるわけである。この認識をふまえることで，流域条件とその変化が降雨流出応答に及ぼす影響を予測するという水文学の主要テーマの今後の発展が期待できる。

　みっつめは，環境問題の認識に関する批判である。図 0-1 に示す地球変動と生態系の相互作用において，人間活動は攪乱要因となっており，それによって相互作用の動的平衡が維持できなくなることから環境劣化の問題が生じている。燃料革命前後における相互作用の変化は，この問題の根源的な意味を示唆しているのだが，一般には正しく認識されていないように思われる。すなわち，それより前は，森林の強度利用によって斜面土壌層は程度の差はあれ不安定となり，侵食や崩壊による土砂の移動が盛んであった。燃料革命以後は，森林の不利用によって成長が促進され，それは表層崩壊発生などの低下に大いに貢献した。強度に利用してもほとんどの山ははげ山には至らず里山として何とか利用可能の範囲にとどまっていたのは，湿潤温暖な気候と生態系のレジリエンスによるところが大きかったのである。

　一方現在，いかに森林景観が荒廃しているように見えても，森林の不利用放置による一種の「汚らしさ」は生命力による強いレジリエンスの発現にほかならず，環境保全・災害防止機能は以前より確実に向上している。いわゆる「手入れ」によって機能をさらに増進させることはまず無理である。むしろ過去の里山利用に比べればはるかに攪乱影響の小さい林業を推進させるなどの生物資源利用を図

るべきだと主張したい。なぜなら，先進国における生物資源の利用減少は，化石燃料使用による温室効果ガスの放出増大と一対になっており，途上国をも含む地球全体での海陸生態系と大気間の温室効果ガス交換やエネルギー・水循環における動的平衡が崩れる深刻な環境劣化を招いているからである。人間活動が生態系に攪乱を与えるにもかかわらず，生態系のレジリエンスによって環境が維持され，資源が再生産される構造そのものは，燃料革命前後で何ら変わっておらず，ただ形と量の変化によって，環境を劣化方向に導く度合いがはるかに拡大したに過ぎない。はげ山は砂防・治山事業によって幸い緑化できたが，大陸水リサイクルの破壊や地球規模の人為排出物汚染は不可逆的である。人間の攪乱を受けながらも生態系が環境・資源を維持するシステムは，人間にとって根源的な前提である。この前提を顧みず，未来の科学技術発展という何ら根拠のない幻想に環境劣化の改善を依存するならば，環境問題は解決の糸口さえ見い出すことができない。

　よっつめ，最後であるが，環境に関する社会科学の議論や政策が，上記の3つの観点として示された自然科学の知見に基づいていないことへの批判である。自然科学は，環境問題における原因と結果の間に非常に複雑な相互作用関係があることや時間差があることを示してきている。この結果から，不確実性を残すとはいえ，地球と生態系の相互作用によって環境が維持されているとの大きな枠組は明確になっていると認識できる。よって，社会政策においては，自然科学によって明示された環境維持システムを尊重しなければならない。しかし，政策構造が単年度会計と4～6年毎に繰り返される選挙とによって拘束されるためか，10年を超えるような期間で起こる環境変化への対応は，いかに自然科学的に明白であったとしても「考えないことにする」傾向が強い。短期的に結果が出る枝葉末節の政策ばかりが優先され，長期間に及ぶ環境劣化の尻ぬぐいという根幹が見失われている。もし根幹を見つめることができれば，環境問題を解決することまでは無理にしても，破綻に落ち込まないかすかな可能性は残されている。Future earthという国際活動は，この厳しい現状をふまえて始まっていると思われるのだが，その基本には，本書で述べてきた地球における生態系との相互作用への認識共有がなければならないだろう。

謝辞

　本書は，著者の京都大学の定年退職にあたり，これまでの研究成果を取りまとめたものです。京都大学農学研究科では，砂防学研究室の武居有恒先生（京都大学名誉教授）と小橋澄治先生（京都大学名誉教授）にご指導いただき，福嶌義宏先生（総合地球環境学研究所名誉教授）に森林水文学の観測研究を教えていただきました。厚くお礼申し上げます。当時福嶌先生の門下生には，院生として鈴木雅一氏（東京大学名誉教授），太田岳史氏（名古屋大学教授），窪田順平氏（総合地球環境学研究所教授）がおられ，福嶌先生とともに観測下手の小生を導いてくださったことを忘れることができません。砂防学研究室には，教員として水原邦夫先生（京都府立大学名誉教授），佐々恭二先生（京都大学名誉教授），院生として水山高久先生（京都大学名誉教授），研修員として丸井英明先生（新潟大学名誉教授）もおられ，さまざまな議論ができたこともありがたかったと思います。とくに鈴木氏の秀でたアイデアに小生の研究は強く依存しております。大学に教員として戻ってきてから，大手信人氏（京都大学教授），小杉賢一朗氏（京都大学教授），小杉緑子氏（京都大学教授），勝山正則氏（京都大学特定准教授）の各教員には指導力の乏しい小生故，種々ご苦労をおかけしてまいりました。とりわけ小杉緑子氏と福田路子氏にはたいへんお世話になってきました。森林水文学研究室の優秀なポスドク・院生・学生に恵まれたこともありがたいことでした。心から感謝申し上げます。

　また本書は，高橋裕先生（東京大学名誉教授），塚本良則先生（東京農工大学名誉教授），太田猛彦先生（東京大学名誉教授），安成哲三先生（総合地球環境学研究所長），下川悦郎先生（鹿児島大学名誉教授），椎葉充晴先生（京都大学名誉教授），Roy C. Sidle 先生（University of Sunshine Coast 教授）のご教示に負うところが大きく，先生方に厚くお礼申し上げます。

　本書の内容は，2011～2015 年度の科学研究費基盤 (S)「地形・土壌・植生の入れ子構造的発達をふまえた流域水流出特性の変動予測」（代表：谷）の支援を受けた成果に多くを依存しています。メンバーの小杉賢一朗氏，小杉緑子氏，勝山正則氏，鶴田健二氏（京都大学博士研究員），中北英一氏（京都大学教授），松四雄騎氏（京都大学准教授），藤本将光氏（立命館大学助教），北原曜氏（信州大学名誉教授），岩田拓記氏（信州大学助教），葛葉泰久氏（三重大学教授），野口正二氏（森林総合研究所チーム長），細田育広氏（森林総合研究所チーム長），黒川潮氏（森林総合研究所

主任研究員），内田太郎氏（国土技術政策総合研究所主任研究官）のご協力に感謝します。

さらに，米国 Coca-Cola Foundation（コカ・コーラ財団）から Evaluation Study of Forest Impacts on the Water Cycle and Climate Change（森林が水循環および気候変動に与えるインパクト）をテーマとした研究支援を得ており，財団および日本コカ・コーラ株式会社に厚くお礼申し上げます。

本書で多くの研究成果を引用した桐生水文試験地に関しては，林野庁滋賀森林管理署のご協力を得ています。国立研究開発法人森林総合研究所の竜ノ口山森林理水試験地のデータに関しては，小生が同所の職員であった1981～1999年間に解析したものを使わせていただいております。また，田上山での土砂流出に関するデータは，建設省琵琶湖工事事務所（現在の国土交通省琵琶湖河川事務所）が長期間取り組まれた成果を使わせていただきました。林野庁，森林総合研究所，国土交通省における関係者のみなさまに感謝します。

片山幸士先生（人間環境大学教授），小島永裕氏（滋賀県琵琶湖環境科学研究センタ専門員）には，琵琶湖と森林に関する研究に関して滋賀県からの研究支援を受けるにあたり，長年にわたってご援助いただきました。心からお礼申し上げます。

本書ではまた，山腹斜面での流出メカニズムに関する観測研究と流出モデルによる流域条件の流出に及ぼす影響を評価する研究を統合化する目標を掲げてまいりましたが，これは，学際性の強い水文学研究における相互交流を目的として1988年に設立され，現在一般社団法人となっている水文・水資源学会における重要なテーマのひとつでありました。この学会の場で多くのことを学ばせていただいたことを思い，学会関係者のみなさまに感謝します。

京都大学学術出版会の鈴木哲也氏，高垣重和氏には，出版にあたってたいへんお世話になりました。ありがとうございました。

最後に，長く苦労を掛けてきた妻 谷正以子と家族に感謝します。

引用文献

阿部和時：樹木根系が持つ斜面崩壊防止機能の評価方法に関する研究，森林総合研究所報告 373, 105-181, 1997。

Anderson, S. P., Dietrich, W. E., Montgomery, D. R., Torres, R., Conrad, M. E., Loague, K., Subsurface flow paths in a steep, unchanneled catchment, Water Resources Research 33, 2637-2653, 1997.

浅野友子・内田太郎・ジェフリーマクドネル：Variable source area concept の次なる斜面水文学の概念構築に向けた近年の試み：斜面に降った雨はどこへ行くか？ 水文・水資源学会誌 18：459-468, 2005。

阿辻雅言：崩壊に強い森林とは，長野県林業総合センター技術情報 148, 6-11, 2014。

Barling, R. D., Moore. I. D., Grayson, R. B.: A quasi-dynamic wetness index for characterising the spatial distribution of zones of surface saturation and soil water content, Water Resources Research 30, 1029-1044, 1994.

Beven, K.: Kinematic downslope flow. Water Resources Research 17, 1419-1424, 1981.

Beven, K., Freer, J.: A dynamic TOPMODEL, Hydrological Processes 15, 1993-2011, 2001. doi: 10.1002/hyp.252.

Beven, K., Germann, P.: Macropores and water flow in soils revisited, Water Resources Research 49, 3071-3092, 2013. doi 10.1002/wrcr.20156.

Beven, K., Kirkby, M. J.: A physically based, variable contributing area model of basin hydrology, Hydrological Science Bulletin 24, 43-69, 1979.

Bishop. K., Seibert, J., Nyberg, L., Rodhe, A.: Water storage in a till catchment. II: Implications of transmissivity feedback for flow paths and turnover times, Hydrological Processes 25, 3950-3959, 2011. doi: 10.1002/hyp.8355.

Brutsaert, W.: Hydrology An Introduction, Cambridge University Press, 605p, 2005.（杉田倫明訳：水文学，共立出版，502p, 2008）。

Calder, I. R.: The Blue Revolution, Land use and Integrated Water Resources Management, Earthscan, 192p, 1999.（蔵治光一郎・林裕美子訳：水の革命：森林・食糧生産・河川・流域圏の統合的管理，築地書館，269p, 2008）。

CDIAC: Annual Global Fossil-Fuel Carbon Emissions, 2010.
http://cdiac.ornl.gov/trends/emis/glo_2010.html

千葉徳爾：はげ山の文化，学生社，233p, 1973。

De Rose, R. C.: Quantifying sediment production in steepland environments, Eurasian Journal of Forest Research 12(1), 9-46, 2009.

Dunne T., Black, R. R.: An experimental investigation of runoff production in permeable soils, Water Resources Research 6, 478-490, 1970.

Evaristo, J., Jasechko, S., McDonnell, J. J.: Global separation of plant transpiration from

groundwater and streamflow, Nature 525, 91-94, 2015. doi: 10.1038/nature14983.
Freeze, R. A.: Three-dimensional, transient, saturated-unsaturated flow in a groundwater basin, Water Resources Research7, 347-366, 1971.
藤田睦博：斜面長の変動を考慮した貯留関数法に関する研究，土木学会論文集 314，75-88，1981。
福嶌義宏：花崗岩山地における山腹植栽の流出に与える影響，水利科学 31（4），17-34，1987。
福嶌義宏・加藤博之・松本潔・西村武二：花崗岩山地の２つの小流域について—地形・植生・水収支・流出減衰曲線から見た特性，京都大学演習林報告 43，193-226，1972。
福嶌義宏・鈴木雅一：山地流域を対象とした水循環モデルの提示と桐生流域の 10 年連続日・時間記録への適用，京都大学農学部演習林報告 57，162-185，1985。
福嶌義宏・鈴木雅一・谷誠・加藤博之：滋賀県東南部の花崗岩山地における３つの小流域の水文観測報告，京都大学農学部演習林報告 50，115-127，1978。
ふるさとの田上山を緑に編集委員会：ふるさとの田上山を緑に，建設省近畿地方建設局琵琶湖工事事務所，102p，1985。
古島敏雄：近世日本農業の展開，東京大学出版会，615p，1963。
五味高志・恩田裕一・寺嶋智巳・水垣滋・平松晋也：ヒノキ林流域と広葉樹林流域の降雨流出の違い，恩田裕一編，人工林荒廃と水・土砂流出の実態，岩波書店，73-85，2008。
半田良一：林業生産力に関する基礎的考察，京都大学農学研究科学位論文，90p，1972。
http://repository.kulib.kyoto-u.ac.jp/dspace/bitstream/2433/73452/1/D_Handa_Ryoichi.pdf
Harman, C., Sivapalan, M.: A similarity framework to assess controls on shallow subsurface flow dynamics in hillslopes, Water Resources Research 45, 2009a. doi: 10.1029/2008WR007067.
Harman, C., Sivapalan, M.: Effects of hydraulic conductivity variability on hillslope-scale shallow subsurface flow response and storage-discharge relations, Water Resources Research 45, 2009b. doi: 10.1029/2008WR007228.
林拙郎：崩壊面積率と水文データの二，三の関係，日本林学会誌 67，209-217，1985。
Heimsath, A. M., Dietrich, W. E., Nishiizumi, K., Finkel, R. C.: Cosmogenic nuclides, topography, and the spatial variation of soil depth. Geomorphology, 27, 151-172, 1999.
Hewlett, J. D., Hibbert, A. R.: Factors affecting response of small watershed to precipitation in humid areas, In International Symposium on Forest Hydrology, Proceedings of National Science Foundation Advanced Science Seminar, Pergamon Press, 275-290, 1966.
Hopp, J., McDonnell, J. J.: Connectivity at the hillslope scale: Identifying interactions between storm size, bedrock permeability, slope angle and soil depth, Journal of Hydrology 376, 378-391, 2009. doi: 10.1016/j.jhydrol.2009.07.047.
Horton, R. E: The rôle of infiltration in the hydrologic cycle, EOS14, 446-460, 1933.
Hosoda, I.: Interrelation between hillslope soil moisture and stream flow in a Paleozoic

sedimentary rock watershed, Japan Geoscience Union Meeting 2014, AHW07-13, 2014.
IAEA: Global Network of Isotopes in Precipitation (GNIP), 2012.
http://www-naweb.iaea.org/napc/ih/IHS_resources_gnip.html.
市川温・村上将道・立川康人・椎葉充晴：流域地形の新たな数理表現形式に基づく流域流出系シミュレーションシステムの開発，土木学会論文集691，43-52，2001。
飯田智之：土層深頻度分布からみた崩壊確率，地形17(2)，69-88，1996。
飯田智之：降雨確率と表層崩壊確率に関するシミュレーションによる検討(1)土層深による免疫性を考慮した降雨量と表層崩壊の関係，地形21(1)，1-16，2000。
飯沼二郎：風土と歴史，岩波書店，217p，1970。
池田治司：江州勢田川附洲浚と淀川筋御救大浚，大阪商業大学商業史博物館紀要5，245-254，2004。
今村遼平：山地災害の『免疫性』について，応用地質48(3)，132-140，2007。
IAEA: Global Network of Isotopes in Precipitation, http://www-naweb.iaea.org/napc/ih/index.html, 2012.
石原藤次郎・石原安雄・高棹琢馬・頼千元：由良川の出水特性に関する研究，京都大学防災研究所年報5A，147-173，1962。
石原藤次郎・高棹琢馬：洪水流出過程の変換系について，京都大学防災研究所年報7，265-279，1964。
石井素介：大震災を機に「災害論」の見直しを考える―災害論をめぐる「環境論」・「資源論」文献の渉猟，空間・社会・地理思想15，3-14，2012。
伊藤昭彦：陸域生態系モデルを用いた気候と生態系の相互作用に関する研究―2012年度堀内賞受賞記念講演―，天気61(6)，439-453，2014。
Iwasaki, K., Katsuyama, M., Tani, M: Contributions of bedrock groundwater to the upscaling of storm-runoff generation processes in weathered granitic headwater catchments, Hydrological Processes 29, 1535-1548, 2015. doi: 10.1002/hyp.10279.
角屋睦・福島晟・佐合純造：丘陵山地流域モデルと洪水流出モデル，京都大学防災研究所年報21B-2，219-233，1978。
柿徳市：流砂量と砂防計画について，新砂防31，19-22，1958。
加藤博之・福嶌義宏・鈴木雅一：山腹斜面の流出機構について(1)ライシメーターと表層流出量について，京都大学演習林報告47，74-85，1975。
Katsura, S., Kosugi, K., Mizutani, T., Mizuyama, T.: Hydraulic properties of variously weathered granitic bedrock in headwater catchments, Vadose Zone Journal 8, 557-573, 2009. doi: 10.2136/vzj2008.0142.
Katsura, S., Kosugi, K., Yamakawa, Y., Mizuyama, T.: Field evidence of groundwater ridging in a slope of a granite watershed without the capillary fringe effect, Journal of Hydrology 511, 703-718, 2014. doi: 10.1016/j.jhydrol.2014.02.021.
Katsura, S., Kosugi, K., Yamamoto, N., Mizuyama, T.: Saturated and unsaturated hydraulic conductivities and water retention of weathered granitic bedrock, Vadose Zone Journal 5, 35-47, 2006. doi: 10.2136/vzj2005.0040.

勝山正則：ミネラルウォーターを用いた世界の地下水資源のモニタリング，京都大学環境報告書 2015　33-36，2015。http://www.esho.kyoto-u.ac.jp/wp-content/uploads/2015/10/2015_web_3.pdf。

Katsuyama, M., Fukushima, K., Tokuchi, N.: Comparison of rainfall runoff characteristics in forested catchments underlain by granitic and sedimentary rock with various forest age, Hydrological Research Letters, 2, 14-17, 2008. http://doi.org/10.3178/hrl.2.14.

Katsuyama, M., Tani, M., Nishimoto, S.: Connection between streamwater mean residence time and bedrock groundwater recharge/discharge dynamics in weathered granite catchments, Hydrological Processes 24, 2287-2299, 2010. doi: 10.1002/hyp.7741.

木本秋津・内田太郎・大手信人・水山高久・李昌華：中国江西省の花崗岩山地の降雨流出特性と流出土砂量，砂防学会誌 51(1)，3-11，1998。

木村俊晃：貯留関数法，土木技術資料 3(12)，36-43，1961。

木村俊晃：貯留関数法，河鍋書店，57p，1975。

木村晴吉・木村正昭・田中茂・武藤博忠：治山と砂防，水利科学 6(5)，42-61，1962。

Kirkby, M. J.: Hillslope Hydrology, John Wiley & Sons, 389p., 1978（日野幹雄・榧根勇・尾田栄章・高山茂美・玉光弘明・塚本良則・山田正共訳：新しい水文学，朝倉書店，330p，1983）。

気象庁：気象統計情報，地球環境・気候，世界の天候，世界の地点別平年値，2014。
http://www.data.jma.go.jp/gmd/cpd/monitor/nrmlist/.

北原曜：森林根系の崩壊防止機能，水利科学 53(6)，11-37，2010。

北村嘉一・難波宣士：抜板試験を通して推定した林木根系の崩壊防止機能，林業試験場研究報告 313，175-208，1981。

小橋澄治：斜面安定，鹿島出版会 124p，1975。

小橋澄治：ノリ面の安定に及ぼす植生の影響，土と基礎 24(2)，39-45，1976。

小林慎太郎・丸山利輔：Powell の共役方向法によるタンクモデル定数の探索，農業土木学会論文集 65，42-47，1976。

小出博：赤城火山の崩壊並びに土石流，地質調査所報告 133，1-24，1950。

小出博：，山崩れ，古今書院，205p，1955。

小出博：日本の国土 上―自然と開発，東京大学出版会，287p，1973。

国土交通省：河川砂防技術基準 計画編，29p，2004。
http://www.mlit.go.jp/river/shishin_guideline/gijutsu/gijutsukijunn/gijutsukijunn.pdf。

国土交通省：利根川水系河川整備基本方針 ―基本高水党等に関する資料，38p，2014。
http://www.mlit.go.jp/river/basic_info/jigyo_keikaku/gaiyou/seibi/pdf/tone-2.pdf

国土交通省関東地方整備局：「利根川・江戸川河川整備計画」における治水対策に係る目標流量について ―別添資料 利根川・江戸川において今後 20～30 年間で目指す安全の水準についての考え方，6p，2012。
http://www.ktr.mlit.go.jp/ktr_content/content/000061902.pdf。

小松光：数値モデルの利用・理解を容易にする無次元化 ―多層植被モデルを題材として，水文・水資源学会誌 17，401-413，2004。

小松光・篠原慶規・大槻恭一：管理放棄人工林は洪水を助長するか，水利科学 56(6)，68-90，2013。

Kosugi, K.: Lognormal Distribution Model for Unsaturated Soil Hydraulic Properties, Water Resources Research 32, 2697-2703, 1996.

Kosugi, K.: A new model to analyze water retention characteristics of forest soils based on soil pore radius distribution, Journal of Forest Research 2, 1-8, 1997a.

Kosugi, K.: New diagrams to evaluate soil pore radius distribution and saturated hydraulic conductivity of forest soil. Journal of Forest Research 2, 95-101, 1997b.

小杉賢一朗：森林の水源涵養機能に土層と透水性基岩が果たす役割の評価，水文・水資源学会誌 20，201-213，2007。

Kosugi, K., Fujimoto, M., Katsura, S., Kato, H., Sando, Y., Mizuyama, T.: A localized bedrock aquifer distribution explains discharge from a headwater catchment, Water Resources Research 47, W07530, 2011. doi: 10.1029/2010WR009884.

Kosugi, K., Katsura, S., Katsuyama, M., Mizuyama, T.: Water flow processes in weathered granitic bedrock and their effects on runoff generation in a small headwater catchment, Water Resources Research 42, 2006. doi: 10.1029/2005WR004275.

Kosugi, Y., Katsuyama, M.: Evapotranspiration over a Japanese cypress forest. II. Comparison of the eddy covariance and water budget methods, Journal of Hydrology 334, 305-311, 2007. doi: 10.1016/j.jhydrol.2006.05.025.

Kosugi, Y., Takanashi, S., Tani, M., Ohkubo, S., Matsuo, N., Itoh, M., Noguchi, S., Abdul Rahim, N.: Effect of inter-annual climate variability on evapotranspiration and canopy CO_2 exchange of a tropical rainforest in Peninsular Malaysia, Journal of Forest Research 17, 227-240, 2012. doi: 10.1007/s10310-010-0235-4.

窪田順平・福嶌義宏・鈴木雅一：山地小流源頭部の表層土における流出特性と土壌水分変動について—滋賀県東南部の風化花崗岩山地における観測例，京都大学演習林報告 55，162-181，1983。

窪田順平・福嶌義宏・鈴木雅一山腹斜面における土壌水分変動の観測とモデル化，日本林学会誌 69，258-269，1987。

窪田順平・福嶌義宏・鈴木雅一山腹斜面における土壌水分変動の観測とモデル化（Ⅱ）水収支および地下水発生域の検討，日本林学会誌 70，381-389，1988。

Kubota, J., Sivapalan, M.: Towards a catchment-scale model of subsurface runoff generation based on synthesis of small-scale process-based modeling and field studies, Hydrological Processes 9, 541-554, 1995.

京都府：京都府森林の適正な管理に関する条例，2014。http://www.pref.kyoto.jp/reiki/reiki_honbun/aa30021711.html

Liang, W. L., Kosugi, K., Mizuyama, T.: Soil water dynamics around a tree on a hillslope with or without rainwater supplied by stemflow. Water Resources Research47, W02541, 2011. doi: 10.1029/2010WR009856.

丸井英明：自然斜面における表層崩壊の研究，京都大学農学博士学位論文，119p，1981。

真下育久：森林土壌の理学的性質とスギ・ヒノキの成長に関する研究．林野土壌調査報告 11，1-98，1960。

増田耕一 2010．ふろおけモデル—たまりと流れのあるシステムの準定常システム，2010/11/10，http://blog.livedoor.jp/climatescientists/archives/1274151.html。

松倉公憲・田中幸哉・若月強：韓国ソウル郊外の花崗岩と片麻岩山地における土層構造と表層崩壊形状に与える基盤岩質の影響，地学雑誌 111，416-42，2002。

松本舞恵・下川悦郎・地頭薗隆：風化花崗岩斜面崩壊跡地における植生の回復過程，鹿児島大学農学部演習林報告 23，55-79，1995。

Matsushi, Y., Matsuzaki, H.: Soil production functions and soil layer mobility in Japanese mountainous catchments underlain by granitoid rocks, Japan Geoscience Union Meeting 2014, AHW07-12, 2014.

松四雄騎・松崎浩之・牧野久識：宇宙線生成核種による流域削剥速度の決定と地形方程式の検証，地形 35，165-185，2014。

松四雄騎・若狭幸・松崎浩之・松倉公憲：宇宙線生成核種 10Be および 26Al のプロセス地形学的応用，地形 28，87-101，2007。

McDonnell, J. J.: A Rationale for old water discharge through macropores in a steep, humid catchment, Water Resources Research 26, 2821-2832, 1990.

McDonnell, J. J.: Where does water go when it rains? Moving beyond the variable source area concept of rainfall-runoff response, Hydrological Processes 17, 1869-1875, 2003. doi: 10.1002/hyp.5132.

McDonnell, J. J., Beven, K.: Debates - The future of hydrological sciences: A (common) path forward? A call to action aimed at understanding velocities, celerities and residence time distributions of the headwater hydrograph, Water Resources Research 50, 5342-5350, 2014. doi: 10.1002/2013WR015141.

McDonnell, J. J., Sivapalan, M., Vaché, K., Dunn, S., Grant, G., Haggerty, R., Hinz, C., Hooper, R., Kirchner, J., Roderick, M. L., Selker, J., Weiler, M.: Moving beyond heterogeneity and process complexity: A new vision for watershed hydrology, Water Resources Research, 43, 2007. doi: 10.1029/2006WR005467.

McGuire, K. J., McDonnell, J. J.: Hydrological connectivity of hillslopes and streams: Characteristic time scales and nonlinearities, Water Resources Research 46, 2010. doi: 10.1029/2010WR009341.

Meadows, D. H.: Thinking in Systems: A Primer, Earthscan, 218p, 2009（枝廣淳子訳：世界はシステムで動く，英治出版，357p，2015）。

水山高幸・池田碩・大橋健：近江盆地・琵琶湖周辺の地形，建設省近畿地方建設局琵琶湖工事事務所，267p，1975。

Miyata, S., Kosugi, K., Gomi, T., Onda, Y., and Mizuyama, T.: Surface runoff as affected by soil water repellency in a Japanese cypress forest, Hydrological Processes 21: 2365-2376, 2007. doi: 10.1002/hyp.6749.

Mohanty, B. P., Bowman, R. S., Hendrickx, J. M. H., van Genuchten, M. T.: New piecewisecontinuous hydraulic functions for modeling preferential flow in an intermittent flood-irrigated field. Water Resources Research 33, 2049-2063, 1997.

Montgomery, D. R., Dietrich, W. E.: Runoff generation in a steep, soil-mantled landscape, Water Resources Research 38, 2002. doi: 10.1029/2001WR000822.

Mosley, M. P.: Streamflow generation in a forested watershed, New Zealand, Water Resources Research 15, 795-806, 1979.

虫明功臣・高橋裕・安藤義久：日本の山地河川の流況に及ぼす流域の地質の効果，土木学会論文報告集 309，51-62，1981。

永井明博・角屋睦：洪水流出モデルの適用比較—丘陵山地流域及び市街地流域を対象として，京都大学防災研究所年報 21B-2，235-249，1978。

中北英一・杉谷祐二：地形発達過程と流域地形則との関係に関する研究，京都大学防災研究所年報 53B，467-481，2010。

日本学術会議：河川流出モデル・基本高水の検証に関する学術的な評価（回答），26p，2011。
http://www.scj.go.jp/ja/info/kohyo/pdf/kohyo-21-k133-1-2.pdf..

日本砂防史編集委員会：日本砂防史，全国治水砂防協会，1368p，1981。

Noguchi, S., Abd. Rahim N., Zulkifli Y., Tani, M., Sammori, T.: rainfall-runoff responses and roles of soil moisture variations to the response in in tropical rain forest, Bukit Tarek, Peninsular Malaysia, Journal of Forest Research 2, 125-132, 1997.

Numaguti, A.: Origin and recycling processes of precipitating water over the Eurasian continent: Experiments using an atmospheric general circulation model, Journal of Geophysical Research Atmospheres 104D2, 1957-1972, 1999. doi: 10.1029/1998JD200026.

沼本晋也・鈴木雅一・太田猛彦：日本における最近 50 年間の土砂災害被害者数の減少傾向，砂防学会誌 51(6)，3-12，1999。

太田猛彦：森林飽和—国土の変貌を考える，NHK 出版，254p，2012。

太田猛彦・奥敬一・小椋純一：全国植樹祭 60 周年記念写真集，国土緑化推進機構，51p，2009。

太田岳史・福嶌義宏・鈴木雅一：一次元鉛直不飽和浸透を用いた雨水流出特性の検討，日本林学会誌 65，125-134，1983。

太田岳史：一次元鉛直不飽和浸透を用いた雨水流出特性の検討 (II) 初期水分条件と直接流出特性，日本林学会誌 65，448-457，1983。

Ohta, T., Maximov, T. C., Dolman, A. J., Nakai, T., van der Molen, M. K., Kononov, A. V., Maximov, A. P., Hiyama, T., Iijima, Y., Moors, E. J., Tanaka, H., Toba, T., Yabuki, H.: Interannual variation of water balance and summer evapotranspiration in an eastern Siberian larch forest over a 7-year period (1998-2006). Agricultural and Forest Meteorology 140, 1941-1953, 2008. doi: 10.1016/j.agrformet.2008.04.012.

Ohte, N., Asano, Y.: Global comparison of the pH determining factors of the streamwaters in world forest basins, Hydrochemstry, IAHS Publ. no. 244, 253-265, 1997.

大手信人・鈴木雅一・窪田順平：森林土壌の水分特性 (I) 飽和 - 不飽和透水特性の鉛直分布測定法と 2, 3 の測定結果, 日本林学会誌 71, 137-147, 1989。

大手信人・鈴木雅一：森林土壌の水分特性 (II) —大型土壌サンプルを用いる飽和・不飽和透水試験による体積含水率 - 圧力水頭関係の測定法とその適用, 日本林学会誌 72, 468-477, 1990。

Ohte, N., Tokuchi, N., Suzuki, M.: Biogeochemical influences on the determination of water chemistry in a temperate forest basin: Factors determining the pH value, Water Resources Research 31, 2823-2834, 1995.

沖大幹：バーチャルウォーター貿易, 水利科学 52(5), 61-82, 2008。

沖大幹・虫明功臣・松山洋・増田耕一：大気水収支と地球規模の水循環, 土木学会論文集 521, 13-27, 1995。

恩田裕一編：人工林荒廃と水土砂流出の実態, 岩波書店, 245p, 2008。

Pearce, A. J., Sterwart, M. K., Sklash, M. G.: Storm runoff generation in humid headwater catchments 1. Where does the water come from? Water Resources Research 22, 1263-1272, 1986.

林野庁：平成 25 年度林業白書, 林野庁, 8-10, 2014。

Rubin, J., Steinhardt, R.: Soil water relations during rain infiltration I. Theory, Soil Science Society of America Journal 27, 246-251, 1963.

佐藤永：「地球環境システム」の中の陸域生態系, Frontier Newsletter 27, 2005。https://www.jamstec.go.jp/frsgc/jp/publications/news/no27/jp/06p.html.

Satoh, H., Kobayashi, H., Delbart, N.: Simulation study of the vegetation structure and function in eastern Siberian larch forests using the individual-based vegetation model SEIB-DGVM, Forest Ecology and Management 259, 301-311, 2010. doi: 10.1016/j.foreco.2009.10.019.

関良基：森林回復による治水機能の向上はダムに優る, 宇沢弘文・関良基編：社会的共通資本としての森, 東京大学出版会 67-104, 2015。

Shichi, K., Kawamuro, K., Takahara, H., Hase, Y., Maki, T., Miyoshi, N.: Climate and vegetation changes around Lake Baikal during the last 350,000 years, Palaeogeography Palaeoclimatology Palaeoecology 248, 357-375, 2007. doi: 10.1016/j.palaeo.2006.12.010.

椎葉充晴・立川康人・市川温：水文学・水工計画学, 京都大学学術出版会, 615p, 2013。

椎葉充晴・立川康人・市川温・堀智晴・田中賢治：圃場容水量・パイプ流を考慮した斜面流出計算モデルの開発, 京都大学防災研究所年報 41B-2, 229-235, 1998。

志水俊夫：山地流域における渇水量と表層地質・傾斜・植生との関係, 林業試験場研究報告 310, 190-128, 1980。

下川悦郎：崩壊地の植生回復過程, 林業技術 496, 23-26, 1983。

下川悦郎：農業土木技術者のための森林保全学 (その 3) 森林の土保全機能よ森林の管理, 農業土木学会誌 64(3), 275-281, 1996。

新藤静夫：災害とその予測　第四紀研究の果たす役割　—斜面災害における地中水の集中流現象, 第四紀研究 32, 315-322, 1993。

森林総合研究所：森林理水試験地データベース，2010。
http://www2.ffpri.affrc.go.jp/labs/fwdb/main.htm.

森林総合研究所関西支所・田村ボーリング：竜ノ口山森林理水試験地南谷斜面試孔調査報告書，20p，2007。

森林水文学編集委員会編：森林水文学―森林の水のゆくえを科学する，森北出版，352p，2007。

Sidle, R. C., Ziegler, A. D., Negishi, J. N., Abdul Rahim N., Siew, R., Turkelboom, F.: Erosion processes in steep terrain—Truths, myths, and uncertainties related to forest management in Southeast Asia, Forest Ecology and Management 224, 199-225, 2006.

Sittner, W.: WMO project on intercomparison of conceptual models used in hydrological forecasting, Hydrological Sciences-Bulletin 21: 1, 203-213, 1976. doi: 10.1080/02626667609491617.

Sivapalan, M.: Process complexity at hillslope scale, process simplicity at the watershed scale: is there a connection? Hydrological Processes 17, 1037-1041, 2003. doi: 10.1002/hyp.5109.

Sivapalan, M., Takeuchi, K., Franks, S. W., Gupta, V. K., Karambiri, H., Lakshim, V., Liang, X., McDonnell, J. J., Mendiondo, E. M., O' Connell, P. E., Oki, T., Pomeroy, J. W., Schertzer. D., Uhlenbrook, S., Zehe, E.: IAHS Decade on Predictions in Ungauged Basins (PUB), 2003-2012: shaping an exciting future for the hydrological sciences. Hydrological Sciences Journal 48, 857-880, 2003.

Sklash, M. G., Farvolden, R. N.: The role of groundwater in storm runoff, Journal of Hydrology 43, 45-65, 1979.

園田美恵子：森林斜面における表層土のクリープについての研究，京都大学博士（理学）学位論文，124p，2000。
http://repository.kulib.kyoto-u.ac.jp/dspace/bitstream/2433/157210/2/D_Sonoda_Mieko.pdf

園田美恵子・奥西一夫：風化花崗岩森林斜面におけるソイルクリープ挙動と土壌水分変化との関係，地形26(2)，105-129，2005。

末石冨太郎：特性曲線による出水解析について，土木学会論文集29，74-87，1955。

菅原正巳：流出解析法，共立出版，257p，1972。

菅原正巳：続・流出解析法，共立出版，269p，1979。

菅原正巳・勝山ヨシ子：宝川の流出機構について，科学技術庁資源局，69p，1957。

杉本敦子：水の安定同位体比から水の動きを追う，細氷51，2-7，2005。

Sugimoto, A., Yanagisawa, N., Naito, D., Fujita, N., Maximov, C.: Importance of permafrost as a source of water for plants in East Siberian Taiga, Ecological Research 17, 493-503, 2002.

鈴木雅一：山地小流域の基底流出逓減特性（I）飽和―不飽和浸透流モデルを用いた数式的検討，日本林学会誌66，174-182，1984a。

鈴木雅一：山地小流域の基底流出逓減特性（II）：蒸発散量が流出逓減に与える影響，日本林学会誌　66，211-218，1984b。

Suzuki, M., Fukushima, Y.: Sediment yield and channel sediment storage in a bares small head water basin, Proceedings of the International Symposium on Erosion, Debris Flow and Disaster Prevention, 115-120, 1985.

鈴木雅一・福嶌義宏：風化花崗岩山地における裸地と森林の土砂生産量―滋賀県南部，田上山の調査資料から，水利科学33(5)，89-100，1989。

鈴木雅一・福嶌義宏・小橋澄治・武居有恒：土砂災害発生の危険雨量，砂防学会誌31(3)，1-7，1979。

鈴木雅一・吉田裕弘・福嶌義宏：裸地における土壌水分と蒸発量の関係についての検討，京都大学農学部演習林報告52，83-90，1980。

立川康人・江崎俊介・椎葉充晴・市川温：2008年7月都賀川増水における局地的大雨の頻度解析・流出解析と事故防止に向けた技術的課題について，京都大学防災研究所年報52，1-8，2009。

立川康人・目野貴嗣・萬和明：洪水規模によらない降雨流出モデルの検討，水文・水資源学会2014年度研究発表会要旨集，140-141，2014。

高木不折・松林宇一郎：遅い中間流出・地下水流出の非線形性について，土木学会論文報告集283，45-55，1979。

高橋保：土石流の発生と流動に関する研究，京都大学防災研究所年報20B，405-435，1977。

高橋裕：新版河川工学，東京大学出版会，336p，2008。

Takanashi, S., Kosugi, Y., Ohkubo, S., Matsuo, N., Tani, M., Abdul Rahim. N.: Water and heat fluxes above a lowland dipterocarp forest in Peninsular Malaysia, Hydrological Processes 24, 472-480, 2010. doi: 10.1002/hyp.7499.

高棹琢馬：出水現象の生起場とその変化過程，京都大学防災研究所年報6，166-180，1963。

武居有恒：地下侵食，土と基礎29(3)，50-51，1981。

武居有恒・福嶌義弘・谷誠・鈴木雅一・太田岳史：瀬田川砂防調査報告書（其の22）「田上産地土砂生産流出解析」(II)報告書，近畿地方建設局琵琶湖工事事務所，91P，1979。

玉城哲・旗手勲：風土―大地と人間の歴史，平凡社，332p，1974。

田中耕司：モンスーンアジアの生態環境と生存基盤，学術の動向19(10)，70-73，2014。

Tanaka, K., Takizawa, H., Kume, T., Xu, J., Tantasirin, C, Suzuki, M.: Impact of rooting depth and soil hydraulic properties on the transpiration peak of an evergreen forest in northern Thailand in the late dry season, Journal of Geophysical Research 109 D23, 2004. doi: 10.1029/2004JD004865.

谷誠：第2編第1部砂防事業史，第2編第2部砂防事業各論 第1章薬師沢砂防事業，第2章牛伏川砂防事業，第3章夜間瀬川砂防事業，建設省北陸地方建設局松本砂防工事事務所：松本砂防のあゆみ―信濃川上流直轄砂防百年史―，241-585，1979。

谷誠：一次元鉛直不飽和浸透によって生じる水面上昇の特性，日本林学会誌64，409-418，1982。

谷誠：地下水面上昇の観測結果に対する不飽和浸透理論の適用，ハイドロロジー13，41-50，1983。

谷誠：山地流域の流出特性を考慮した一次元鉛直不飽和浸透流の解析，日本林学会誌67，449-460，1985。

Tani, M.: Runoff generation processes estimated from hydrological observations on a steep forested hillslope with a thin soil layer, Journal of Hydrology 200, 84-109, 1997.

Tani, M.: Analysis of runoff-storage relationships to evaluate the runoff-buffering potential of a sloping permeable domain, Journal of Hydrology 360, 132-146, 2008. doi: 10.1016/j.jhydrol.2008.07.023.

谷誠：洪水予測を目的とした山岳源流域の流出特性の抽出について，水文・水資源学会2011年度研究発表会要旨集，48-49，2011a。

谷誠：治山事業百年にあたってその意義を問う—森林機能の理念を基にした計画論の構築に向けて，水利科学55(5)，38-59，2011b。

谷誠：水循環をつうじた無機的自然・森林・人間の相互作用系，柳澤雅之・河野泰之・甲山治・神崎護編：地球圏・生命圏の潜在力 —熱帯地域社会の生存基盤—，京都大学学術出版会，69-105，2012a。

谷誠：生命圏の健全性維持に配慮した砂防と治山を求めて，砂防と治水209，4-6，2012b。

谷誠：洪水流出のモデル化を圧力伝播の観点から捉え直す，水文・水資源学会誌26，140-152，2013。

Tani, M.: A paradigm shift in stormflow predictions for active tectonic regions with large-magnitude storms: generalisation of catchment observations by hydraulic sensitivity analysis and insight into soil-layer evolution. Hydrology and Earth System Sciences 17, 4453-4470, 2013. doi: 10.5194/hess-17-4453-2013, 2013.

Tani, M.: Analyzing hydraulics of pressure-head distribution in a sloping soil layer under a steady state using a similarity framework of water movement under the ground. Proceedings of the Soil Moisture Workshop 2014, 18-23, 2014.

谷誠：豪雨時に森林が水流出に及ぼす影響をどう評価するか，蔵治光一郎・保屋野初子編：緑のダムの科学—減災・森林・水循環，築地書館，46-65，2014。

谷誠：貯留関数モデルのパラメータpの根拠について，水文・水資源学会2011年度研究発表会要旨集，70-71，2015a。

谷誠：キネマティックウェーブモデルの問題はどこにあるのか，水文・水資源学会誌28，137-139，2015b。

谷誠：水文学からみた夢のロードマップ—相互作用と観測研究の同時進行，日本地球惑星科学連合ニューズレター11 Special issue，2015c。http://www2.jpgu.org/publication/jgl/JGL-2014spcialissue.pdf.

谷誠・阿部敏夫：森林変化の流域に及ぼす影響の流出モデルによる評価，林業試験研究報告342，42-61，1986。

谷誠・阿部敏夫：斜面土層内の暗渠が雨水流出に及ぼす影響，日本林学会大会論文集98，

751-752, 1987.
谷誠・阿部敏夫・岸岡孝：雨量がすべて直接流出となる条件での流出解析, 日本林学会大会論文集 93, 463-466, 1982.
Tani, M., Abe, T.: Analysis of stormflow and its source area expansion through a simple kinematic wave equation, Forest Hydrology and Watershed Management, IAHS Publ. No. 167, 609-615, 1987.
Tani M, Fujimoto M, Katsuyama M, Kojima N, Hosoda I, Kosugi K, Kosugi Y, Nakamura S: Predicting the dependencies of rainfall-runoff responses on human forest disturbances with soil loss based on the runoff mechanisms in granitic and sedimentary-rock mountains, Hydrological Processes 26, 809-826, 2012. doi: 10.1002/hyp.8295.
谷誠・福嶌義宏・鈴木雅一：山復斜面における地下水位の観測結果, 日本林学会大会論文集 91, 411-413, 1980。
谷誠・細田育広：長期にわたる森林放置と植生変化が年蒸発散量に及ぼす影響, 水文・水資源学会誌 25, 71-88, 2012.
谷誠・窪田順平：利根川源流流域への流出解析モデル適用に関する参考意見—第一部 有効降雨分離と波形変換解析について, 日本学術会議河川流出モデル・基本高水評価検討等分科会報告書原稿案, 2011 年 6 月 8 日, 2011。
http://www.scj.go.jp/ja/member/iinkai/bunya/doboku/takamizu/pdf/haifusiryou09-2.pdf
谷誠・松四雄騎・野口正二・小杉賢一朗・内田太郎：2014 年度日本地球惑星科学連合大会セッション「A-HW07 Insight into change and evolution in hydrology（水文学における変化・発達の視点）」の報告, 水文・水資源学会誌 27, 311-319, 2014。
田齊秀章・平松和昭・森牧人・四カ所四男美：TOPMODEL による山地小流域の長短期流出解析, 九州大学大学院農学研究院学芸誌 59(2), 173-183, 2004。
冨永靖徳：貯留関数法の魔術 —ダム事業を根拠づけるデータの非科学性, 科学 83(3), 268-273, 2013。
Torres, R., Dietrich, W. E., Montgomery, D. R., Anderson, S. P., Loague, K.: Unsaturated zone processes and the hydrologic response of a steep, unchanneled catchment, Water Resources Research 34, 1865-1879, 1998.
Totman: The Green Archipelago: Forestry in Preindustrial Japan, University of California Press, 297p, 1989 (熊崎実訳：日本人はどのように森をつくってきたのか, 築地書館, 1998)。
坪山良夫・三森利昭：有限要素法による林地斜面浸透流の数値実験, 水文・水資源学会誌 2, 49-56, 1989。
辻村真貴：トレーサー水文地形学 —山体の崩壊メカニズムを診断する, 筑波大学陸域環境研究センター電子モノグラフ .2, 11-16, 2006。
http://www.ied.tsukuba.ac.jp/wordpress/wp-content/uploads/pdf_papers/terc_em02/terc_em02_03.pdf.
塚本良則：侵食谷の発達様式に関する研究 (I) 豪雨型山崩れと谷の成長との関係についての一つの考え方, 新砂防 25, 4-13, 1973。

塚本良則：樹木根系の崩壊抑止効果に関する研究, 東京農工大学農学部演習林報告 23, 65-124, 1987。
塚本良則：森林・水・土の保全―湿潤変動帯の水文地形学, 朝倉書店, 138p, 1998。
塚本良則：森林と表土の荒廃プロセス ―小起伏山地におけるハゲ山の形成過程, 砂防学会誌 54(4), 82-92, 2001。
塚本良則・野口晴彦：侵食谷の発達様式に関する研究 (VIII) 平衡状態にある流域地形の特性, 砂防学会誌 32(2), 6-9, 1979。
堤大三・宮﨑俊彦・藤田正治・Sidle, R. C.：パイプ流に関する数値計算モデルと人工斜面実験による検証, 砂防学会誌 58(1), 20-30, 2005。
内田太郎・林真一郎・岡本敦・友村光秀・佐藤悠・浅野友子：山地流域の流出特性に関する比較研究, 平成 25 年度砂防学会研究発表会概要集 68, B6-B7, 2013。
内田太郎・木本秋津・大手信人・水山高久：荒廃山地の土砂生産過程に関する原位置実験, 砂防学会誌 51(5), 3-11, 1999。
梅田浩司・大澤英昭・野原壮・笹尾英嗣・藤原治・浅森浩一・中司昇：サイクル機構における「地質環境の長期安定性に関する研究」の概要―日本列島のネオテクトニクスと地質環境の長期安定性, 原子力バックエンド研究 11(2), 97-111, 2005。
Verma, R., D., Brutsaert, W.: Unconfined aquifer seepage by capillary flow theory, Journal of Hydraulic Division, ASCE 96, 1331-1344, 1970.
渡辺善次郎：都市と農村の間―都市近郊農業史論, 論創社, 388p, 1983。
和辻哲郎：風土―人間学的考察, 岩波書店, 253p, 1935。
山田千尋・池田真之：ニホンジカの生息数増加による森林土壌への影響と現在の取組について平成 24 年度 (第 34 回) 滋賀県土木技術研究発表会, 2012。
    http://www.pref.shiga.lg.jp/h/d-kanri/kikaku/happyou/files/h24-23.pdf
山田正：河川工学, 治水の立場から, 蔵治光一郎・保屋野初子編：緑のダムの科学―減災・森林・水循環, 築地書館, 31-45, 2014。
安田勇次：田上山の山腹保育工の効果について, Sabo 102, 20-23, 2010。
安成哲三：フューチャーアース：その目的, 緊急性とアジアの重要性, 学術の動向 19(10), 84-87, 2014。
米倉伸之・貝塚爽平・野上道男編：日本の地形 1 総説, 東京大学出版会, 376p, 2001。
芳村圭：水の安定同位体比情報を用いた広域大気水循環過程の解明に関する研究, 東京大学大学院工学研究科社会基盤工学専攻修士論文, 117p, 2002。
    http://hydro.iis.u-tokyo.ac.jp/~kei/?plugin=attach&refer=CV_backup_20110210&openfile=K_Yoshimura_Mthesis_200208.pdf
吉谷純一：「緑のダム」議論は何が問題か ― 土木工学の視点から, 蔵治光一郎・保屋野初子編：緑のダム―森林・河川・水循環・防災, 築地書館, 118-130, 2004。

索　引

【A】
A層　54
A0層　54
Anderson, Suzanne　103
Anthropocene　27
Beven, Keith　69
Coos Bay 試験地　103
Dietrich, William　102
Dunne, Thomas　68
Freeze, Allan　67
Future Earth　27
Hewlett, John　55
hillslope hydrology　68, 70, 83
Horton, Robert　48
HYCYMODEL　145, 150, 200
I 領域　128, 194, 208
IAHS　75
Kirkby, Mike　68
Maimai 試験地　100
McDonnell, Jeffrey　102
Pasoh 試験地　19
PUB　75
Richards 式　67, 129, 133, 157, 180
S 領域　128, 195, 206
Sivapalan, Murugesu　183
Sleepers River 試験地　68
TOPMODEL　69, 72, 75, 116, 154
Totman, Conrad　24
Transmissivity feedback　153
U 領域　128, 192, 206

【あ行】
アジアモンスーン　25
新しい水　101, 135

新しい水と古い水の組み合わせ　109
圧力エネルギー　58, 134, 153, 165
圧力水頭　58, 116, 206
　圧力水頭と体積含水率の関係　60, 93
　圧力水頭と不飽和透水係数との関係
　　　93
　圧力水頭の分布　124, 130, 142, 191
亜熱帯高圧帯　16
雨慣れ　156
アルゴリズム　200
安全率　165, 178
安定大陸　14
安定同位体比　16, 55, 101
石積みダム　37
伊勢湾台風　2
位置エネルギー　13, 58
位置水頭　58
一段タンクモデル　118, 136, 152, 179, 188
一対一の関係　81, 117
移流項　64, 92, 121, 126
いろはす　16
ウェッティングフロント　64, 96, 133,
　　138, 142, 150, 200
浮世絵に描かれたはげ山　2
雨水侵食　156
雨水流モデル　54, 72, 151
内田太郎　149
宇宙線生成核種　169
運動方程式　201
永久凍土　17
鉛直下向きの浸透流　127
鉛直不飽和浸透流　57, 66, 86, 99, 105,
　　109, 142, 151, 194, 206
凹地部分　176

大型土壌サンプル 92, 97, 134
太田岳史 17, 87
太田猛彦 2, 22
大手信人 92
奥山 22
奥山天然林 30
尾根線 169
温室効果ガス 26
恩田裕一 2, 107

【か行】
輸入 30
開水路 57, 151
外的環境の時間変動 34
海洋プレート 13
拡散現象 64
拡散項 64
拡散方程式 170
拡大造林 30
拡張 Dupuit-Forchheimer 近似 126, 130, 206
攪乱土壌 94
花崗岩 76
　花崗岩山地 21
　花崗岩の小流域 147
火山性の巨大崩壊 163
カスリーン台風 39, 49, 179
化石燃料 22, 26, 32
河川管理者 40
河川基準点 38
河川砂防技術基準 12, 38
河川整備基本方針 38
河川整備計画 38
河川法 38
河川法施行令 38
過疎 37
仮想的な環境保全機能の輸送 30
渇水流量 76
活動性河川 172

勝山正則 16
河道ネットワーク 71-74, 78
花粉分析 20
過密人工林 3
川向試験地 89
間隙径 61
　間隙径の存在密度 67
　間隙径分布の標準偏差 124, 182
　間隙径分布のメジアン 182
間隙率 61
管水路 151
乾燥ストレス 19
乾燥層 121
観測史上最大流量 39
観測の個別性 83
間伐 29
間伐遅れの人工林 2, 48
間氷期 20
管理放棄された人工林 57, 84, 107
基岩の削剥速度 174
基岩風化 23, 25
気候温暖化 113
気候乾燥化 20
北川益三郎 157
北原曜 165
基底流出 47, 55, 114-115, 122, 144-145, 152
キネマティックウェーブ 53, 181
　キネマティックウェーブモデル 53, 130, 199
規模の大きい豪雨 178
吸水過程 60
教科書的な知見 3
強靱な国土 37
局所的な不均質性 200
極端現象 11, 26, 33-34, 40
巨大災害 11
桐生試験地 83, 89, 113, 122, 145, 157
空間不均質性 107

索　引　237

空気のはいったタイヤ　137
クッションの比喩　137
窪田順平　89
クリープ　169
　　クリープと崩壊の組み合わせ　171
計画高水流量　38
傾斜した棒に沿う流れ　127
渓流固定工事　37
渓流堆積土　85
減衰過程　114, 119, 121, 132, 179
減衰曲線　123
限定的な評価　41
降雨外力にみあう設計　40
降雨の時間変動を流出量に伝えるメカニズム　99
降雨流出応答関係　7, 49, 66, 72, 74, 94, 134, 139, 142, 189, 200
降雨流出応答の単純性　199
降雨流出波形変換　136-137, 180, 183, 196
降雨を配分するメカニズム　55
降雨を流出量に変換するメカニズム　55
黄河の治水　40
公共事業の仕分け　12
光合成　19
洪水緩和機能　7
洪水調節施設　39
洪水予測研究　54
洪水流出　47, 55, 114, 144
　　洪水流出緩和　38
　　洪水流出に無効な雨量　66
　　洪水流出の地形依存性　69
　　洪水流出発生場が変化しない条件　81
高速の斜面方向への地下水流　105
荒廃した動的平衡　161
効率的な地下水の排除　177
効率的な排水　142, 168, 183, 196
小杉賢一朗　60, 144, 181
小杉式　124, 182, 184
小杉緑子　19

ゴボウ根　165
コントラスト問題　200

【さ行】
災害対策　12, 43
災害防止機能　29
災害論　1, 11, 25, 173
再現性　51
雑草の除去　25
里山　2, 22, 26, 36, 161
　　里山二次林　23
サブ流域　199
砂防事業　34
砂防惣代　37
砂防法　34
山体隆起　25, 168
　　山体隆起速度　156, 159, 172
山地災害　34, 172
　　山地災害の免疫性概念　172
山腹斜面の継続的な監視　37
山腹崩壊跡地　163
三圃式農業　25
残留含水率　85, 182
シカの食害　31
信楽山地　156
信楽試験地　149
鹿おどしモデル　174
自然への諦観　41
実験室内レベルの短い斜面　88
湿潤気候と生態系との相互作用　14, 23
湿潤気候の動的平衡　18
湿潤変動帯　1, 14, 19, 26, 31, 78, 100, 108, 113, 159, 203
室内実験　191
地盤侵食　19
志水俊夫　75
霜柱　158
若女裸地谷　149
若女裸地谷試験地　148-149, 159

238　索　引

斜面安定　28, 31, 163, 171
　　斜面安定条件　177
斜面諸条件の降雨流出応答に及ぼす影響
　　73
斜面水文学　56, 83
斜面長分布　199
斜面と河道の区別を前提にした流出モデル
　　70
斜面と流域の流出メカニズムのコントラス
　　ト　199
斜面方向の地下水流　109
臭化物イオン　102
集合流動　158, 177
従属栄養生物　19
集中型モデル　72, 153
樹冠通過雨量　84
樹幹流下量　84
準定常性変換システム　114, 118, 120,
　　123, 132, 135-136, 138, 140, 142, 150,
　　153, 179-180, 199
準平原　156
少雨年に蒸発散量を維持する傾向　19
小規模降雨　107, 179
蒸散維持傾向　122
省庁縦割り　35
蒸発散の減衰過程への影響　121
蒸発散の降水へのフィードバック　20
将来予測の検証　27
食害　28
植物の生命力　161
諸国山川掟　24
人工降雨, 88, 92, 103, 155
人工林施業体系　30
侵食外力　27
侵食速度　159
深層風化　76
浸透能力　48
深部浸透　77, 80
森林機能・森林資源の保全　20, 33

森林荒廃　29
森林斜面での土の移動メカニズム　173
森林水文学　1, 83
森林治水事業　35
森林と土壌の相互作用　21, 172
森林の公益的機能　4
森林不利用　26, 30
森林法　34
森林飽和　2, 22, 26, 32, 36
森林乱伐の洪水への影響　52
森林を整備して利用する空間　43
水源涵養保安林　29
水高単位　188
水高表示　6
水分特性曲線　63, 134
水理学的連続体　116, 119, 122, 132-133,
　　138, 143, 177, 179, 199
水理水頭　58, 67, 116, 124, 201, 206
水路網　66
数値地形図　70, 73
末石冨太郎　53
菅原正巳　49
鈴木雅一　84, 87, 94, 109, 159
スパイク状の不安定期間　31
静止平衡状態　58, 115
生成速度と移動速度のバランス　170
成層火山　168
生存戦略　18, 122, 166
生態系呼吸　19
生態系遷移　31
生態系の強靭な生命力　19, 25
生物資源生産物　32
生物資源の利用　4
生物の生存に好適な豊穣性　24
生命力のない動的平衡　23
積算雨量　80
積苗工　21, 157, 159-160, 163
瀬田川　157
設計外力　38, 71

索 引　239

ゼロ次谷　89, 103, 130, 141, 168, 173, 204
線形関係　49
センシティビティーアナリシス　180, 183, 186, 204
剪断力　165, 171, 176
剪断抵抗力　165, 176
栓流　104, 135
総降雨量　78
　　総降雨量と総洪水流出量の関係　79, 94, 99
総洪水流出量　78
相似則　183, 190
相似比　190
想定内の洪水　40
速度の基準量　184
粗度係数　74, 201
園田美恵子　169

【た行】
大規模降雨　107, 139
大気水収支　15
第三紀層　23, 103
対数正規分布　124, 145, 151, 181, 184, 199
堆積岩　13, 22, 76, 95
　　堆積岩の斜面　142
体積含水率　60, 194
　　体積含水率分布　138
堆積土砂　159
堆積土壌層　85
太陽エネルギー　13
第四紀・第三紀火山岩類　76
大陸プレート　13
高榎琢馬　53
高榎のA層　53
田上山　156, 169, 171
滝ヶ谷試験地　157
竹内邦良　75
ただし書き操作　43

多段タンクモデル　119
竜ノ口山試験地　19, 33, 78, 139, 142, 149, 179, 199
谷止工　85, 159
谷密度　156
ダム　41
ダルシーの法則　58, 63, 67, 90, 92, 115, 121, 126, 133, 155, 203, 208
短期流出　113
タンクモデル　49, 55, 72, 78, 81, 114, 117
炭素収支　19
殻変動帯　71, 156
地下侵食　168
地下水　57
　　地下水位の高い尾根状の部分　101
　　地下水貯留量　70
　　地下水と土壌水での不均質性の役割の相違　203
　　地下水の効率的排水　204
　　地下水面上昇　85, 183
地球規模での気候変動　20
地球自身の地熱によるマントル対流　13
地球変動　13-14, 21
　　地球変動と生態系の相互作用　13, 19, 21, 23, 27, 30, 43, 173
地形学　169
地形指標　69, 72
地形図活用の流出モデル　70
地形の不均質性　199
治山事業　34, 49
地質の影響　75
治水計画　33, 41-42, 78, 81
　　治水計画の前提となる降雨規模　39
治水対策　38
地中水　57
地中流　92, 193
地表面境界条件　116
地表面流　3, 47, 114
チャオプラヤ川　47, 72

中間流出　47
中小規模降雨　139
超過確率　39
長期流出　113
直列二段のタンクモデル　118
貯留概念の重要性　172
貯留関数法　78, 81, 117, 120, 137, 182, 196, 199
　　貯留関数法が非科学的であるとの指摘　82
貯留量の偏り　119, 133, 142
貯留量変動　95
地理学的な視点　110
塚本良則　168
土の循環　13
土粒子生成速度　169, 172
逓減係数　123
定常状態　113, 116, 119, 132, 182, 188, 206, 208
定常流出強度　124, 192
定水位飽和透水試験　92
低水流量　76
堤防等の設備の補修　42
手入れ　29
データの洗浄　51
デリケートな相互作用　162
テンシオメータ　96
天然林の伐採　30
伝播速度　65, 136, 138
凍結融解　159, 161, 169, 171
透水性　63, 180, 182
　　透水性の不均質な地下構造　66
動的平衡　5, 17, 27, 29, 113, 159, 171
都賀川　151
特性曲線法　53
都市化斜面　149
都市化流域　135
土砂の崩壊の防備　34
土砂の流出の防備　34

土壌乾湿条件　88
土壌侵食　30
土壌水分による蒸発散抑制　19
土壌層　84, 115, 128, 144, 148, 152, 171, 174, 180
　　土壌層が洪水流と基底流の両方を産み出す機能　88
　　土壌層全体での流出強度に対する貯留量の微分係数　201
　　土壌層貯留量　190, 198
　　土壌層と風化基岩層の境界付近の流れ　84
　　土壌層の発達　31, 163
　　土壌層の発達と崩壊のサイクル　21, 32, 178
　　土壌層の崩壊と発達の周期　168
土壌の目詰まり　107
土壌柱の平均水分貯留量　90
土壌物理性　91, 130, 180, 188, 191
土壌崩壊のメカニズム　155
土壌水　57
　　土壌水と地下水の空間分布　89
土層　148, 152, 171
土石流　158, 177
土地開発計画　51
利根川上流の治水計画　39, 179
トレーサー　104, 177

【な行】

内陸効果　16
長さの基準量　184
二酸化炭素高濃度条件での新しい動的平衡　26
西おたふく山試験地　144, 179
日周期変動　104
ニッチ確保　166
人間活動による相互作用　26
熱帯季節林　18
熱帯の地殻変動帯　30

索　引　241

根の粘着力補強　171
根の引き抜き試験　165
根の崩壊防止効果　166
粘着性・粘着力　23, 161, 165
燃料革命　2, 21, 26, 30, 35

【は行】

バーチャルウォーター　30
バーチャル輸送　31
ハイエトグラフ　49, 81
バイカル湖　20
排水過程　60
ハイドログラフ　49, 81, 140, 191
バイパス流　102, 104
パイプ状水みち　31, 58, 66, 102, 115, 124, 167, 177, 182, 184, 187-188, 195-196, 201, 208
パイプの壁に沿う流れ　203
はげ山　20, 26, 35, 85, 108, 148, 157, 160, 169, 171, 177
　はげ山の形成過程　162
伐採による湿潤気候喪失の不可逆性　31
撥水性　84, 107
パラメタリゼーション　205
半田良一　27
半島マレーシアの熱帯雨林　19
被圧地下水　57
ピーク流出強度　99
ピーク流量　38
比較水文学　75, 150
非活動性河川　172
非観測流域における水文予測　75
引き抜き抵抗力　166
比水分容量　67, 187
ヒステリシス　60, 118, 199
非線形性　50, 67, 133, 145, 198
非定常性　120, 137
ひと雨の総降雨量　78
日野幹雄　68

氷河期　20
表層崩壊　159, 163, 168
表面地形　154
表面張力　61, 95, 182, 201
　表面張力によるエネルギー　59
比流量　6
不圧地下水　57, 73, 88, 183
フィードバックを含む相互作用　14
フィルム状の流れ　203
風化花崗岩の表面に沿う流れ　83
風化基岩と土壌層全体　177
風化基岩表層　152
風化生成と侵食のバランス　172
風土　25
付加体　13
葡行　169
不均質性　135, 155, 174
複雑さと単純さのコントラスト　199
複雑地形条件　130
福嶌義宏　83
腐食に富む浅い層　84
不動寺試験地　149
不飽和透水係数　60, 63, 67, 92, 97, 121, 126, 133, 194
　不飽和透水係数の急減　63
　不飽和透水係数の体積含水率に対する微分係数　65
古い水　101, 135, 143
プレートテクトニクス　156
分布型モデル　72, 82, 154
平均降雨強度　184, 186, 189, 192, 196
平水流量　76
平年値のシフト　113
偏西風　14
保安施設地区　35
保安林指定による森林造成　35
崩壊発生の必然性　171
崩壊防止機能　27
防災設備　35, 40

242　索　引

豊穣な自然環境・生物資源　37, 163
豊水流量　76
飽和域面積　70
飽和雨量　78, 81
飽和含水率　63, 85, 182, 194
飽和地表面流　31, 53, 56, 68, 69, 124, 129, 135, 149, 154, 158, 171, 174, 178, 192, 209
飽和透水係数　58, 74, 92, 105, 124, 152, 155, 184, 194, 201
　　飽和透水係数の鉛直分布　92
飽和不飽和浸透流　55, 59, 67, 70, 82, 90, 100, 122, 126, 157, 180, 188, 194, 203, 206
飽和不飽和浸透流シミュレーション　68
飽和不飽和浸透流の無次元化手法　183
ホートン型地表面流　47, 68, 107, 149-150
ボーリング　142
保護障壁措置のない自由化政策　30
保水力・保水性　2, 63, 134, 180, 182
保全対象のための防災工事　35
保全対象に災害をもたらす空間　43

【ま行】

マクロポアー　58, 63, 92, 98, 104, 124, 142, 153
マサ　161
摩擦力　165
松林宇一郎　183
マニング式　74, 151
マレーシアの熱帯雨林　106
「水が流れてゆく」というイメージ　178
水収支式　67
水循環　13
水のリサイクル　16, 20
水流出の追跡　109
緑のダム　8, 204
ミネラルウォーター　16
無限に広い土壌　126

虫明功臣　75
無次元化　87, 183, 188
無次元パラメータ　184, 187, 190
メジャーな流出メカニズム　109
免疫性　28
毛管上昇高　61
毛管水縁　61, 63, 134
木材自給率　31
目標流量　40
モザイク的なランドスケープ　23
モデルの的確な簡略化　69
モデルパラメータ　51

【や行】

ヤクーツクのカラマツ林　17
薬師沢砂防　37
有効間隙率　194
有効降雨　53, 78
　　有効降雨分離　200
有効飽和度　187, 195, 198
陽樹　166
余誤差関数　182
予算獲得努力　12
予測の頑健性　114, 179

【ら行】

ライシメータ　54, 83
利害関係者　41
陸上生態系の生命力　43
理工学的な流出モデルの視点　110
流域固有の特性　120
流域平均降雨量　80
隆起速度　→山体隆起速度
流況曲線　75
流出応答の単純性　204
流出緩和機能　1, 136
流出寄与域　81, 139, 151
　　流出寄与域変動概念　56, 80
流出場　155

流出場全体の貯留量　200
　　流出場の不均質構造　203
流出土砂量　159
流出平準化機能　136, 190, 201, 204
流出平準化指標　137, 179-180, 184, 186, 192, 194, 204
流出メカニズム　53, 68, 82, 100, 105, 108, 149, 155
　　流出メカニズムの個別性　83
流出モデル　49, 68
　　流出モデルの一般性　83
　　流出モデルの一般性と観測研究の個別性のギャップ　82
流木　28, 36

流量貯留関係　81, 119, 136, 140, 145, 182, 189, 196
流量貯留量の指数関係　198
領域区分　204
利用と保全のバランス　29
リル　158
林業再生　31
林業生産技術　27
レジリエンス　23, 163
ローカルな不均質性　201
六甲山　156

【わ行】

割地　37

著者

谷　誠（たに　まこと）
1950年　大阪市に生まれる
1980年　京都大学大学院農学研究科博士課程修了（農学博士）
1981-1999年　林野庁林業試験場関西支場防災研究室研究員，林野庁森林総合研究所森林環境部気象研究室長を経て，
1999-2016年　京都大学大学院農学研究科地域環境科学専攻森林水文学分野教授
2012-2014年　一般社団法人　水文・水資源学会会長
2014年　日本地球惑星科学連合フェロー

主な著書
『森林水文学』（共著），1992年，文永堂出版
『森林の再発見』（共著），2007年，京都大学学術出版会
『地球圏・生命圏の潜在力　―熱帯地域社会の生存基盤―』（共著），2012年，京都大学学術出版会
『緑のダムの科学　―減災・森林・水循環―』（共著），2014年，築地書館

水と土と森の科学

2016年3月31日　初版第一刷発行

著者　谷　　誠
発行者　末原達郎
発行所　京都大学学術出版会
京都市左京区吉田近衛町69番地
京都大学吉田南内
（〒606-8315）
電話　075-761-6182
FAX　075-761-6190
振替　01000-8-64677
http://www.kyoto-up.or.jp/

印刷・製本　㈱クイックス

ISBN978-4-8140-0023-4　　定価はカバーに表示してあります
Printed in Japan　　　　　　　　　ⓒMakoto Tani 2016

本書のコピー，スキャン，デジタル化等の無断複製は著作権法上での例外を除き禁じられています．本書を代行業者等の第三者に依頼してスキャンやデジタル化することは，たとえ個人や家庭内での利用でも著作権法違反です．